今日から
モノ知り
シリーズ

トコトンやさしい

地球学の本

46億年という長い年月の中で、地球はいろいろな変化をとげ、今の姿を形作ってきました。ところが、近年、その地球が人間の手によってさらなる急激な変化を強いられようとしています。これは私たちの生活にも大きな影響を及ぼす大変な変化なのです。

西川有司 著

B&Tブックス
日刊工業新聞社

はじめに

「地球」と聞いても宇宙に浮く天体という感じはしません。「46億年の歴史」といってもその長さはピンときません。「ゆくゆく太陽に飲み込まれる」と言われてもまったく現実感が湧きません。地球に住んでいる私たちにとって地球はわからないことだらけです。誰も見たことがないのに「マントル対流」「大陸が衝突」「大陸が移動」と言われてもスケールが違いすぎ、時間の長さもまったく異なり、理解が簡単ではありません。

今〝地球〟を考えると、温暖化が大きなテーマになります。年々深刻さを増す温暖化は災害にも結びつき、私たちの生命にもかかわってきています。温暖化は脅威になってきているのです。原子力の利用も同様で、いずれも人類が生み出した私たち自身への脅威です。さらに、ほぼ80億人の人類は、生物の多様性を破壊したり、温暖化を加速させたり、プラスチックごみを海に流したりしています。これらのことを一因に、生物や私たちの営みの環境自体が悪化してきています。

その一方で宇宙が少しわかってきました。地球の位置づけが理解できるようになってきています。しかし、地球の内部はわからないことだらけです。地球は私たちのスケールから見れば、広く、巨大です。

地球には誕生がありました。地球は猛スピードで宇宙を公転し自転しながら生命を育み、様々な生物が繁栄し、絶滅し、また繁栄してきています。火山は世界中で噴火しています。、山が生まれ、砂漠がつくられ、美しい自然は広がっています。人類も誕生し、地球はじつに変化に富んでいます。まさに「生きている」地球です。しかしいずれ消滅する日がくるのかもしれません。

本書では全体をトコトンやさしく表しました。地球はどんな惑星か、人々は地球をどのようにとらえていたのか、地球の内部はどのようになっているのか、温暖化はどのような現象で、どんな災害を起こしているのか、地球はどんな脅威に曝されているのか、地球の将来はどうなるのか、などについてわかりやすく書きました。宇宙の中の地球を、地球自身を俯瞰的に眺め、理解しやすいように描きました。皆さんの地球への興味が少しでも増してくれれば幸いです。

地球に関する本はたくさんありますが、「地球学」の本はほとんどありません。多くは「地球科学」です。この本は地球を従来のような地球科学の科学的側面だけから見るのではなく、地球と科学との一体の人文科学の面も一部抱合しています。より地球を総合的に見る見方が視点になっています。さらにおもしろサイエンスの「岩石の科学」や「火山の科学」「天変地異の科学」とも相互に関係します。

本書を通して地球のおもしろさや脅威を感じていただければ、さらに科学的な眼で地球を見、眺めていただければ、筆者の望外の喜びです。

日刊工業新聞社藤井浩氏には執筆の機会を与えてくださり、執筆編集のご指導をいただき、深く感謝を申し上げます。

2021年8月　西川有司

トコトンやさしい

地球学の本

目次

目次
CONTENTS

第1章 地球とはいったいどんなものなのか

第2章 地球はどう見えてきたのだろう

第3章 もっと私たちの地球を知ろう

第4章 温暖化現象が地球を脅かす

第5章 地球でおこっている異変の顕在化

第6章 地球の異変はくいとめられるのか

第7章 これからの地球の行方

第1章

地球とはいったいどんなものなのか

1 地球は不思議な惑星だ

地球は丸い星

地球は身近な存在です。身近すぎて知らないことだらけで、とても不思議な惑星なのです。

緑の地球、青い地球、丸い地球と地球は表されていますが、青く輝いた海洋、そびえ立つ山々、砂漠が広がり、平らな土地に人々が住み、80億の人間が生活を営んでいます。動物や植物など様々な生物が繁栄し、季節があり、山あり谷あり海ありで変化にとんだ惑星です。また、地球の表面の70%は海が覆い、地球は「水の惑星《わくせい》」とも呼《よ》ばれています。

「どうして丸いのか」「内部はどうなっているのか」「どうして地球は太陽の周りをまわるのか」「どうして地球は傾いているのか」「傾きの基準は何なのか」など地球への疑問が次々と湧いてきます。科学の進歩でわかってきたこともありますが、わからないこともたくさんあります。地球には磁石のように北極（N）と南極（S）があり、「どうしして北極と南極が反転するのか」「どうしてオーロラが極域に現れるのか」などなど。

宇宙の中にポッカリと浮かんでいる地球、そこで生きていると大きさの実感がありません。地球を覆う雲の動くスピードは感じられるものの時速約１７００㎞の自転とともに秒速６００㎞の公転の猛烈な速さで地球は宇宙空間を突き進んでいます。しかし宇宙空間でのスピードは感じません。

46億年という途方もない長い歴史の中で、生物の発生、多様な生物の生存、進化、惑星や隕石の衝突、火山の噴火、大陸の移動や衝突、気候変動、異常気象など多種多様なことが起こってきています。

惑星の地球は、太陽の光を反射させ、青く輝いていますが、宇宙に行かないとその美しい輝きは見ることはできません。私たち人類は誕生から数百万年の歴史ですが、地球の歴史から見れば、「一瞬」です。「はやぶさ2」のように地球周辺の宇宙の探査は進んでいますが、今のところ地球は宇宙の中で唯一無二の「不思議な惑星」なのです。

要点BOX
- ●地球は青い、わからないことだらけの惑星
- ●地球は猛スピードで宇宙を公転し自転している

地球

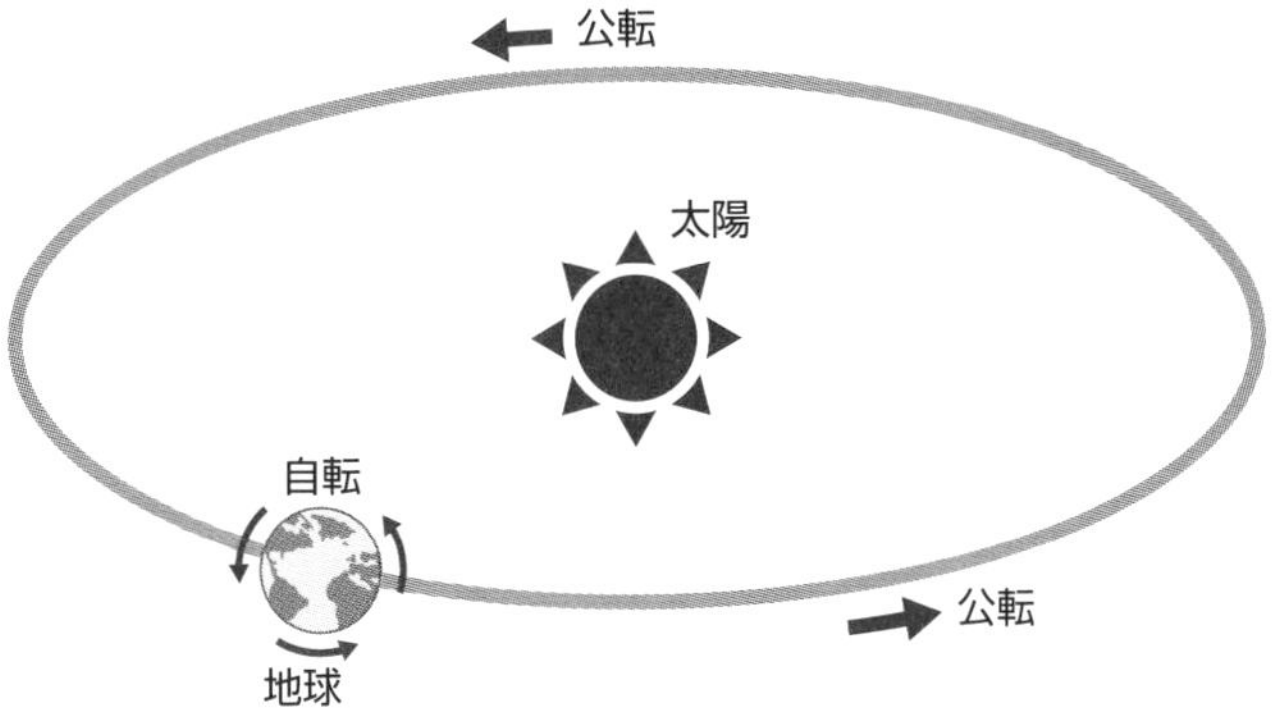

公転　反時計回り
角度　1ヶ月で30°
秒速　600km

自転　反時計回り
角度　1時間に15°
秒速　1700km

ほぼ丸い地球

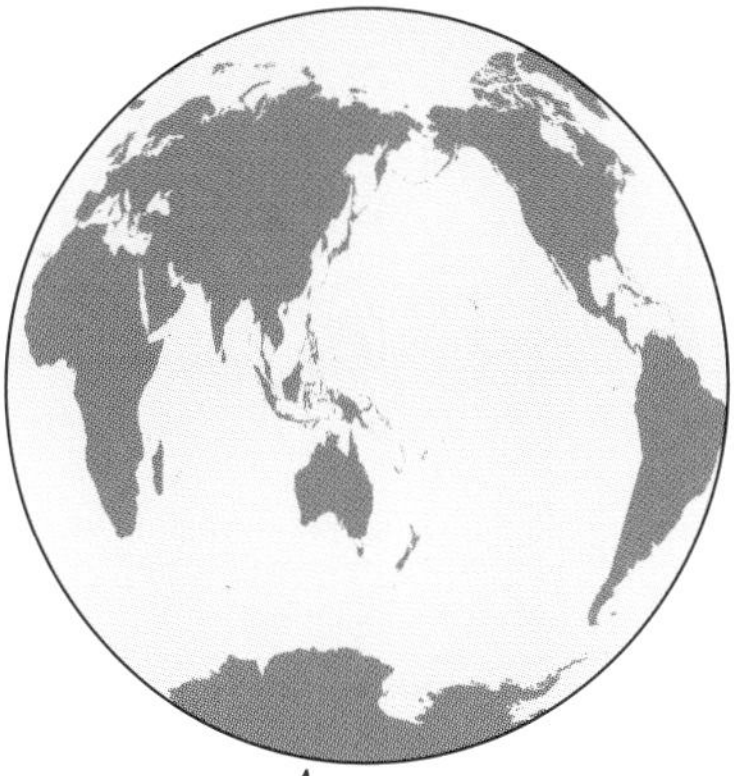

- 不思議な惑星
- 大陸の移動
- 気候変動
- 海7割

宇宙探査ーはやぶさ2

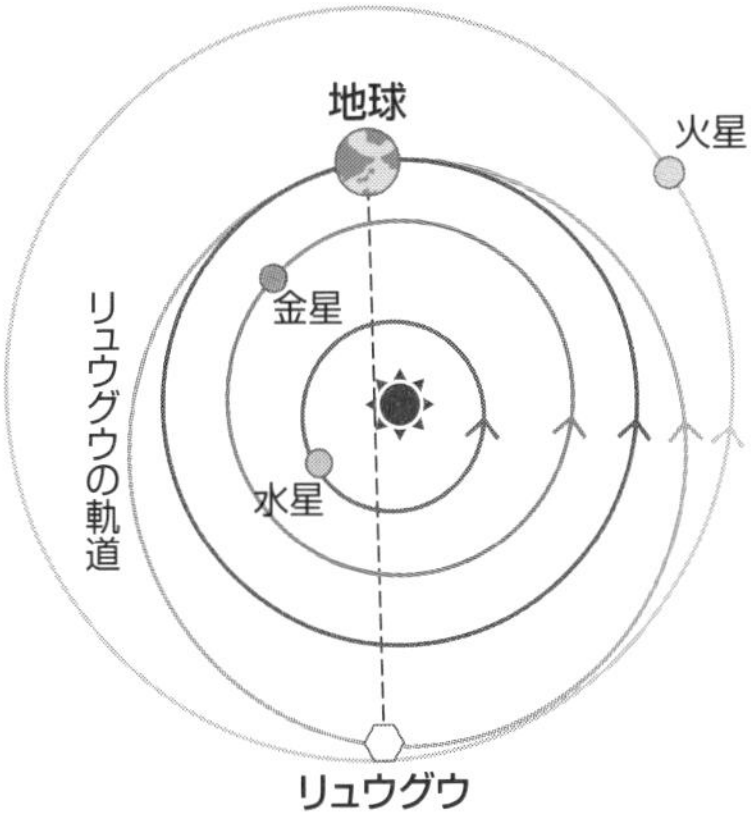

リュウグウ　小惑星　長さ900m
球形にちかいだんご状
7時間半ほどで自転

用語解説

はやぶさ2号：小惑星探査機。2020年は、リュウグウの岩石・砂を採取した。太陽系の起源や進化を知るための探査器。

惑星：恒星の周りを回る天体のうち比較的低質量のもの。

2 地球にはどんな特徴があるの？

球体が歪んだ楕円形

地球はほぼ丸く球体で鉄と岩石の塊と水からなります。太陽系にあり、惑星で天体です。丸い形状ですが、まん丸ではありません。丸を少しゆがめた回転楕円体です。さらに楕円形の軌道を描きながら1年で太陽の周りを公転しています。地球自身も公転しながら1日1回転で回転＝自転をしています。自転、公転ともに反時計回りです。宇宙の無重力の中で回転しながら浮かんでいるのです。

地球の重さの測定は、ニュートン（1642年〜1727年）の「万有引力の法則」が基礎となっています。質量のわかった物体と地球との間の万有引力の大きさを測り計算されます。地球の重さ（質量）は5・93×10^{24}です。0が24個並びます。これは6000000000兆t（0が9個）ですが、想像を超える重さで実感がわきません。月の80個分、太陽の30分の1という重さです。すでに紀元前230年前には地球の大きさや重さが測定されました。近代科学の測定結果と大差ありません。

地球の表面は海と陸からなります。71％が海で368×10^6 km^2、陸地は29％で147×10^6 km^2です。海に覆われた地球ともいえます。また平均密度　5514kg／m^3で、水1tの5・5倍の重さになり、鉄7・85g／cm^3と花崗岩2・75g／cm^3の間の密度です。また、気体の大気が地球を取り囲んでいます。大気は80％が窒素、20％が酸素です。酸素の含有は太陽系の惑星では地球だけです。

さらに、北極点と南極点を結ぶ直線を地軸と呼び23・4度斜めに傾き、多少扁平で歪んだ形をしています。地球は現在唯一動物や植物、微生物といった生物（生命体）が確認されている天体です。

地球は唯一の衛星「月」を持ちます。月の存在は、地球の自転軸を安定させます。地球内部は、地殻、マントル、核からなりますが、地震波で分析されているにとどまっており、わからないことだらけです。

要点BOX

- ●地球は回転楕円体で地軸に対して23.4度傾く
- ●酸素があり、大気に取り囲まれ、生物が存在し、7割が海に覆われている

地球の特徴

項目	測定値
形	楕円(ほぼ球体)
重さ	6000000000兆トン
	太陽の1/30、月の80倍
密度	$5.5t/m^3$
総面積	$510 \times 10^6 km^2$
	71%海、29%陸
全周	4万km
半径	6371km
大気	80%窒素、20%酸素
年令	46億年

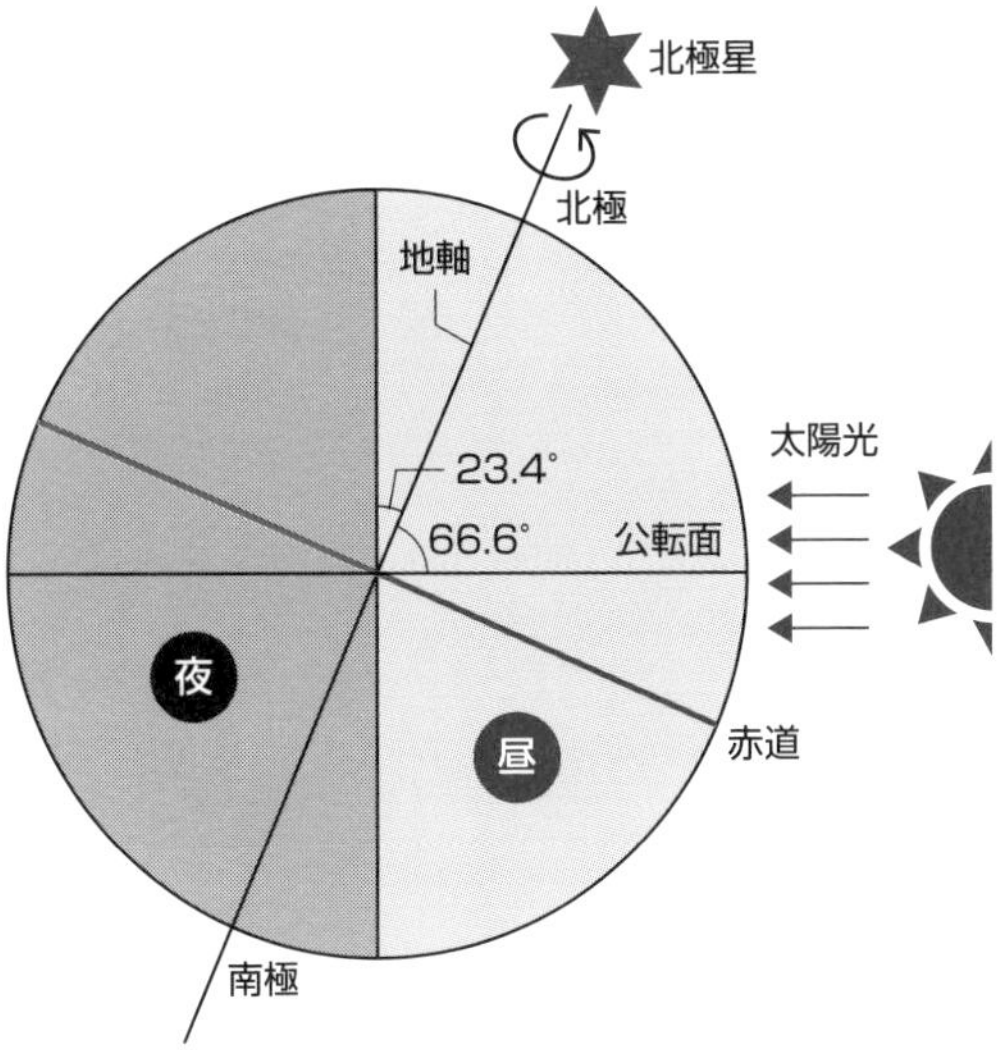

地軸：公転面の垂直からの角度

地球楕円体

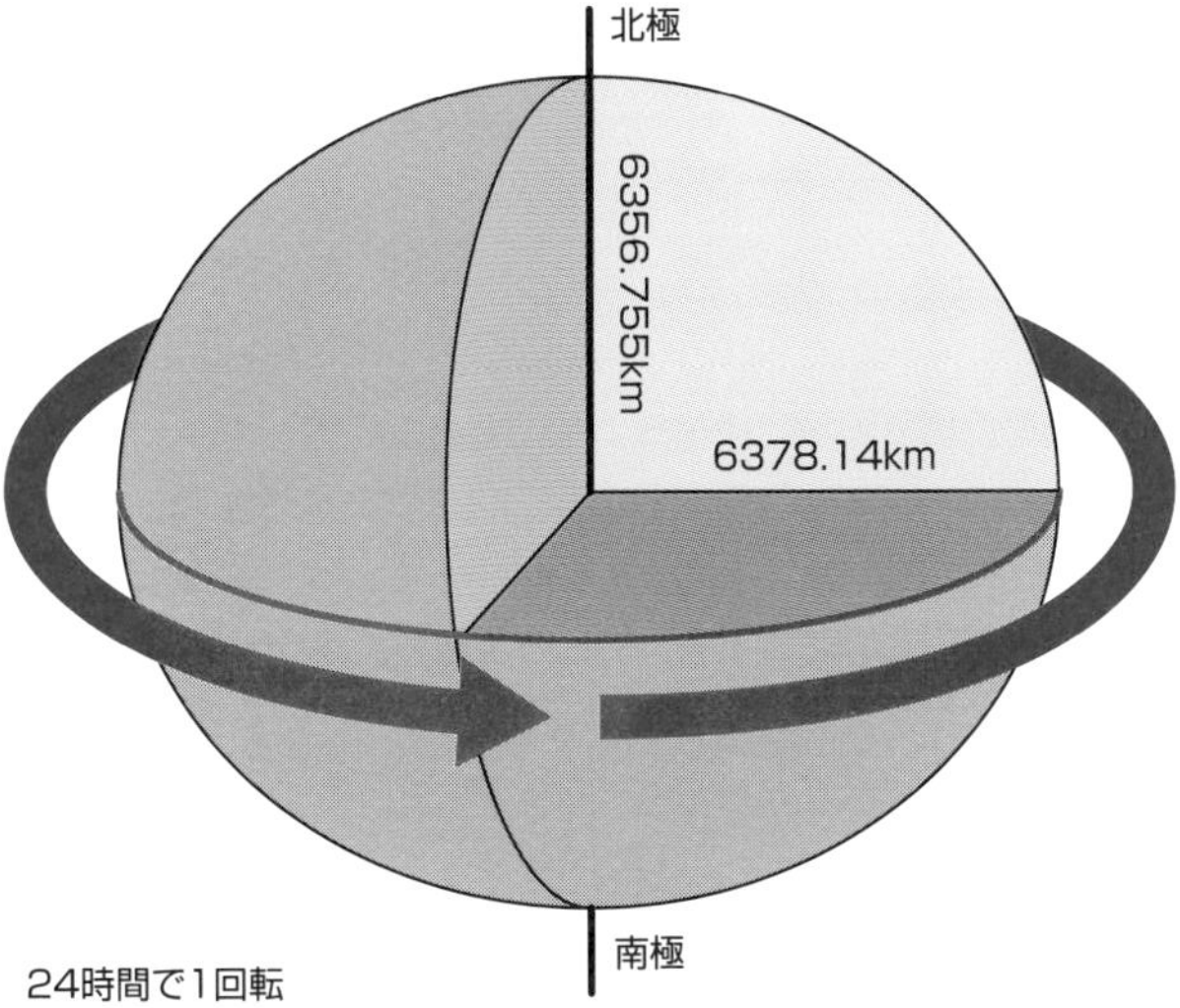

用語解説

万有引力の法則：ニュートン(1643-1727、イギリス)の発見した、すべてのものが互いに引き合う力「引力」を持っているという法則。

3 宇宙の中の地球

ちっぽけな星、太陽系

宇宙の中で地球はちっぽけな星です。地球は惑星で、水星、金星、火星、木星、土星、天王星、海王星、冥王星とともに太陽を周り、準惑星、小惑星、彗星とともに太陽系を構成し、天の川銀河とも呼ばれる銀河系に存在します。銀河系は誕生してから１３７億年が経過しています。

地球から見ると帯状の姿の天の川銀河系は太陽系とともに恒星や星間ガスなどが集まった直径10万光年ほどの大きさです。天の川銀河はすでに紀元前４００年頃にはその存在がわかっていました。

太陽系は銀河系内の軌道を一周するのに2億５０００万年かかります。月が地球の周りを動き、地球が太陽の周りを動き、太陽系が銀河系をまわっています。想像を超えたスケールです。

宇宙の大きさや構造などほとんどわかっていません。地球は想像ができないほど広い大きな宇宙の極一部なのです。

岐阜県神岡鉱山の地下１０００mに光速で飛び地球を貫通するニュートリノの観測装置スパーカミオカンデがあり、世界最先端の宇宙研究所です。

光の速さは秒速約30万kmと超高速です。太陽から発した光は地球への到達に約8分かかります。月までは約30万kmの距離ですから月の光は1秒で地球にやってきます。

地球と宇宙の境は曖昧ですが、国際航空連盟が高度１００km（カーマン・ライン）を宇宙空間と地球との境界線として設定しています。１００km以下が地球の大気圏で、その上空を宇宙と呼んでいます。この境界付近から無重力空間となります。

地球の表面は対流圏、成層圏、中間圏、熱圏から構成されています。対流圏は、地上からの高度とともに気温が低下し、気象現象が起こります。成層圏にはオゾン層が存在し、中間圏は、熱圏で高度とともに気温が上昇、２０００℃の空間も存在します。

要点BOX

●地球は太陽系の惑星、太陽系は天の川銀河にふくまれる。

●地上から100kmまでが大気圏それ以上が宇宙空間で無重力

天の川銀河系の構造・ちっぽけな太陽系

銀河系

太陽系は天の川銀河に含まれる

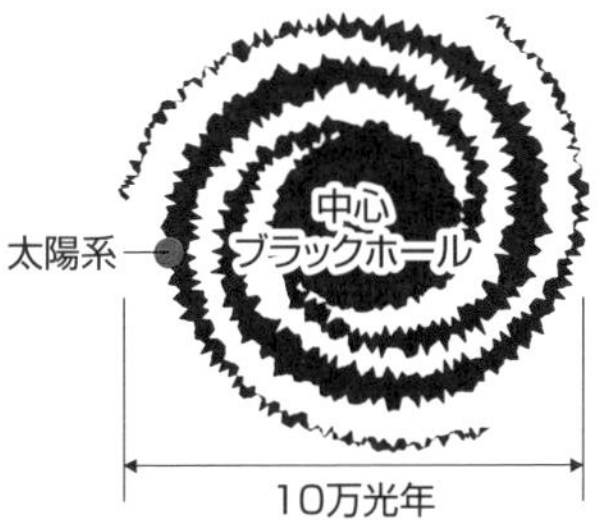

平面

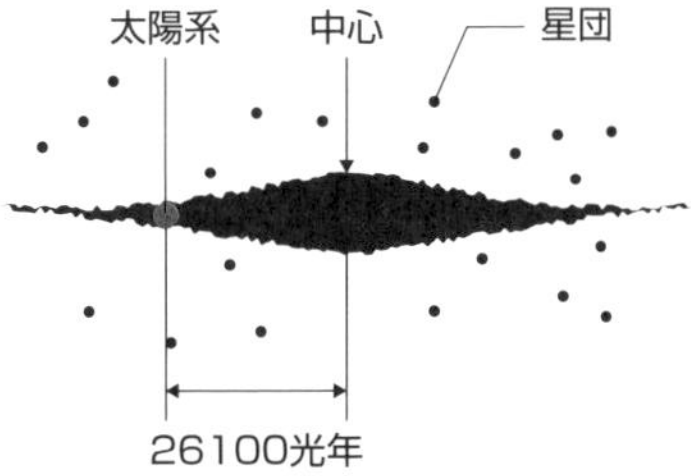

断面

太陽系惑星

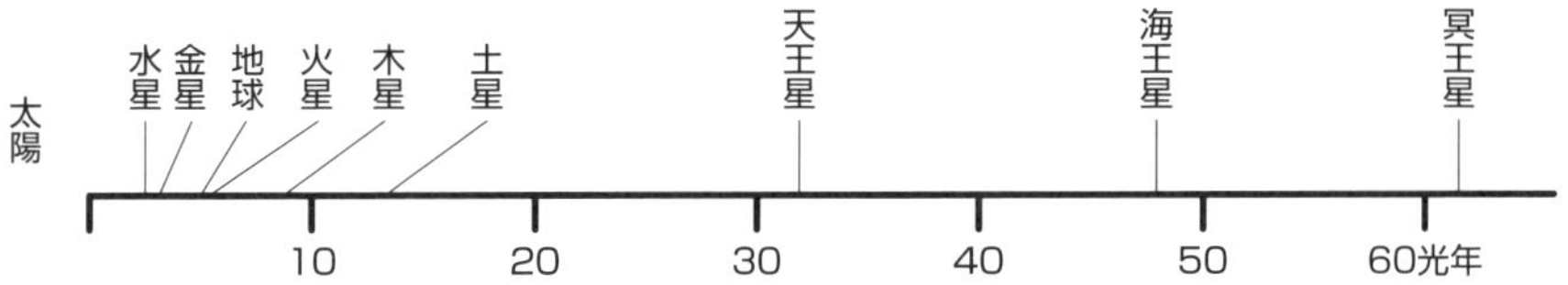

月が地球を回り、地球が太陽の周りを動く
太陽系は、銀河系を回る（1周に2億5千万年かかる）
太陽から地球までは8分、月から地球は1秒

宇宙と地球との境界

宇宙		外気圏			NASAの基準
大気圏	800km 100km	熱圏	↑外圏底 高度上昇→気温上昇 一部2000℃ 大気の密度小さい 90〜130km オーロラ カーマン・ライン	無重力↑	宇宙
	85km	中間圏	−80℃〜−90℃ 高度上昇→気温低下	気圧低下↑ 密度低下↑	
	50km	成層圏	↑成層圏境界 高度上昇→気温低下 オゾン層		大気圏
	20km 0km	対流	↑対流圏境界 高度上昇→気温低下 気象現象	水蒸気↑	

※大気圏は大気がまったくなくなるところまで。厳密な境界ではない。NASAは地上から100kmのカーマン・ラインを宇宙と大気圏の境界としている

用語解説

カーマン・ライン：海抜高度100kmに引かれた仮想のラインである。 国際航空連盟 によって定められ、このラインを超えた先が宇宙空間…この高度以下は地球の大気圏。

4 地球はどんな動きをしているのか

自転、公転、磁場

地球は、毎日回転する自転、1年で太陽を1周する公転によって動き続けています。地上の表層の対流圏では大気が動き、対流しており、気候が常に変化しています。地域による温度差や地球の自転などで空気が動き、風になります。海水はたえず動いています。海洋も地球の自転、気候などの影響を受けて表層の海流ばかりでなく深層と表層が対流し、海底では底層流が動いています。

　地上では地下からのマグマが上昇、溶岩を噴出し火山が噴火しています。地球内部のマントル対流によって、大陸が動き、集合し合体し、離散し、絶えず動いています。海洋地殻の上に生成された海底の地層は地殻とともに大陸に向かって動き、大陸の下に沈み込みます。その付近では、マグマが生成し、上昇し、地上に吹き出し、火山となります。その沈み込むところでは地震が生じ、断層ができて大地が揺れ、津波が発生し、海の動きが異常になります。地層も地滑りで動きます。海水面も月などの引力によって潮汐流が起こり、上下に動いています。このように地球は全体も表面も内部も動いています。まさに〝動く地球〟です。

　時計の秒針はその動きがよく見えますが、長針になるとその動きはゆっくりしていますので、動いている姿はよく見えません。地震の動きは大地の揺れとともに伝わってきます。火山の噴火も一瞬一瞬を観察できます。しかし、大陸の動きは、少なくとも数十万年を経過しないと動きは見えません。北極はカナダにあった北磁極がシベリアに向かって移動しています。磁場も動きます。磁極も反転します。

　地球の自転の動きは太陽の高さから毎日知ることができますし、公転は季節の変化から太陽との位置関係を読むことができます。

　地球は〝生きている〟といわれています。様々な動きが絡みながら動いているのです。

要点BOX
- ●地球の表層では空気、水が動く。
- ●目で見える動きやゆっくりとした目に見えない動きがあり、地球は様々な動きから構成される。

空・海・大地が一体として動く

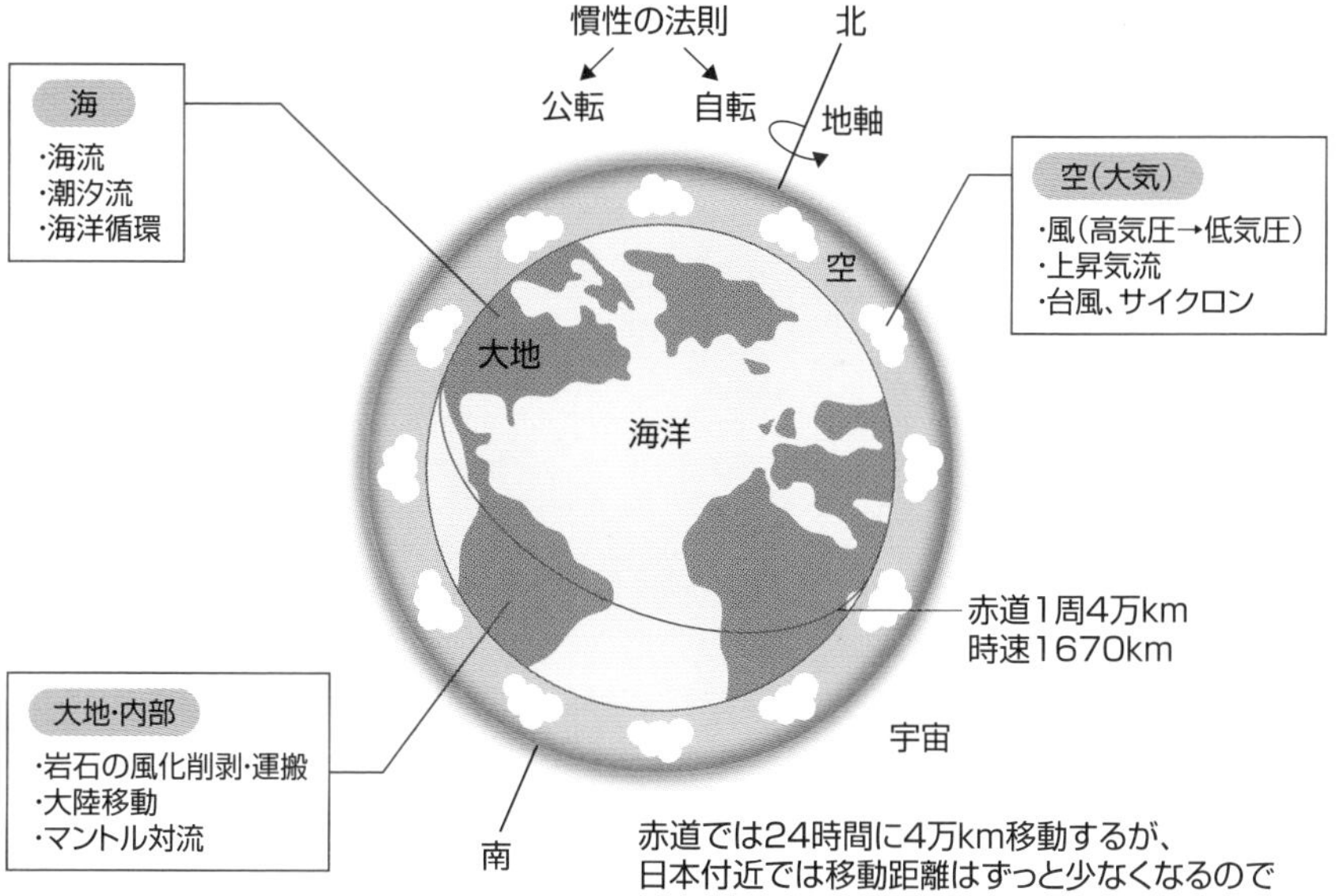

赤道では24時間に4万km移動するが、
日本付近では移動距離はずっと少なくなるので
速度もかなり小さくなる。

地球の動き

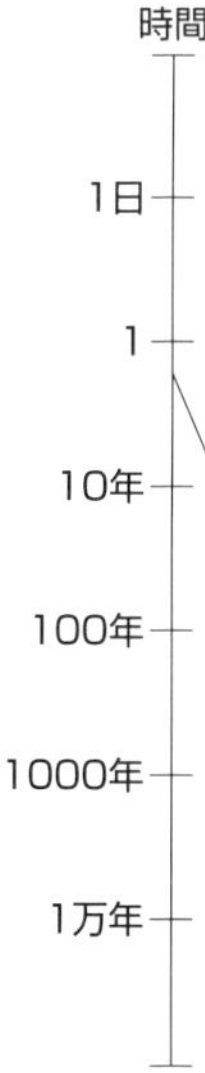

	動き	動きの感知
目に見える動き	火山噴火	観察、体感、地震計
	地震	体感、地震計
	津波	観察、測定(検潮所)
	集中豪雨	天気の変化、測定
	海流	観察、測定
	台風	天気の変化、観測、測定
	雲	天気の変化、観測、測定
目に見えない動き	大陸移動	人工衛星、測量
	マントル対流	地震計
	海底拡大	磁力、地磁気の測定
	大気循環	大気の分析、気圧など測定
	海水循環	海水の分析、流速など測定
	炭素循環	化学分析
	海水面上昇	電波計測、人工衛星

用語解説

磁場：電気的現象・磁気的現象を記述するための物理的概念。

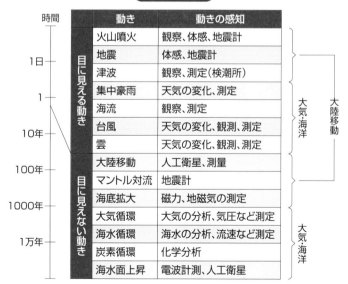

5

地球の内部はどうなっているのか

マグマ、硬い石

　地球の表面は層状に大気圏が覆います。このほか、地球は水が71%占める水圏で大部分は海洋です。海底から地下に地殻、マントル、コアの三層構造からなる地圏から構成されています。地球の半径は赤道で６３７８km、極で６３５７kmです。地球の半径は東京からハワイのホノルルまで直距離６２１０kmとほぼ同じぐらいです。この距離を掘り進めば地球の中心に到達しますが、今の人類の技術では不可能です。南アフリカのムポネン金山は坑道が３・９kmの地下まで続き60℃の暑さです。またソビエト連邦時代、コラ半島で１９７０年に地下深部を調べるボーリング掘削を20年間行い、12・２６２kmまで掘削しました。これが世界最深の深度です。

　地球は地表から中心に地殻、マントル、コア（核）が成層構造をつくっています。地表部の地殻は大陸地殻が30～60kmの厚さで花崗岩質岩体、玄武岩、堆積岩地層からなります。海洋地殻は６kmの厚さの玄武岩、堆積岩地層からなります。地殻の下にはマントルが存在し、上部マントルはかんらん岩で厚さ４００km、下部マントルはより緻密な岩石からなり２３００kmの厚さです。コアは外殻が鉄とニッケルの液体金属で、内殻は鉄とニッケルの固体からなります。また地球表面では地殻と上部マントルの最上部合わせた岩石からなるプレートで構成され、地球表面では10数枚のプレートからなります。プレートは、地球表面をマントルの対流によって移動しています。プレートは、海底山脈の海嶺でマントルが上昇し、常に生成され、移動して大陸地殻の下に潜り込んでいきます。

　地殻は地球の質量の１%以下で、マントルは68%を占めています。地球の内部構造は、表層部では、実際に地層・岩石などで観察できますが、深部は見えません。人工地震によって物質や硬さによって相違する地震波の速度で推定します。マントルから地上に上昇してきた岩石の研究も地球内部を知る材料です。

要点BOX

- 地球は地殻、マントル、コアからなり成層構造
- 目で見えない地球内部は地震波の相違で組み立てている

地球の内部構造

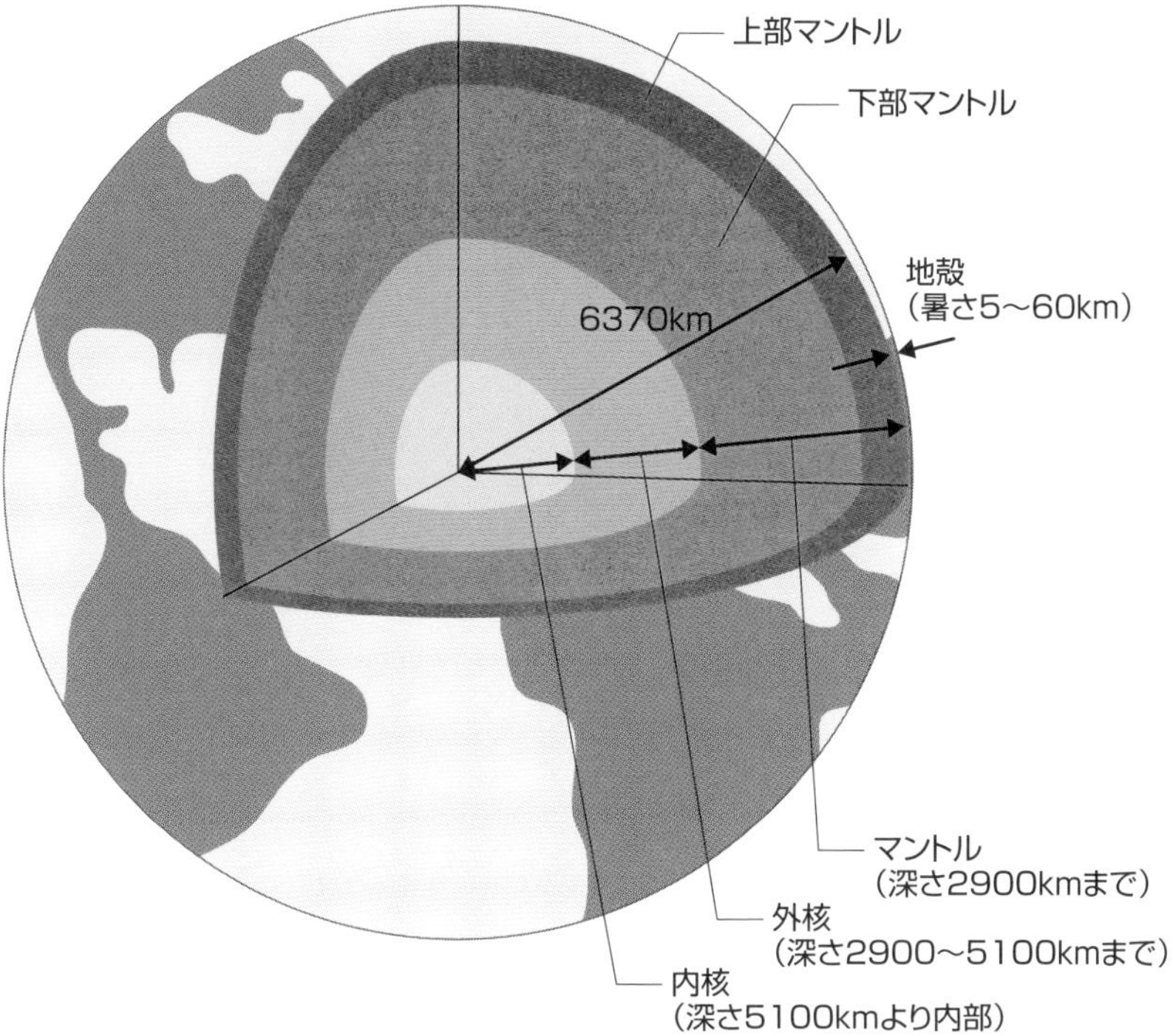

層別重量比

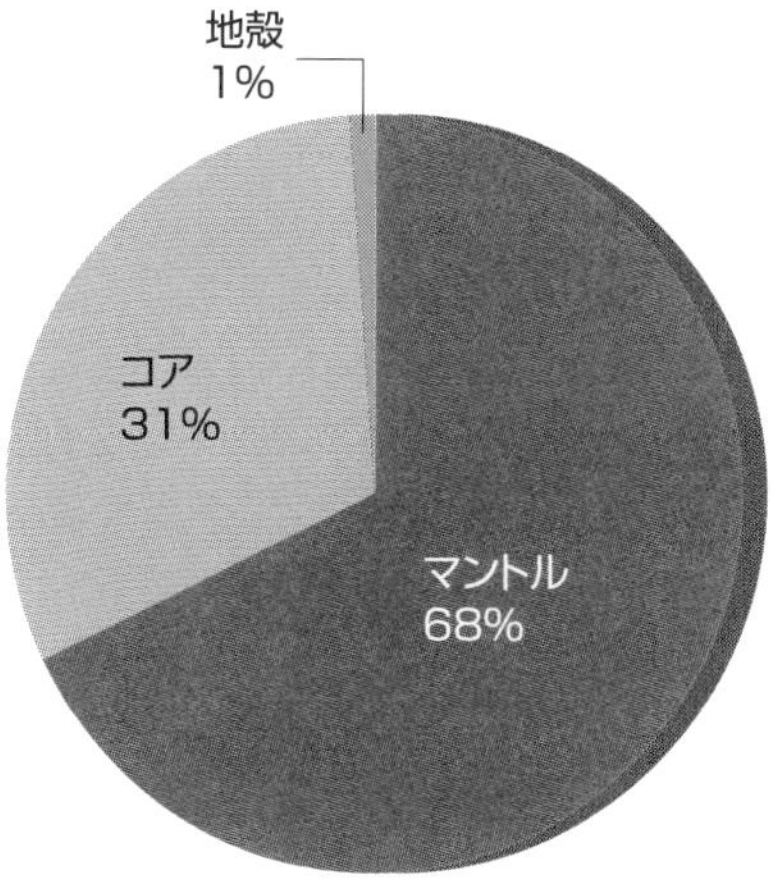

用語解説

マントル：岩石からなる。核の外側にある層。
地震波：地震により発生する波。

6 地球の表面の動き

気象、異常気象、温暖化、大陸移動

気象とは地球表面での大気の中で生じる雨や雪など様々な現象のことです。気象は大気の状態が気温・気圧の変化などによって地球上に起こり、太陽の活動により地球に供給されるエネルギー（放射エネルギー）に由来します。そして、雲や降水などの様々な気象現象が起こるのは雲が発生する対流圏です。

大気の存在によって地表は保温されています。大気中の成分が太陽放射や地球から出ていく赤外線の電磁波である地球放射を吸収して熱に変換されます。これらを温室効果といいます。

温室効果をもたらす気体はオゾン、二酸化炭素、メタンなどからなります。二酸化炭素などの温室効果ガスの濃度が増大すると、熱の吸収が増加して気温が上昇します。

気象庁では、「過去30年の気候に対して著しい偏りを示した天候」を異常気象と呼んでいます。異常気象により猛暑（酷暑、暑夏）、寒冬、暖冬、熱波（高温）、寒波、大雨・豪雨（洪水や土砂崩れが発生）、少雪、豪雪（大雪）、日照不足（農作物に影響）などがおこりますが、異常気象は必ずしも温暖化による気候変動だけが原因ではなく、火山噴火による火山灰が大気圏に長く滞留すればこのような異常気象が発生します。

温暖化は産業革命以降の工業化により人為的に二酸化炭素が排出され、大気中に残存し、それが許容量の限界に近づいてきていることで起こります。

大陸などからなるプレートが地球表面上をマントルの対流によって移動していきます。プレートは大洋と大陸の間の海溝に沈み込んでいきます。またプレートは海洋の山脈＝海嶺で形成されます。これはドイツの気象学者アルフレート・ヴェーゲナーが１９１２年に提唱した大陸漂移説です。このように地球表面では大気も大陸も動いています。

要点BOX

- ●オゾン、二酸化炭素、メタンなどは温室効果ガス
- ●ドイツの気象学者アルフレート・ヴェーゲナーは1912年大陸漂移説を提唱

オゾン層と温室効果ガス

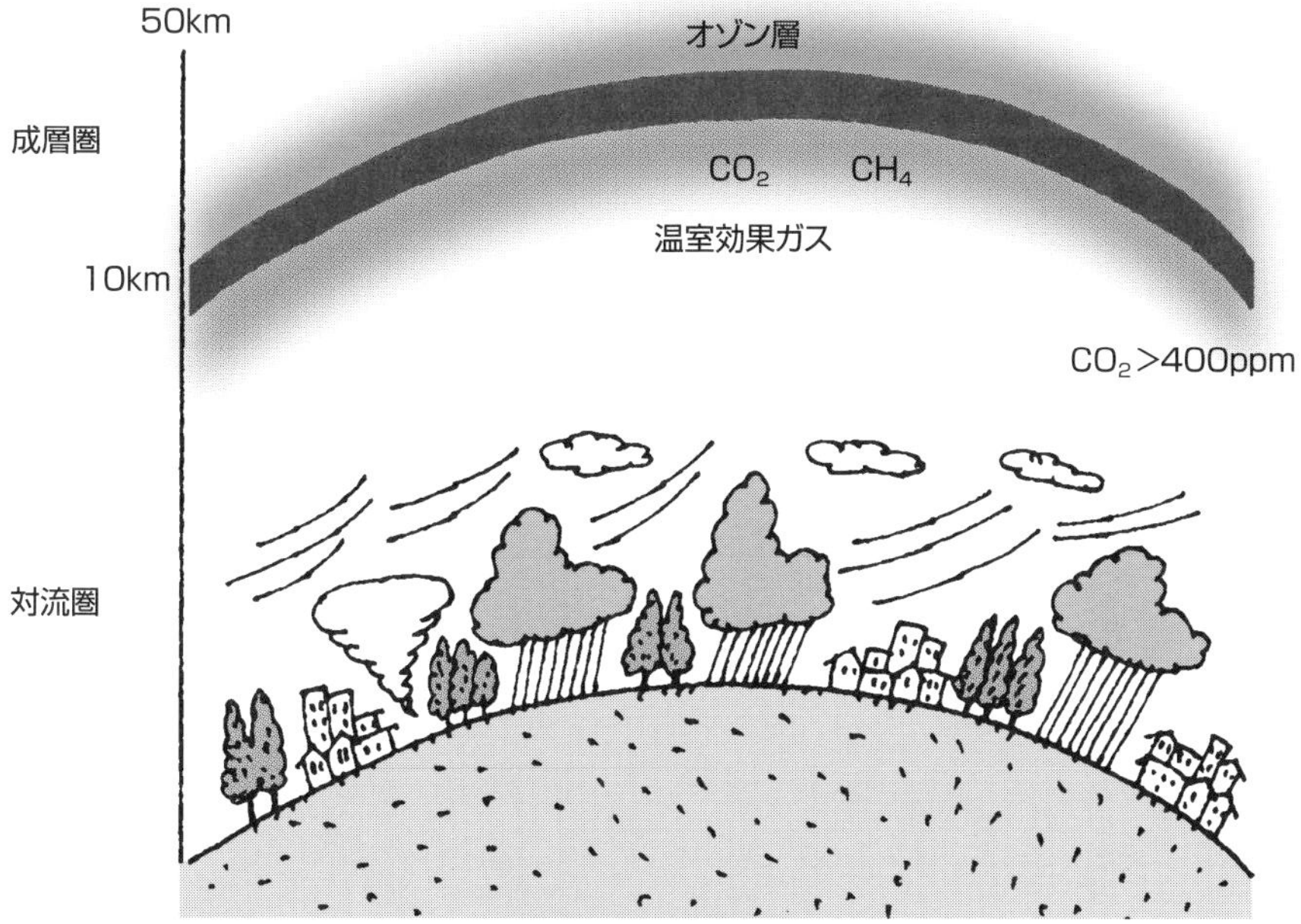

プレートの動き

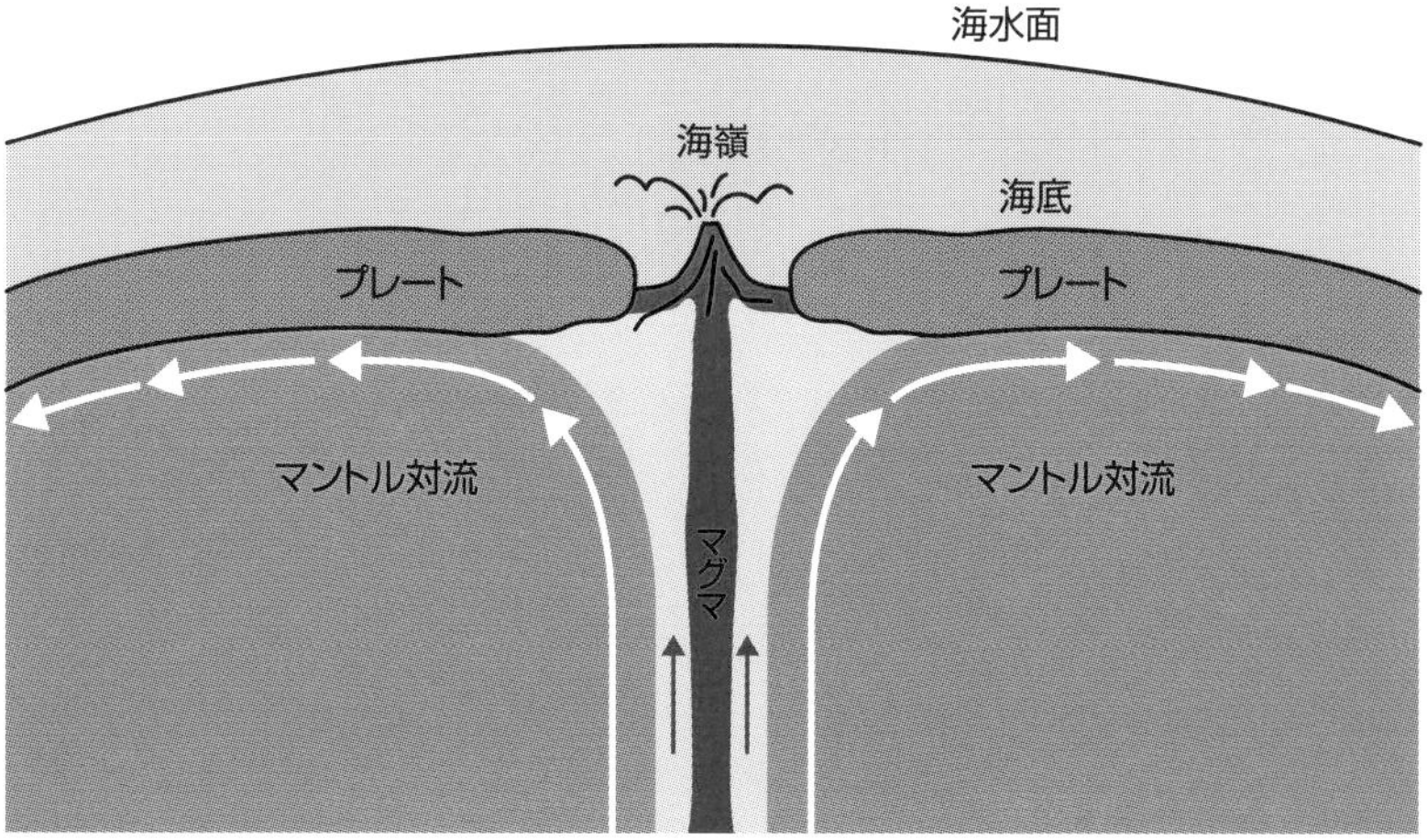

用語解説

地球放射：大気または地表面の出す放射。

7 月と地球の関係は

引力の働き

月は身近な存在で、地球の唯一の衛星です。太陽系の衛星中、5番目に大きく、地球から見て太陽に次いで明るく輝いています。月は地球のまわりを反時計回りに約27日間で一周しています（公転周期）。地球までの距離は38万４４００㎞です。月の半径は１７３７・１㎞です。

月にはほとんど大気がなく、月の重力は地球の約6分の1です。月は昼と夜の温度差が非常に大きく、月の赤道付近では、昼は１１０℃、夜はマイナス１７０℃と、著しい差があります。

月と地球と太陽の位置によって、月の見え方が変わってきます。月は毎夜、形が変わります。地球から見て月と太陽が同じ方向となり、月から反射した太陽光が地球にほとんど届かない目に見えない月が新月です。その反対が満月で、月と太陽が地球を間において反対側にあります。細い形が三日月です。半分が欠けて半円の形に見える月は半月です。

2つの物体の間に働く相互作用のうち、引き合う力、互いを近付けようとする力、互いを引っ張り合う力が引力です。月の引力は地球上（内部も）のすべての物質に働いています。月に近い物質ほど大きな引力を受けています。自由に動く海水は地球上で月に向いた面で、月の引力に引かれて海水は少し持ち上げられます。満潮です。すなわち潮の満ち引きは月の引力の影響によって起こります。また地球上で見ると月の反対側でも海水が盛り上がって満潮になります。月の引力は月の真下で強くなり、月と直角方向では引力は弱く海水が低くなり、干潮になります。

また地球の硬い岩石も潮汐力によって変形します。これは地球潮汐です。海水の潮汐と同じように引力による影響で20㎝程度地盤が膨らんだり、縮んだりしています。地盤全体が変化しているためにその動きはわかりにくい動きです。地球の海は流体で変形しやすいのですが、このように固体も月の影響を受けます。

要点BOX

●月には大気がほとんどない。月の重力は地球の約6分の1で、月の昼と夜の温度差が非常に大きい

●月の引力は地球に働いている

月と地球の関係

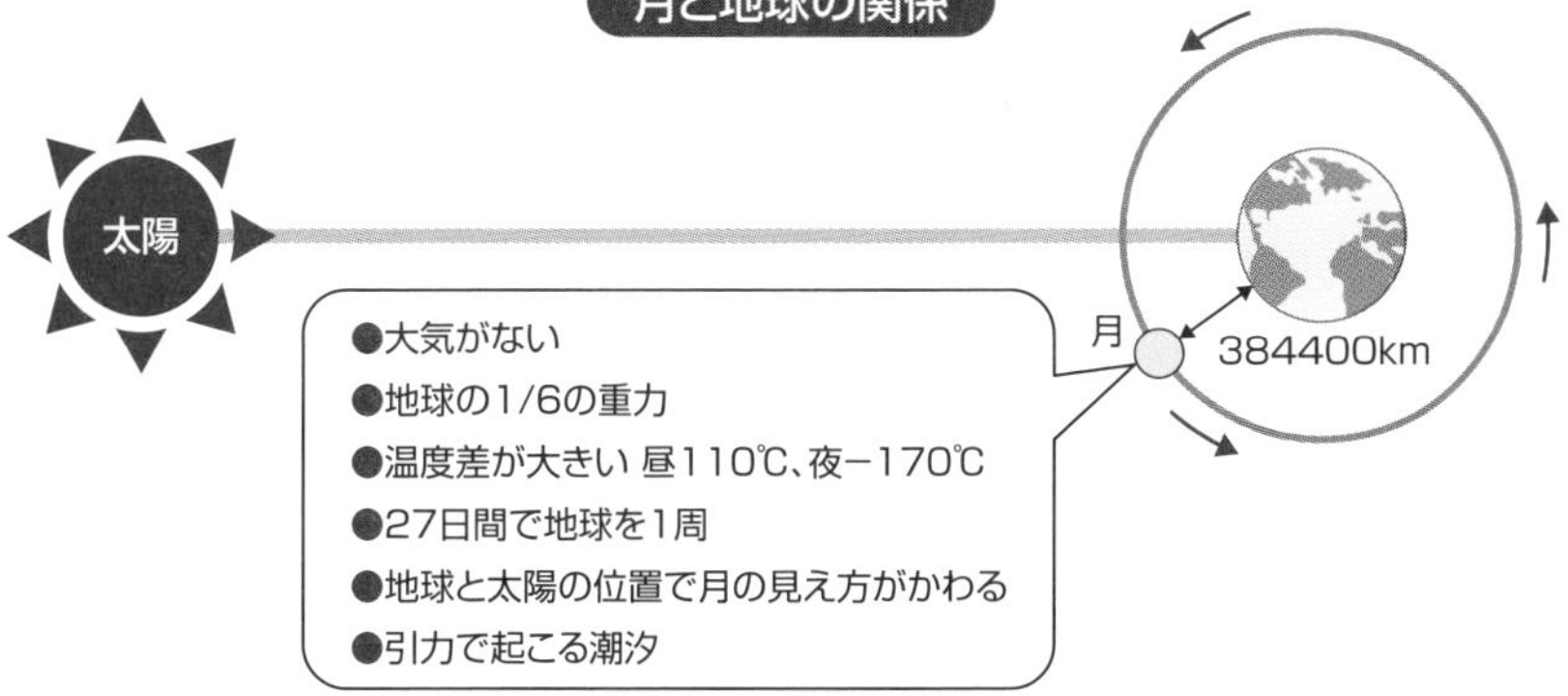

月の見え方の変化

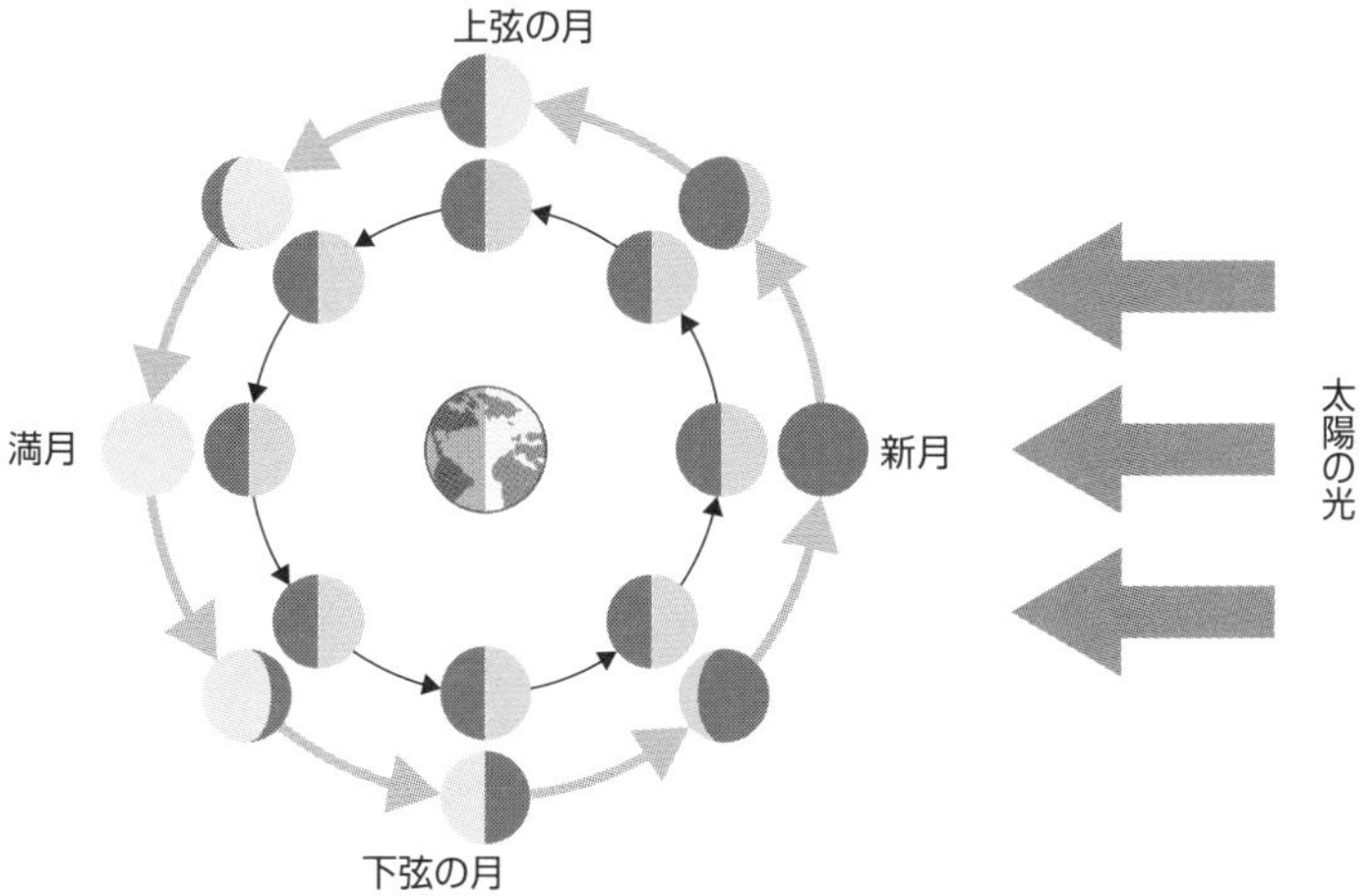

潮汐力

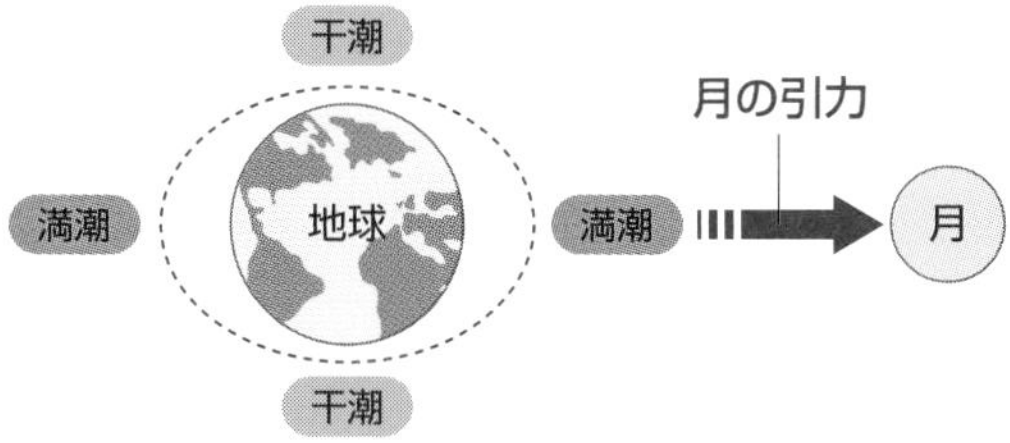

用語解説

地球潮汐：地球に働く太陽や月等の重力によって引き起こされる、固体地球の周期的な変形現象。

8 地球の重力とは？

引力と重力とニュートン

地球が宇宙空間に浮かんでいるといえ、地球上の物や私たちは飛んでいきません。海水や机上のボールペン、本、自動車なども地上につなぎとめられています。

地球上のすべての物体には地球の引力が働きます。すなわち「万有引力」です。17世紀に活躍した英国の科学者アイザック・ニュートン（1643-1727年）はこの「万有引力」を発見しました。質量（重さ）を持つすべての物体に「引力」が働くことです。

地球において引力はほぼ重力と同じです。引力や重力は目に見えないためわかりづらいのですが、地球上のものが受ける力のことです。

地球の引力に引きつけられている物質は、地球の自転により遠心力の影響も受けます。この引力と遠心力を合わせたものが「重力」です。17世紀にはすでに地球に引力があることや、惑星が太陽の周りを回っていることは知られていました。しかし同じ種類の力によるか、わかりませんでした。

ニュートンはリンゴが木から落ちるのを見て、リンゴは地球に引っぱられて落ちた、つまり地球は引力をもっていることを発見した、といわれています。しかしニュートンは「なぜ月は地球に落ちてこないのか」という疑問から、「力は自然学的にではなく数学的にだけ考えねばならない」と仮説を立てず、あくまで観測によって物事の因果関係を示しました。地球の自転軸に近い南極・北極は遠心力の影響が少ないため、より強い引力がかかって重量が増えます。反対に、遠心力が強くかかる赤道付近では物質は軽くなるのです。都市によっても多少差があります。都市の中で、最も重力が小さいのはメキシコシティ（9・776 m/s^2）で最も大きいのはアンカレッジ（9・826 m/s^2）です。地球の重力の強さに影響を与える要素には、緯度、高度、当該地点の地形、地質等があります。地球の自転による遠心力の影響はそう大きくありません。

要点BOX

●地球上の物体には地球の「重力」がかかる
●地球の引力（地球の万有引力）と自転によっておこる力（遠心力）をあわせた力が重力

引力と遠心力、重力

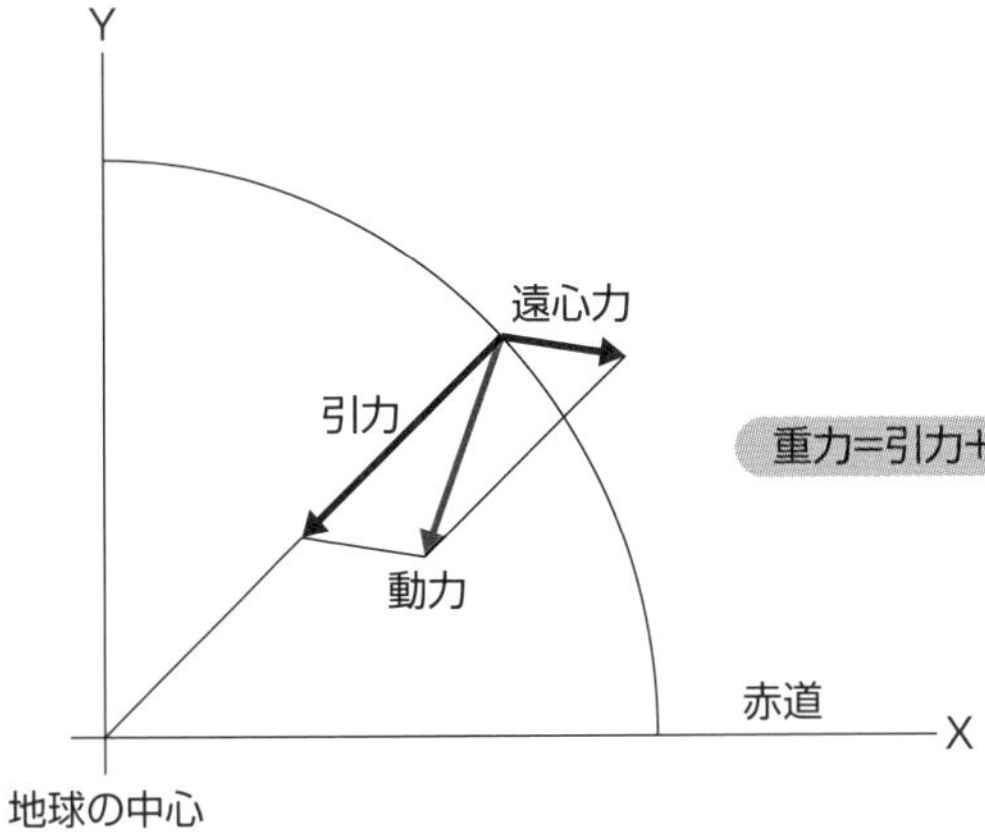

重力=引力+遠心力=万有引力

遠心力

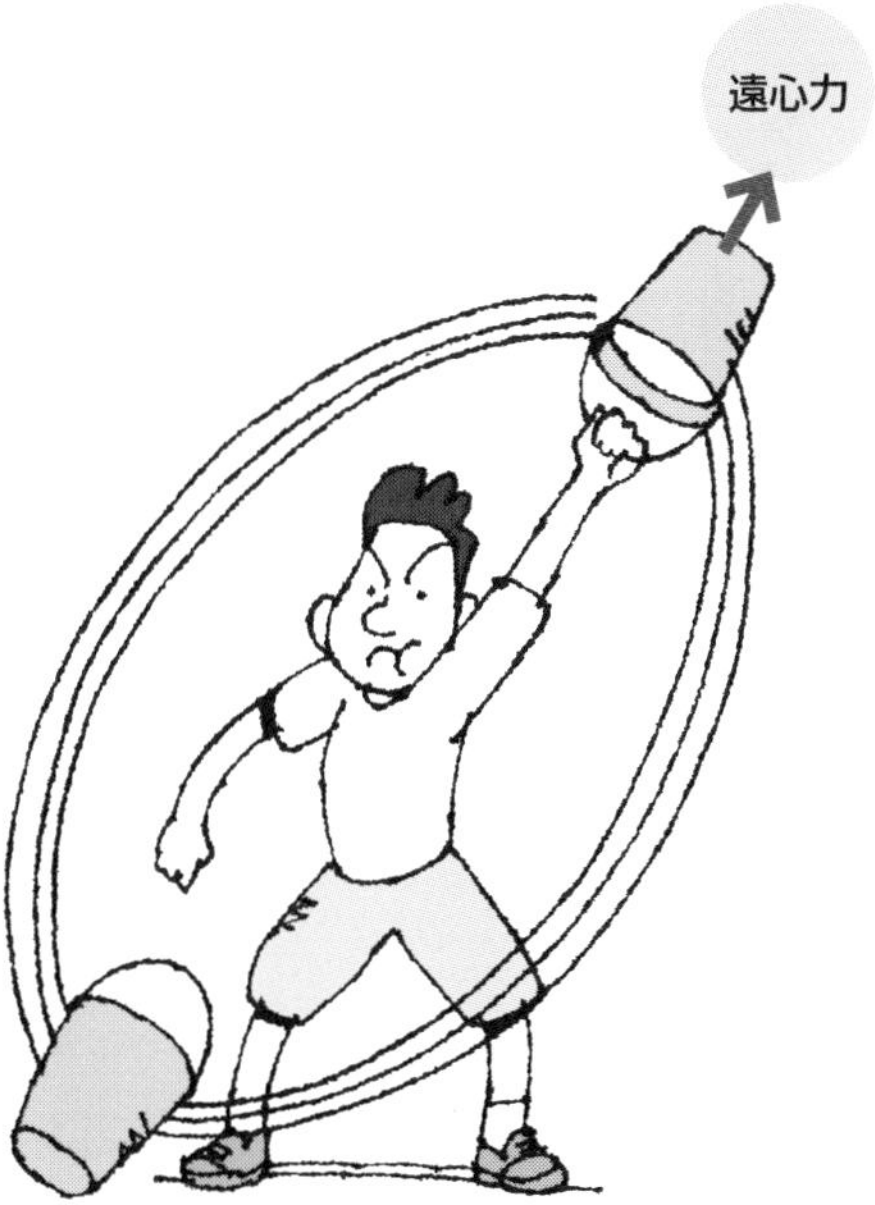

水入りバケツをふり回しても
水はこぼれない

緯度による重力差

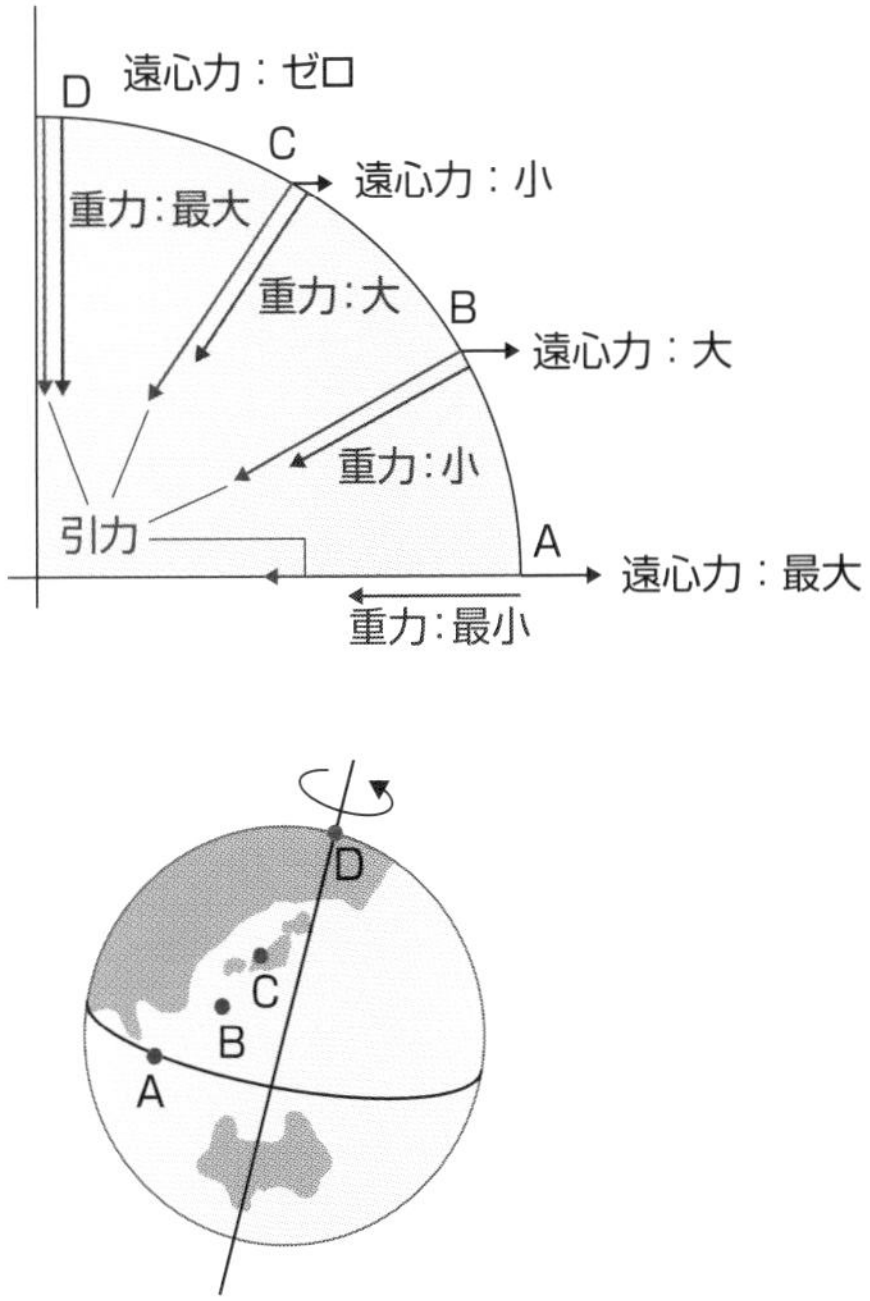

9 溶岩が噴出

洪水玄武岩、大陸縁辺部

地球を構成している物質は微惑星に由来します。地球は46億年前に誕生しました。太陽の周囲を廻る軌道のミニ惑星が合体して形成されたとされています。小さな塵などが合体して火星ほどの大きさになりました。地表は灼熱のマグマに覆われていました。マグマの海です。

その後、プレートが拡大していき、次第に大陸が形成されていきました。激しい火山活動により大陸が急成長しました。地球はこうして岩石惑星となったのです。岩石の塊です。天体が衝突した際のエネルギーから自転が生じました。割れ目に沿って大量のマグマが地表に噴出しました。溶岩台地は、玄武岩質の溶岩が大量に噴出し積み重なってできた、大規模な台地です。洪水玄武岩とも呼ばれています。デカン高原（52万㎢）は溶岩台地です。溶岩の厚さは最大2㎞に達し、広さが数十万㎢にも及びます（日本の面積38万㎢）。６７００万年前の白亜紀の終わりにかけて起きたマグマ噴出で形成されました。シベリア・トラップ（ロシア東北部）は７００万㎢です。古生代カンブリア紀以後洪水玄武岩は何回か発生しています。

洪水玄武岩は大陸プレート上、海洋プレート上の両方に存在し、それぞれ広大な面積で大地や海底を覆っています。

溶岩の噴出は、地球創成期の頃から現在まで続いています。地球上の3つの場所で火山活動が行われ、溶岩が噴出し火山が生まれています。すなわち「海溝型」はプレートの沈み込んでいるところ、「海嶺型」は大洋の海底下、「ホットスポット型」の海山の3つです。「海溝型」はプレートの大陸縁辺部でのプレートのマントルへの沈み込むところです。海嶺型は大洋にマグマが湧き出るところでプレートが生産されるところです。「ホットスポット型」はハワイのキラウエア火山で代表されるような火山島やアフリカ大地溝帯のような大陸の分裂するところです。

要点BOX

- **地球創成期以来、溶岩が噴出し、火山活動が続く**
- **洪水玄武岩は大量の玄武岩の噴出。広大な地域を玄武岩溶岩が覆う**

地球創生期より火山活動

三つの場所

三つの火山型	場所	岩石	形	分布
ホットスポット	・大陸の分裂 ・火山島	玄武岩	盾状 （なだらか）	ハワイ、タヒチ、 アフリカ大地溝帯
中央海嶺	・海洋底 ・プレートをつくるところ	玄武岩	盾状	大西洋、 太平洋、アイスランド
海溝	・プレートの沈み込帯 ・大陸の縁、列島	玄武岩、安山岩、デイサイト、流紋岩	成層 溶岩円頂丘	海溝周辺 火山帯

溶岩台地（洪水玄武岩）

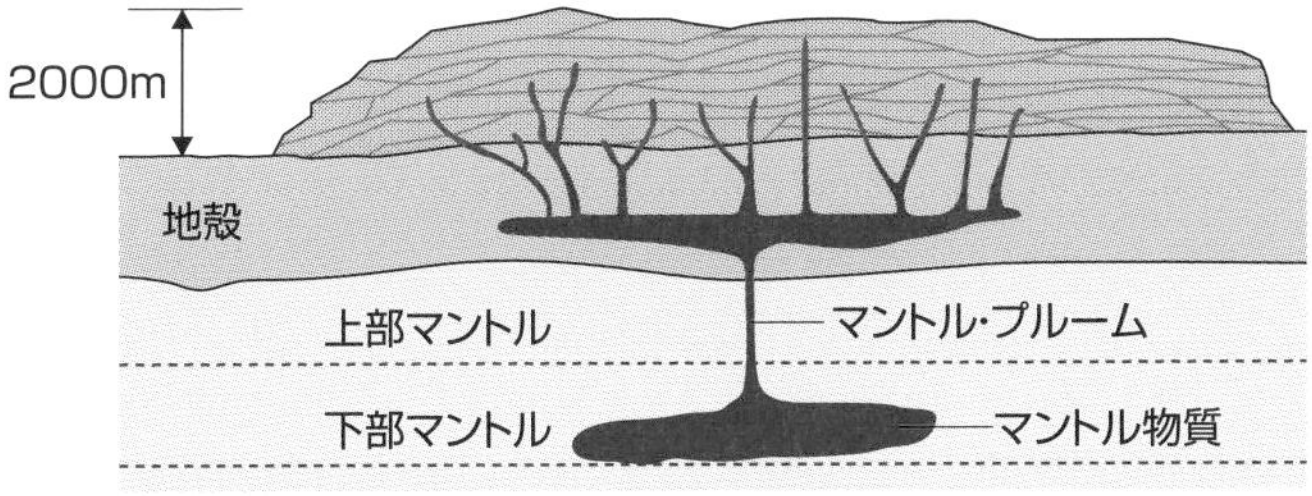

噴火火山	国など	噴出時代	噴出面積、溶岩の厚さ
デカン高原	インド	6600万年前	50万km^2、厚さ2000mの玄武岩溶岩
シベリア・トラップ	ロシア	2億5100万年前	200万km^2、玄武岩、流紋岩、生物絶滅
コロンビア川台地	米国	2300万年前	16万km^2、厚さ1.8km
オントンジャワ海台	南太平洋	1億2000万年前	200万km^2、厚さ30km、海洋生物大量絶滅

用語解説

微惑星：太陽系の形成初期に存在したと考えられている微小天体。
ホットスポット：マントル起源のマグマの火山活動が起こる場所。

Column

コアに向かう

地下2900㎞から下に、「コア」があります。東京からモンゴル・ウランバートルほどの距離に相当し、距離としてはそれほど遠くではありません。

コアの外核は液体金属で内核は固体で鉄とニッケルです。コアの中心付近の温度は5000℃から6000℃で太陽の表面の温度と同じくらいです。金属液体が、地球の自転で回転しています。金属は電子を含んでいるため磁場が生まれ地球が磁石のような性質を持ちます。コア内に電流が流れ、地磁気が発生します。磁極の逆転が不定期に起きており、その逆転はチバニアンのように地層に記録されています。

「コアの回転が停止してしまい、地球の磁場が不安定になってしまった」と『ザ・コア』(THE CORE 2003年米国映画)は、SF映画でこれを描いています。映画の中では突然ペースメーカーを身に着けていた32人の人たちが一斉に突然死する、サンフランシスコの海は蒸発してしまい数千人の死者がでてしまう、ローマのベネチア宮殿は崩壊する、など映画の話とはいえ現実味を帯び、地球の核(コア)が回転を停止してしまったことで地球に起きる異変は考えられないことばかりです。しかし、人類はコアの知識は十分ありません。回転を止め磁場のなくなった地球は太陽風にさらされてしまい、1年以内に人類と地球は焼き尽くされて滅亡する未曾有の災害が起ります。

世界中から集められた各分野のスペシャリストがコアを再稼働させるために、調査を行ない、地下1800マイル(2896㎞)まで掘り進み、外核で核爆弾を爆破させ、その衝撃で再び回転させるということになり、6人が特殊合金で作られた特殊車両ヴァージル号で地下1800マイルへと旅立って行きます。地底を掘り進めると想像もつかない程の様々な苦難が待ち受けています。水晶の塊が車両にぶつかり機体が破損し、それを修理するために車両の外に出たりで、5人が亡くなり1人地上に帰還できました。

人類は地震波と実験装置でしかコアを知りません。地球を掘り進めることは不可能です。せいせいぜい10㎞程度で、今の人類の技術ではそれ以上は掘れません。地底探検は今のところ不可能でしょう。しかし、このようなコアの動きが停止することはあり得るかもしれません。恐ろしいことです。コアのことを研究し、少しでもコアを知る必要があります。

第2章

地球はどう見えてきたのだろう

10 地球の見方は様々あった

平面、立体、時代とともに変化

　人類の歴史とともに「地球の見方」は、変わってきました。大昔は太陽や星が、地球のまわりをまわっていると信じていました。14世紀になると、「大航海時代」となり、欧州人は世界中の海へ航海に向かいました。新しい航路や大陸を発見する中で、地球が丸い球形の天体であることを知りました。

　古代の人々は主に、「大地は平らである」と考えていました。地球平面説です。地球の形状が平面状か円盤状であるという宇宙論です。古代のインドでは、大地はスメール山（古代インドの世界観の中で中心にそびえる山）の周囲に花弁のように集まった四つの大陸から成る円盤であり、大陸の周囲を外海が取り囲んでいると考えられていました。古代スカンディナヴィアの人々やドイツ北部・デンマークの人々は、その中心に大地と天との接続点を表す世界軸を持つ大地が海に取り囲まれているという地球を平面として考えていました。

　古代中国では、大地は平面であって四角く、対して天はまるいという考えが大多数でした。天に関しては傘のように大地を覆っている説、球状で大地を取り巻いている説、天体は自由に漂い天空虚であるという説など多様な考え方をしていました。

　紀元前6世紀のギリシアの哲学者ピュタゴラスなどは地球が球形であると見ており、球体説が急速に広まりました。

　聖書は地球平面説でしたが、中世人は地球球体説を信じていました。

　17世紀にはイエズス会の影響により地球球体説が中国に広がり、プトレマイオスやプリニウスは地球が丸いと主張しました。１５１４年にニコラウス・コペルニクスが地球平面を切り捨てました。地球球体説は、科学的な観察に基づいていました。

　このように地球の見方は時代とともに大きく変化していきました。

要点BOX

- ●地球平面説から科学的観察に基づく地球球体説
- ●地球の見方は時代とともに大きく変化

地球の見方の歴史

古代　中世

平面説

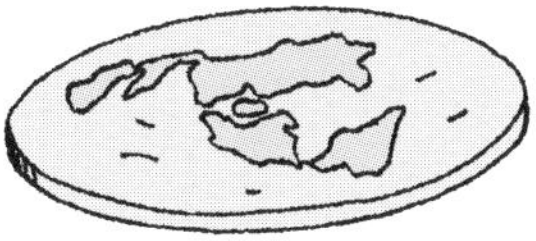

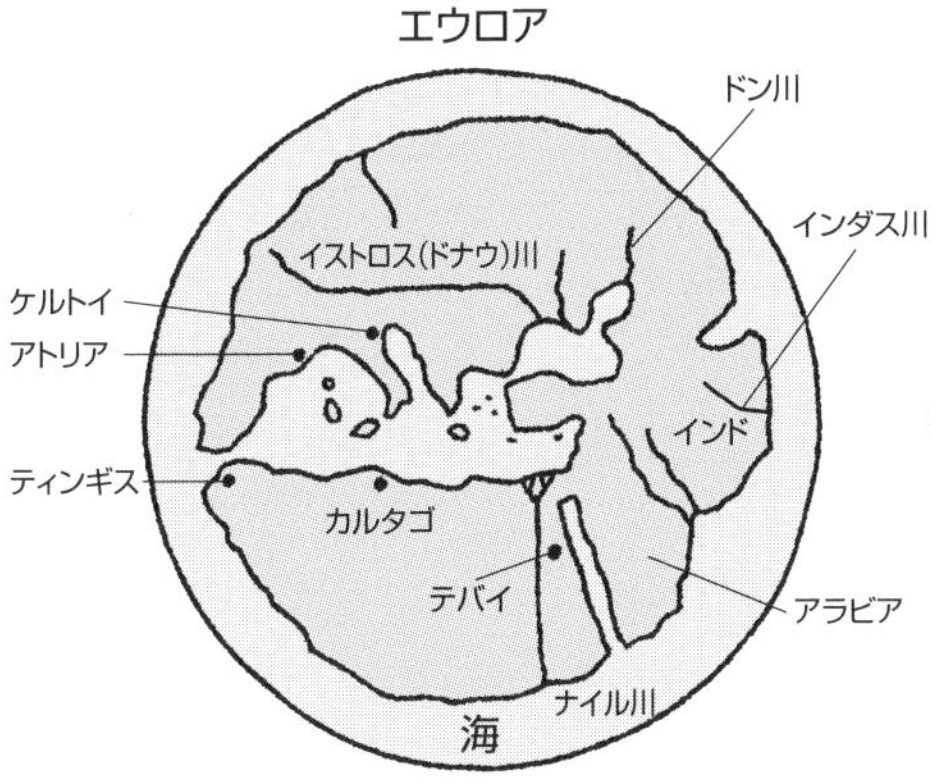

球体説

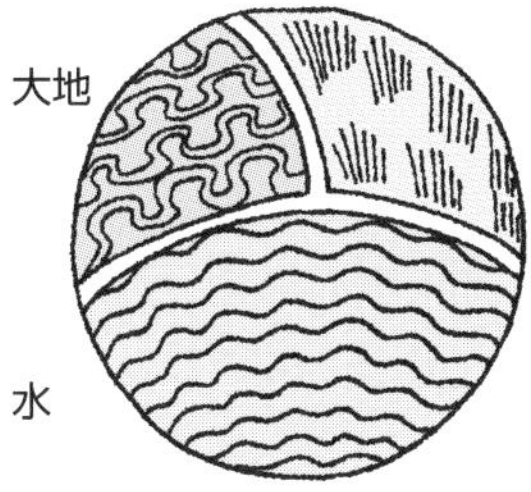

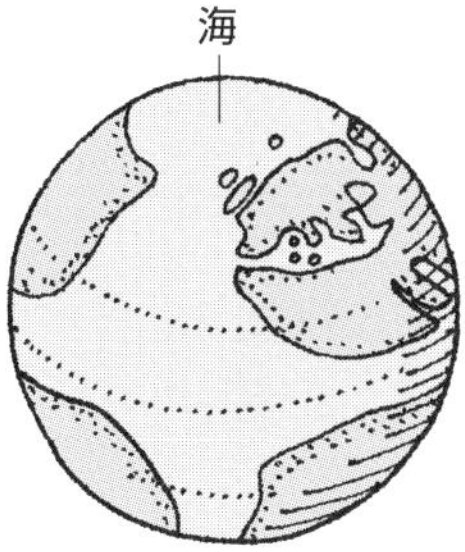

近世

コペルニクス　地動説　球体説

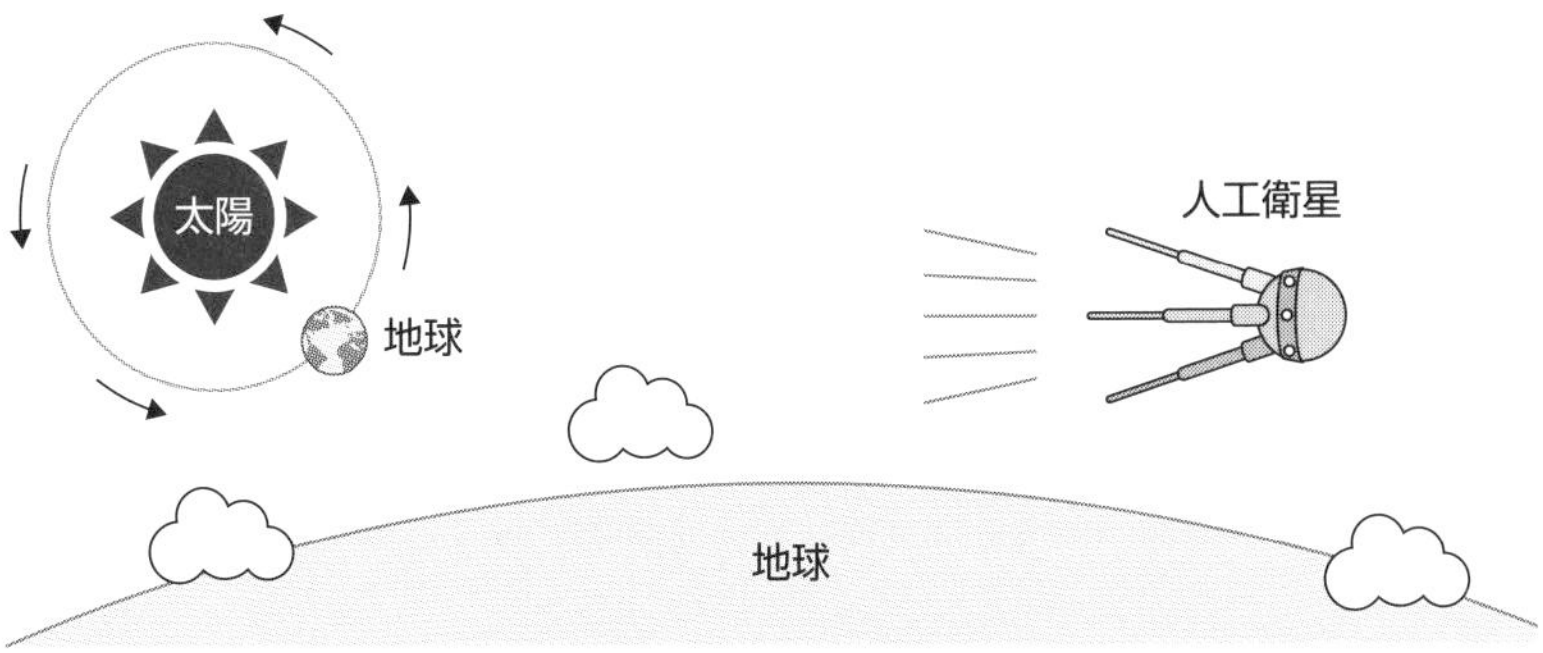

11 私たちの時代の地球の見方

2020年地球近傍（地球からの距離は約3億km（太陽・地球間距離は1・5億km））の小惑星のリュウグウ小惑星探査プロジェクト「はやぶさ2」は最大1cm近くの黒色の石・砂を採取してきました（宇宙航空研究開発機構JAXA）。また中国の無人探査機「嫦《じょう》娥《が》5号」が月の岩石などを持ち帰ってきました。宇宙への探査研究が進んでいます。「宇宙の始まり」などの解明がされていくでしょう。

人類初の人工衛星は、1957年にソビエト連邦が打ち上げたスプートニク1号ですが、人工衛星、宇宙飛行士を通して、地球の姿を客観的に私たちは見ることができます。さらに21世紀初頭までに、数千もの人工衛星が地球周回軌道に打ち上げられました。人工衛星の用途は、軍事衛星、偵察衛星、通信衛星、放送衛星、地球観測衛星、航行衛星、気象衛星、科学衛星など多岐にわたり、人間が地球を変えていく様子を、衛星はアマゾンの熱帯雨林や社会を支える原料の生産などによる経済活動で環境が破壊されていく様子も観察し、画像に収めています。

17世紀初頭に天体の運動の法則を探ってきたガリレオ・ガリレオが光学望遠鏡を天体観測に応用しました。

1932年に米国のカール・ジャンスキー（電波天文学の開始者）が天の川からの電波を初めて観測し、電波望遠鏡が天体観測に使われるようになりました。この電波望遠鏡が実用化されてからは、目では見えない宇宙全体を観測することが可能になりました。

その電波望遠鏡による20世紀最大の発見は、1964年の人工衛星に望遠鏡や観測装置を載せて大気圏外に打ち上げ、大気の影響の無い条件で可視光で観測することができるようになり、超精密な天体像が得られるようになりました。ビッグバン宇宙論が受け入れられるようになり、全波長帯の電磁波を使って宇宙を見ることが可能になりました。

要点BOX

●人工衛星、宇宙飛行士を通して、地球の姿を客観視でき、電波望遠鏡によって超精密な天体像が得られるようになった

宇宙探査開発の主な出来事

年	国	宇宙探査開発	ミッション名
1946	米国	高度100kmからの地球撮影	V2ロケット
1957	ソ連	人工衛星、宇宙空間からの通信	スプートニク1号
1959	米国NASA	衛星からの地球撮影	エクスプローラ1号
1960	米国NASA	気象衛星からの気象撮影	エクスプローラ6号
1961	ソ連	有人宇宙飛行(ガガーリン)	ボストーク1号
1964	米国NASA	静止軌道通信衛星	シンコム3号
1965	米国NASA	火星近傍通過(火星撮影)	マリーナ4号
1966	米国NASA	軌道上でのドッキング	ジェミニ8号
1968	米国NASA	有人周回軌道飛行	アポロ8号
1969	米国NASA	人類初の月面着陸	アポロ11号
1970	日本	日本初の人工衛星	おおすみ
1971	ソ連	宇宙望遠鏡	オリオン1宇宙天文台
1971	ソ連	火星軟着陸、火星地表からの通信	マルス2号、3号
1973	米国NASA	木星近傍通過	パイオニア10号
1975	ソ連	金星の地表撮影	ベネラ9号
1976	米国NASA	火星地表撮影	バイキング1号
1979	日本	X線天文衛星	はくちょう
1980	米国NASA	土星近傍通過	ボイジャー1号
1982	ソ連	金星の岩石採集	ベネラ13号
1983	米国NASA 英国UK-SERC	赤外線観測衛星	IRAS
1992	米国NASA、ESA	太陽極周回軌道探査	エルシーズ
1998	米国NASA	国際宇宙ステーション	エンデバー
2004	米国NASA	自立型火星探査車	スピリット
2020	日本JAXA	りゅうぐう、岩石採集	はやぶさ2

人工衛星の役割

用語解説

電波望遠鏡：電波を収束させて天体を観測。

12 紀元前の地球のとらえ方

天は動く、地球は不動

ピュタゴラス（紀元前6世紀）が球体説の創始者とされていますが、地球球体説は紀元前5世紀にも知られていました。

プラトン（紀元前427年－紀元前347年）は南イタリアでピュタゴラス数学を学び、アテネへと戻って学院を立て弟子に大地は丸いと教えましたが、証明はしていません。

アリストテレス（紀元前384年－紀元前322年）はプラトンの弟子であり、「大地は丸いばかりでなく、あまり大きくない球」であることを明らかにし、地球球体説を支持する物理的・観察的な論拠を提出しました。リビア人のエラトステネス（紀元前276年－紀元前194年）は初の天球儀を作成し、紀元前240年頃に様々な角度の影を用い地球の周長を概算しました。

ローマ帝国において地球球体説はギリシア天文学思想とともに、世界へ広がっていき天文学派に受け入れられた見解となりました。

古代ローマの学者クラウディオス・プトレマイオス（90年－168年）はエジプトのアレクサンドリアで活躍しました。「山に向かって船を進める際、山が海から昇ってくるように見えるのは、山が海の湾曲した表面に隠されていることを示している。また大地は南北にも東西にも湾曲している」と提示しました。さらに大地全体に格子目の座標を割り振りました。大地が球状であるという知識はキリスト教の中の学問にも受け入れられていきました。

地球平面説は、旧約聖書の文字通りの解釈を非常に重要視したシリアのキリスト教に長くとどまりましたが、これは7世紀中に消滅しました。そして、ギリシアの地球球体説は大地が円盤状であるというインドの長年にわたる宇宙論も変えていきました。ギリシャの天文学は天文現象の合理的、合法則的な説明で特徴づけられました。

要点BOX

- ピュタゴラス（紀元前6世紀）が球体説の創始者
- ギリシアの地球球体説は大地が円盤状というインドの宇宙論も変えていった

地球球体説

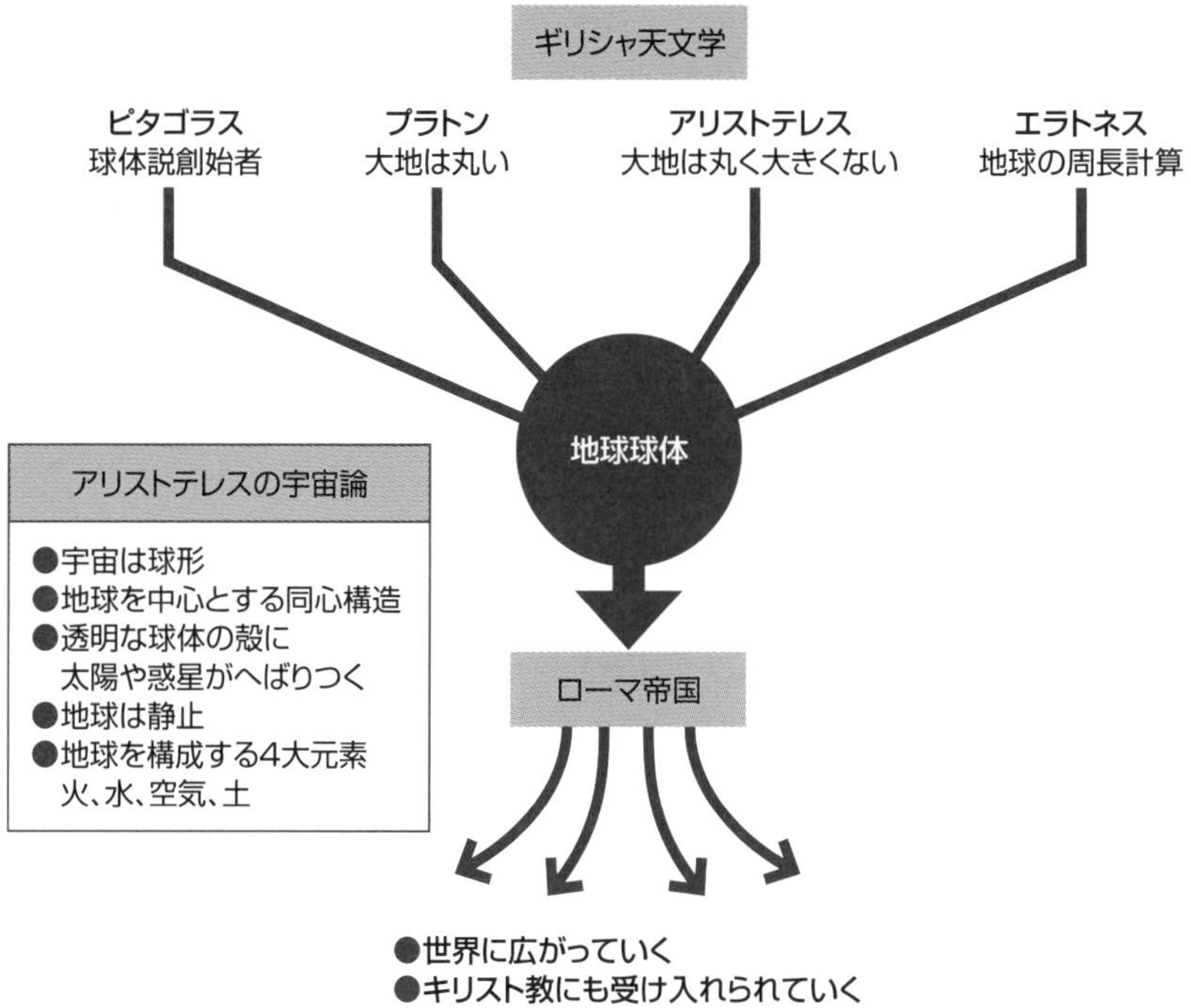
ギリシャ天文学
ピタゴラス
球体説創始者
プラトン
大地は丸い
アリストテレス
大地は丸く大きくない
エラトネス
地球の周長計算
地球球体
アリストテレスの宇宙論
●宇宙は球形
●地球を中心とする同心構造
●透明な球体の殻に
太陽や惑星がへばりつく
●地球は静止
●地球を構成する4大元素
火、水、空気、土
ローマ帝国
●世界に広がっていく
●キリスト教にも受け入れられていく

地球は丸い

プトレマイオスが海の湾曲を示す

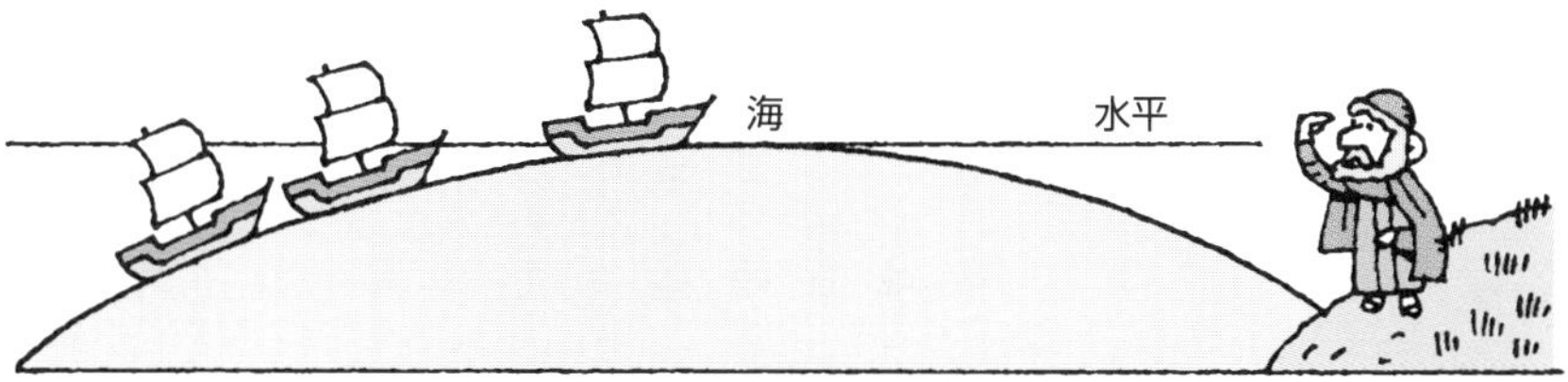
海
水平
陸地

「地球が丸い」ことを証明

用語解説

天文現象：空や大気圏の上層部や宇宙空間に現れる様々な現象。

13 日本人はどのように考えていたか

宇は空間　宙は過去と未来

日本には、16世紀後半まで地球という概念は存在しませんでした。16世紀なかばに、日本でカトリックのイエズス会による布教が始まり、西洋天文学も伝えられました。

古代日本の世界観は、日本書紀第1章に「大地は平面状で乾いた島々が油のように水に浮かんでいる」と描かれています。大地は油が漂うかのように漂っていました。

宇宙に対する認識は、東洋と西洋とでは異なっています。東洋の中でも、中国とインドとではまた違っています。仏教が入ってきてもそのまま受け入れるのではなくて、日本的に取捨選択しています。

日本における天文学とは主として暦を作るためのものであり、暦算天文学と呼んでいます。

日本人が「大地が球形であること」を初めて知ったのは、宣教師が来日した1543年以降のことです。

ポルトガル宣教師で日本に帰化した沢野忠庵（クリストヴァン・フェレイラ1580年-1650年）はイエズス会司祭ペドロ・ゴメス（1535年-1600年）著の『天球論』（1595年）を下敷きとし西洋の自然科学を日本に伝えました。一方江戸時代前期の江戸幕府天文方の天文暦学者の渋川春海（1639年-1715年）は、天体を日夜観測し、地球球体説を含む西洋の天文学知識を取り入れ、日本初の国産暦をつくりました。日本では、望遠鏡の伝来は1613年でしたが、天体の観測は江戸中期になってからです。日本において地動説が大きな問題とされることはありませんでした。1700年代に入ると地動説が導入されました。本木良永（1735年-1794年）によってコペルニクスの地動説が翻訳されています。志筑忠雄（1760年-1806年）はニュートン力学を解したうえで地動説を解説しました。

1872年以降、小中学校が設立されると、西洋の「地球説」も教えられるようになりました。

要点BOX

- 日本独自の宇宙観はなく日本書紀に大地は平面状で「油のように島々が水に浮かんでいる」
- 1700年代に地動説が導入された

日本人の宇宙観の変遷

古代

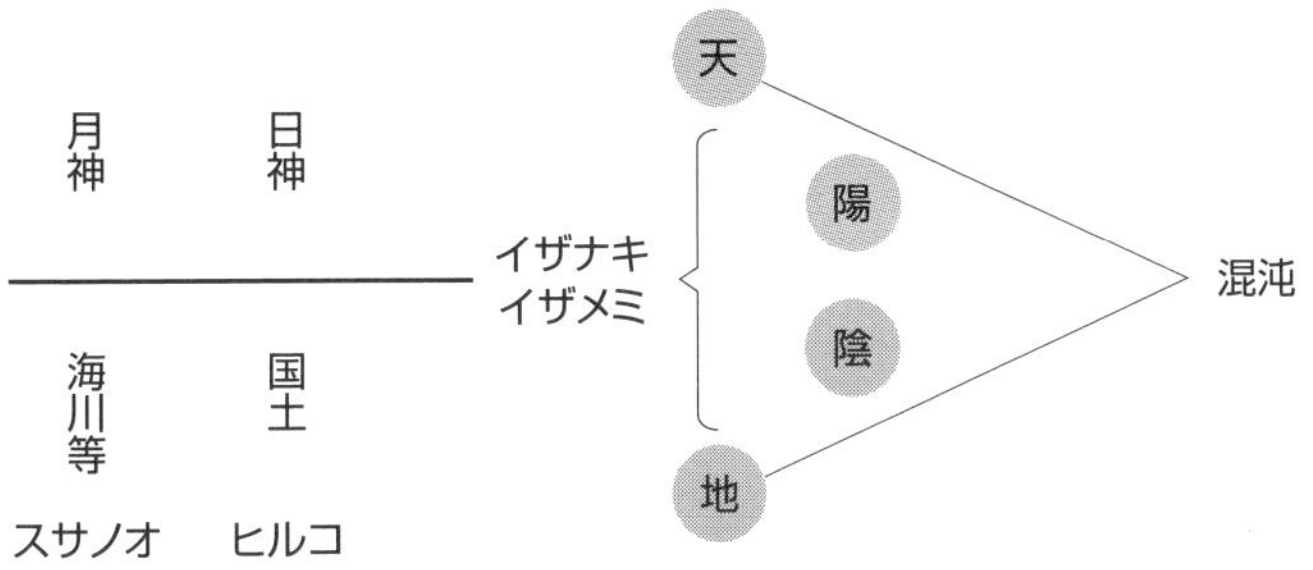

日本人の地球観

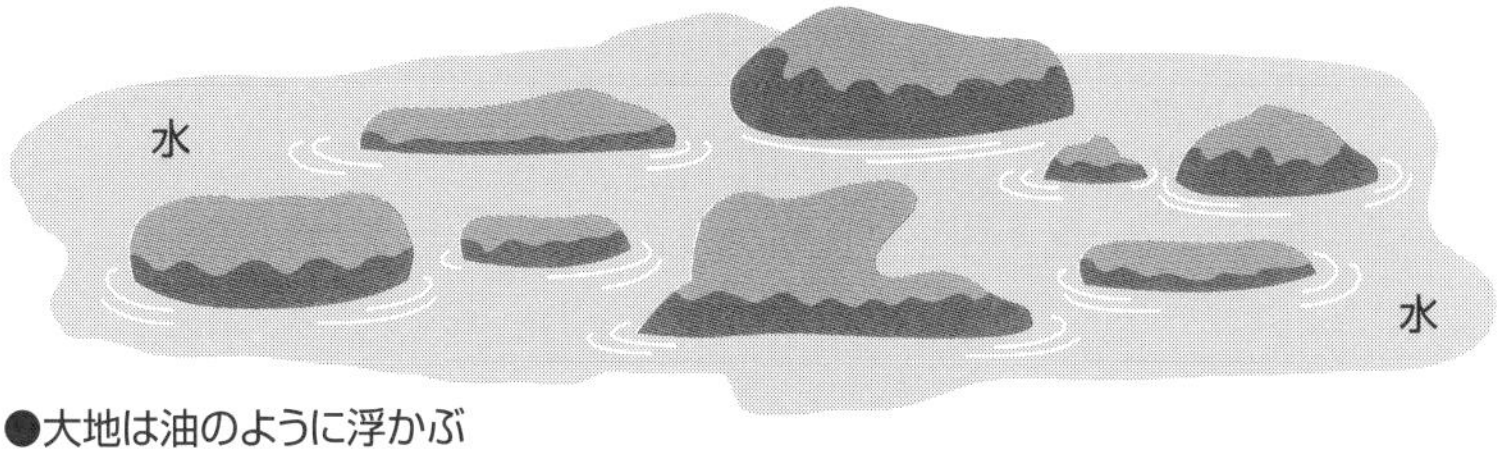

●大地は油のように浮かぶ

江戸時代

（前期）
●大地が球形であることはポルトガル宣教師により伝わった
『天球論』（エイズス会司祭）を伝える

（中期）
●1700年代　地動説導入
コペルニクスの地動説翻訳
↓
宇宙観の大転換

●渋川春海は国産暦をつくる

暦　　月の運行にあわせた
時刻　太陽の運行にあわせた「不定時法」
1日を24等分する現代と同様の時刻制度「定時法」
生活は不定時法、天体観測は定時法

明治

1873年　太陽歴　1年365日　1日24時間

用語解説

天文暦学：暦学は、もともと天文学の古い言い方。
暦算天文学：暦に関する理論や実際の計算・作成技術について研究する天文学の一分野。

14 コペルニクスの天体革命

地動説、コペルニクス的転回

ニコラス・コペルニクス（１４７３年－１５４３年）は天体観測を重ねることによって、「太陽は万物の中心となって動かず、地球はそれ自身一つの天体であって太陽のまわりを年に1度の周期で回転しており、しかも1日に1回、自転を行っている」と主張しました。

彼はポーランドの天文学者であり、16世紀初め、天体観測に基づき地動説を説きました。近代天文学、科学への道を開き、天体観測によって「地動説」を証明しました。地動説は人類史上の大発見でした。人類の宇宙観が大変換し、「コペルニクス的転回」といわれるようになり、人類の世界観も変えました。「天文革命」です。

コペルニクスは、現在のポーランドのヴィスワ川沿いのトルンに生まれました。生家は旧市街中心の一角にあります。クラクフ大学で天文学に触れ、イタリアのボローニャ大学、パドヴァ大学に留学し律修司祭、法律、医学を学びまた天文学者の弟子となりました。そして天体観測を行い、地動説についての論考をまとめていきました。

地動説の本格的追及は１５０８年頃からで地球中心説（天動説）を覆す太陽中心説（地動説）と考え、地動説についての以下のような論考をまとめていきました。「すべての天球には共通の中心があるわけではない。惑星の運動の中心は太陽だが、月の運動の中心は地球および月の天球の中心でしかない。天球はすべて太陽のまわりを回る。地球はそれ自身一つの天体であって太陽のまわりを年に1度の周期で回転しており、しかも1日に1回、自転を行っている」

唯一の著作『天球の回転について』は、死去した１５４３年に出版されました。天動説に対して、１８０度見方を転換させたコペルニクスの地動説をガリレオ・ガリレイは支持しましたが、１６３３年に宗教裁判で有罪とされ、『天体の回転について』は禁書とされ解かれるのは実に１８２２年でした。

要点BOX

●ニコラス・コペルニクスは天体観測に基づき地動説を説く。「コペルニクス的転回」といわれ、人類の世界観も変えた

コペルニクスの地動説

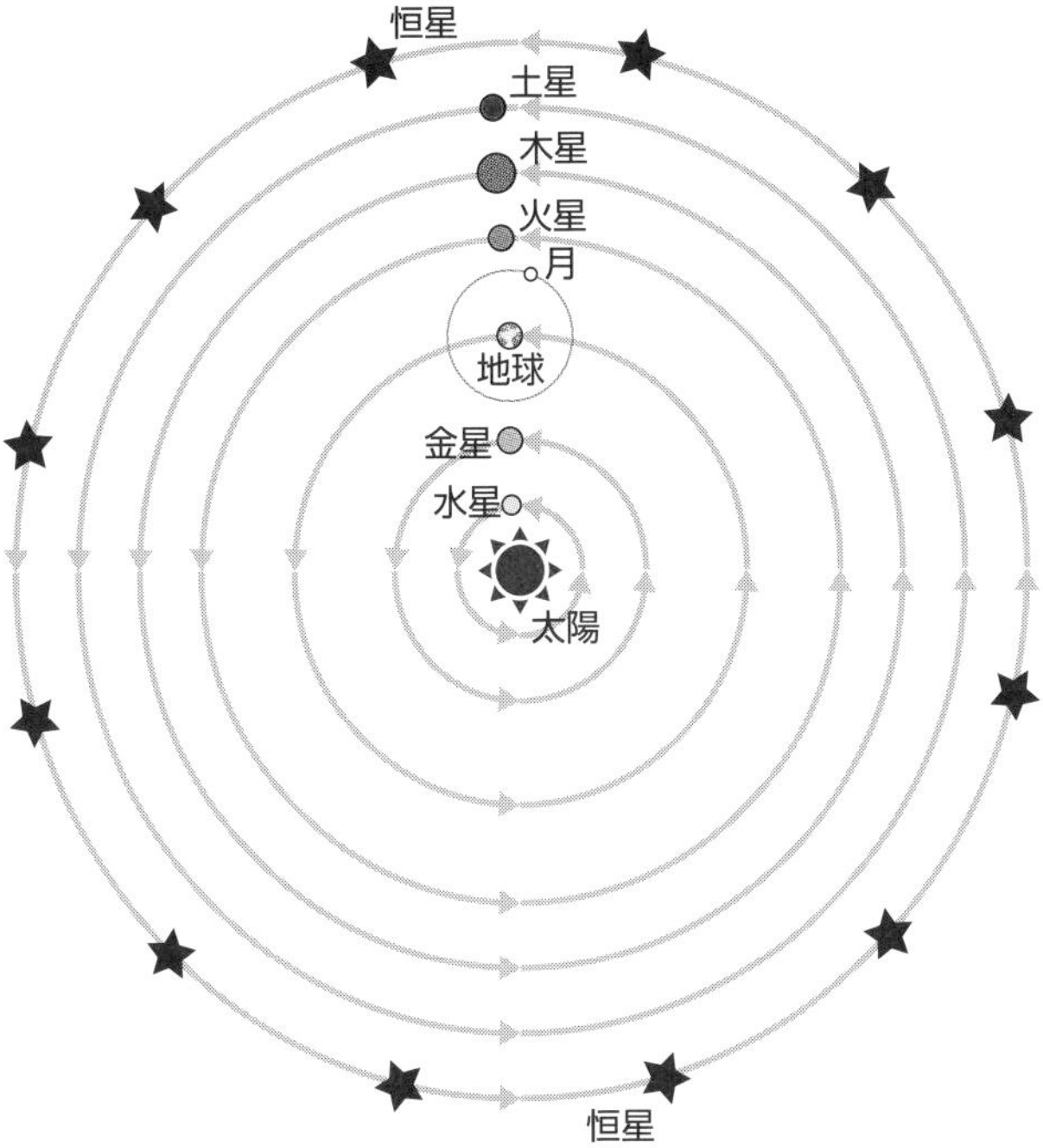

コペルニクス博物館

コペルニクスの生家
（現在は博物館）

博物館の展示

ポーランド古都　トルン

用語解説

律修司祭：カトリック教会における聖職者の位階。司祭職。

15 ガリレオの天体観測

月面の凹凸、太陽の黒点を発見

ガリレオ・ガリレイ（1564年-1642年）はイタリアの天文・物理学者です。コペルニクスの「地動説」を唱えたために宗教裁判にかけられました。そのとき「それでも地球は動いている」とつぶやいたそうです。「近代科学の父」と呼ばれ、「天文学の父」とも呼ばれました。

彼は、トスカーナ大公国領ピサで誕生し、ローマ・カトリックの教徒でした。ガリレオはピサ大学に入学しますが、退学し、1582年頃からトスカーナ宮廷の数学者 オスティィリオ・リッチにユークリッドやアルキメデスを学び、1589年にピサ大学の教授となり数学を教え、1592年パドヴァ大学で、1610年まで幾何学、数学、天文学を教えました。天文学では観測に対して数的な記述・分析を重視する手法をとっていました。

1609年 5月オランダの望遠鏡の話を聞き2枚のレンズと筒を組み合わせて、20倍から30倍ほどの倍率を持つ望遠鏡を作りました。1609年、太陽の黒点を観測し、月の観測を通し、月が天体であることや月にも山や谷があることを発見しました。1610年には、木星には4つの衛星があることを発見します。これらの衛星はガリレオ衛星と呼ばれ、これらの証拠から、地動説が正しいと確信しました。天の川が無数の恒星の集合であることなども発見しました。これらの観測結果は1610年に『星界の使者』と1610年に『星界の報告』に発表します。また地動説と天動説の違いなどについて話し合う『天文対話』を1632年に出版します。この書物を通して、自分の眼でものを見、自分の頭で考えることが大切である、と伝えています。

ガリレオは支持した地動説によって裁判で終身刑となり、軟禁状態での生活を送りました。その後職を失い失明しました。1992年、ローマ教皇はガリレオの死去から実に350年後謝罪しました。

要点BOX

- ガリレオ・ガリレイは「近代科学の父」、「天文学の父」とも呼ばれた。
- 月にも山や谷があることを発見、黒点を観測

ガリレオの月のスケッチ

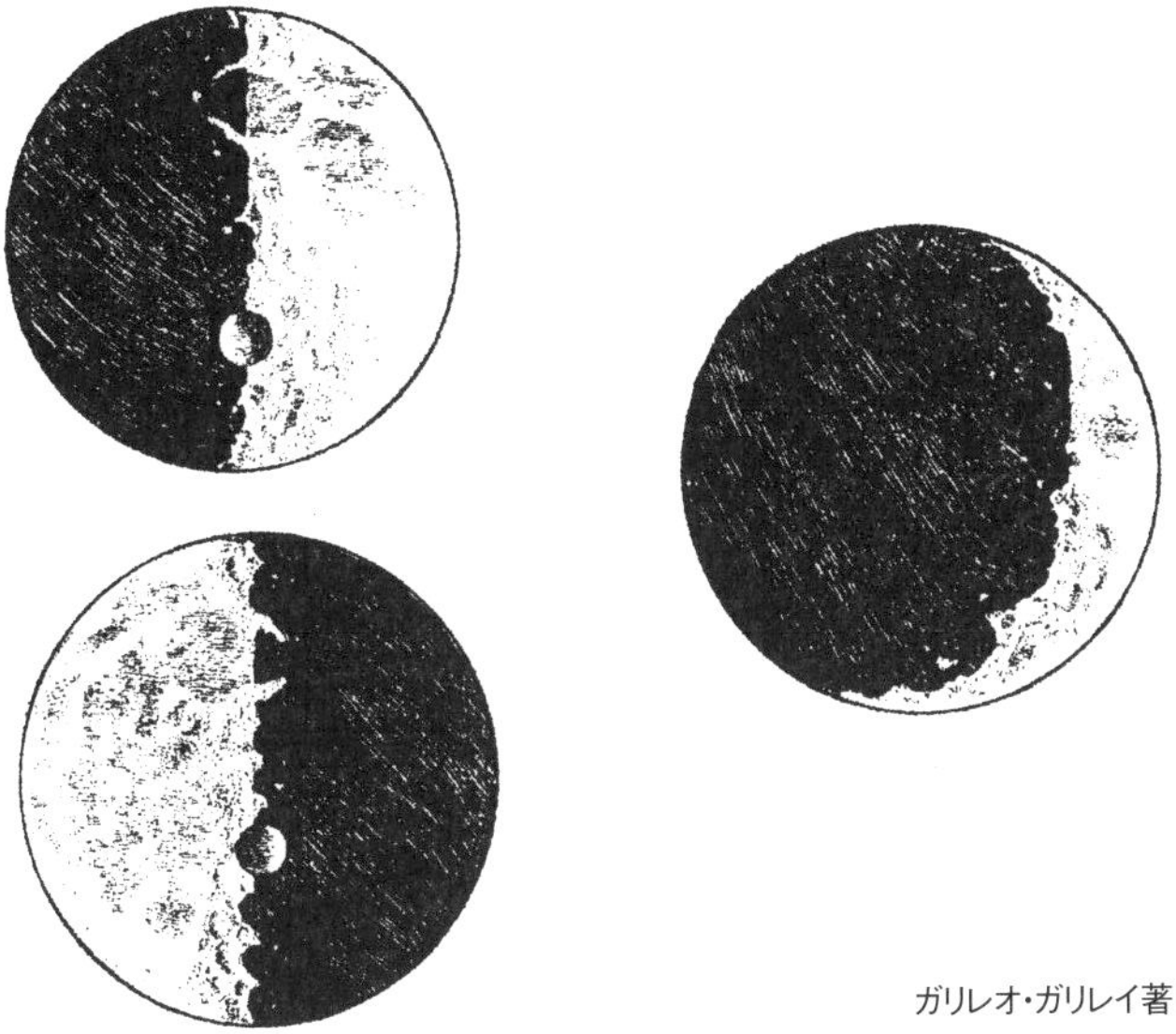

ガリレオ・ガリレイ著「星界の報告」

ガリレオの望遠鏡

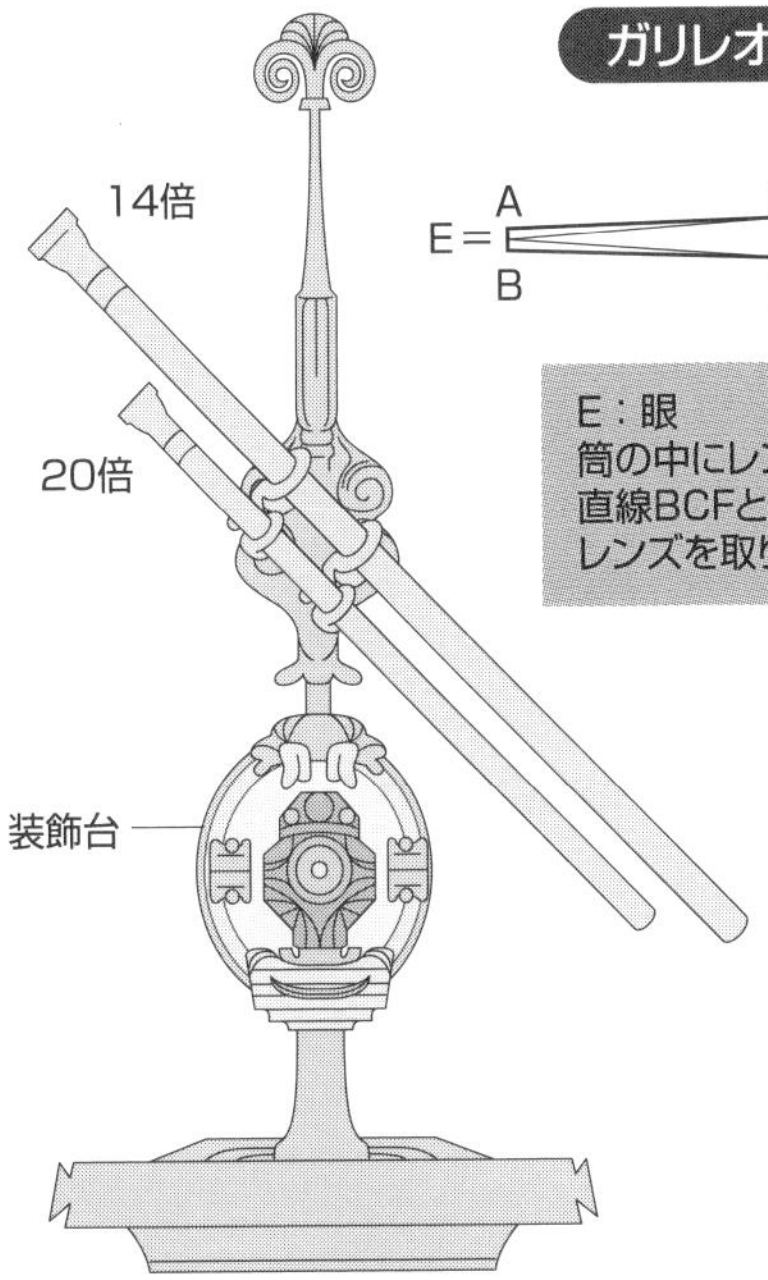

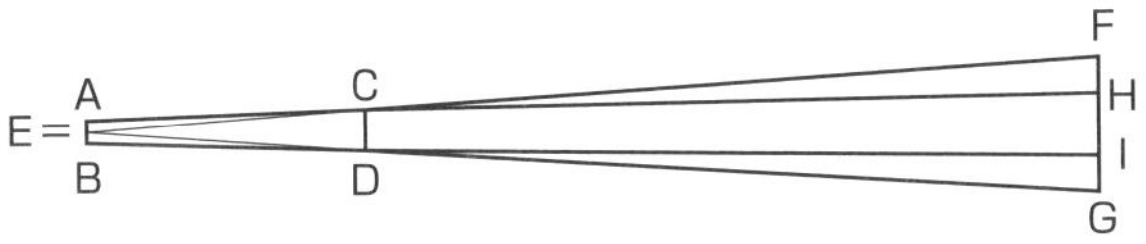

E：眼
筒の中にレンズがないとき光線は対象FGまで
直線BCFとEDGに沿って進む
レンズを取り付けると折線ECH、EDGにそって進む

長さ　2.4m
口径　42mm

ガリレオ・ガリレイ著「星界の報告」「天文対話」

用語解説

宗教裁判：宗教の教義や見解に基づいて行われる裁判手続。

16 地球平面説から球体説への変貌

古代の宇宙観から人工衛星探査

地球をどのように見ていたか、どのように考えてきたかは人類の歴史のひとつです。地球観の変遷です。

地球は平面か、球体かという見方の上に地球は動き回転し、太陽の周りをまわる、ということに気がついていきました。二十世紀後半、人類は月に向けロケットを飛ばし、宇宙飛行士は漆黒の闇の中に青く輝いて浮かぶ地球を眺めました。宇宙から一つの天体である地球見ることが可能になり、地球観を革命的に変えました。

古代の多くの文化圏で地球は平らで平面という地球平面説が考えられていました。ギリシアのヘレニズム期や青銅器時代から鉄器時代でのインドも地球を平面とみていました。中国では17世紀に入るまで地球平面説でした。米国先住民（ネイティブ・アメリカン）も平面状の地球を考えていました。このような平面の宇宙論は、科学以前の社会では一般的でした。

地球平面説に取って代わって地球球体説が台頭してきたのは、ピュタゴラス（紀元前6世紀）によってでした。紀元前３３０年頃にアリストテレスも地球は球形であると主張しました。地球球体説はギリシア天文学において発展していきました。まさにパラダイムシフトです。地球球体説が徐々に広がり始めました。

中国は17世紀にヨーロッパの天文学が導入されるまで大地は平面と考えていました。

日本には、16世紀後半まで地球という概念が存在しませんでした。

このように地球が球体である考えに至るまで長い時間がかかっています。コペルニクス、ガリレオによって地球は太陽の周りをまわる惑星と考えるようになりました。その後地動説はあたりまえになりました。

現在では宇宙への探査が進んでいます。しかし地球のみならず、宇宙の端、太陽系の特徴、天の川、ブラックホール、生物が存在するのかどうかなどわからないことだらけです。

要点BOX

●平面から球体へと地球観を革命的に変えてきたが、地球自身、宇宙の端、太陽系の特徴、天の川、ブラックホールなどわからないことだらけだ

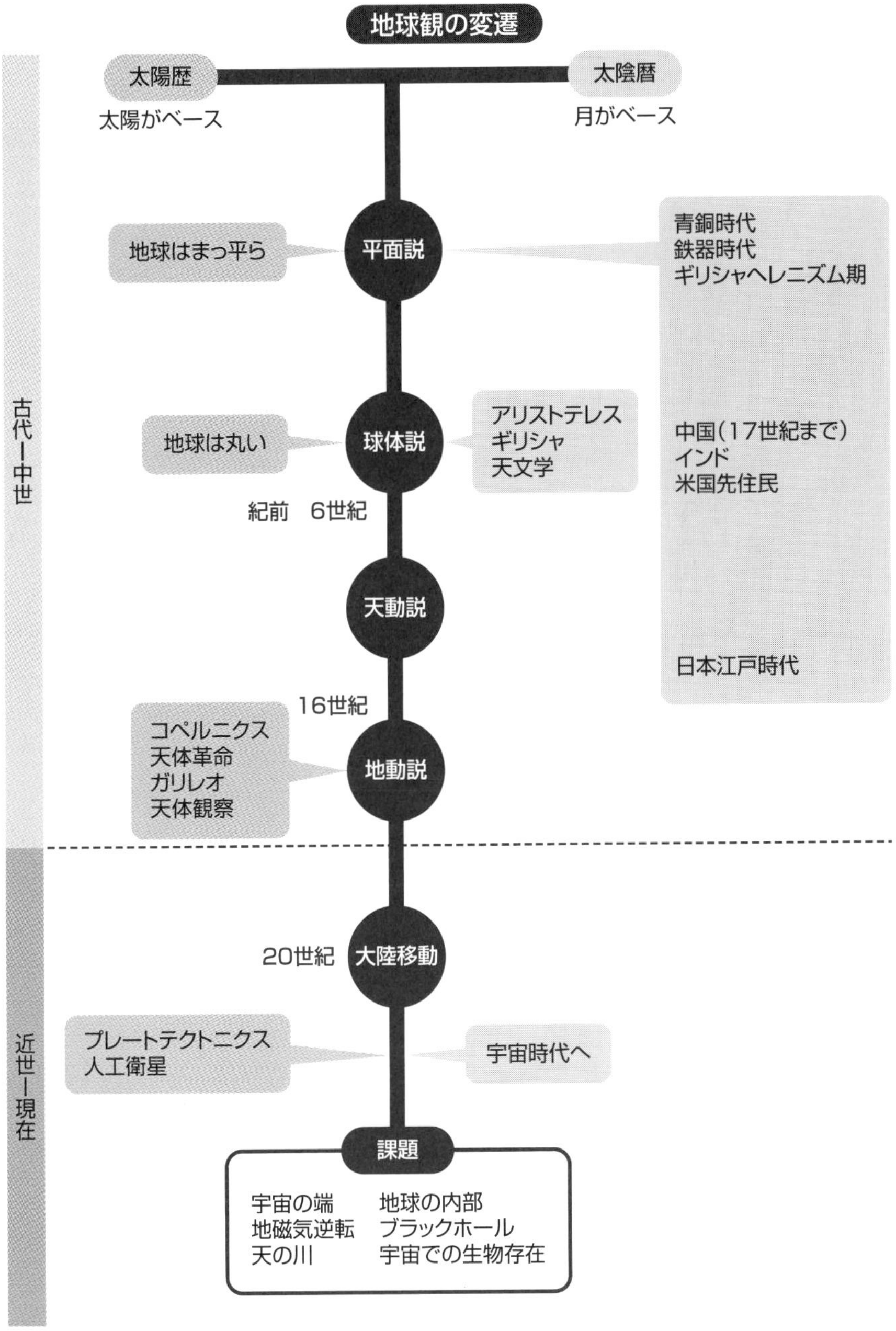

用語解説

パラダイムシフト:その時代に当然と考えられていた物の見方や考え方が劇的に変化すること。

17 宇宙に浮かぶ地球―惑星の比較、組成から見た地球

地球が球体であることを航海でマゼランが証明し、５００年たちましたが、今では宇宙を探る時代です。金星探査機「あかつき」火星探査機「のぞみ」などが活動しています。

宇宙は私たちが把握しうる限り無限の空間です。地球は太陽系に属する惑星です。太陽に近い順から惑星は水星、金星、地球、火星、木星、土星、天王星、海王星と並んでいます。水星・金星・地球・火星は比較的小さく、岩石と金属を主成分としているという共通点があるため、「地球型惑星」と呼ばれています。太陽系のこれらの惑星は自転しています。惑星によって自転周期が相違します。太陽も自転（25日）しています。水星は58日、木星は10時間、金星は１１６日です。地球の姉妹惑星の金星は、地球と逆に自転しています。

銀河系のような大きな星の集まりは、宇宙には、２兆個もあるようです。その一つに過ぎない天の川銀河でその中の太陽系、さらにその中にある私たちの地球です。天の川銀河の直径は太陽系の約33万倍と、途方もない大きさです。

木星・土星・天王星・海王星は、地球質量を超える大気があり、木星と土星は巨大ガス惑星です。火星軌道と木星軌道の間には小惑星帯があります。１９９０年代以降、観測技術の発達により、太陽系以外でも惑星を有している恒星が発見されつつあります。

金星は二酸化炭素95%、灼熱地獄で硫酸の雲が覆い、火星は温室効果が弱すぎ凍りつき、地球がちょうどよい水惑星です。金星は地球より１００倍濃い大気です。地表温度４６０℃と高温です。地球の大気の組成は主に窒素N_2（約80%）と酸素O_2（約20%）、２酸化炭素は０・０３%です。

地球は宇宙に浮かぶ岩石の球体です。電波望遠鏡や人工衛星によって少しづつ宇宙の闇がわかってきていますが、まだまだ未知の世界です。

要点BOX

- ●宇宙を探る時代で探査機、電波望遠鏡や人工衛星で少しづつ宇宙を理解
- ●地球は宇宙に浮かぶ岩石の球体

惑星の大きさ比較

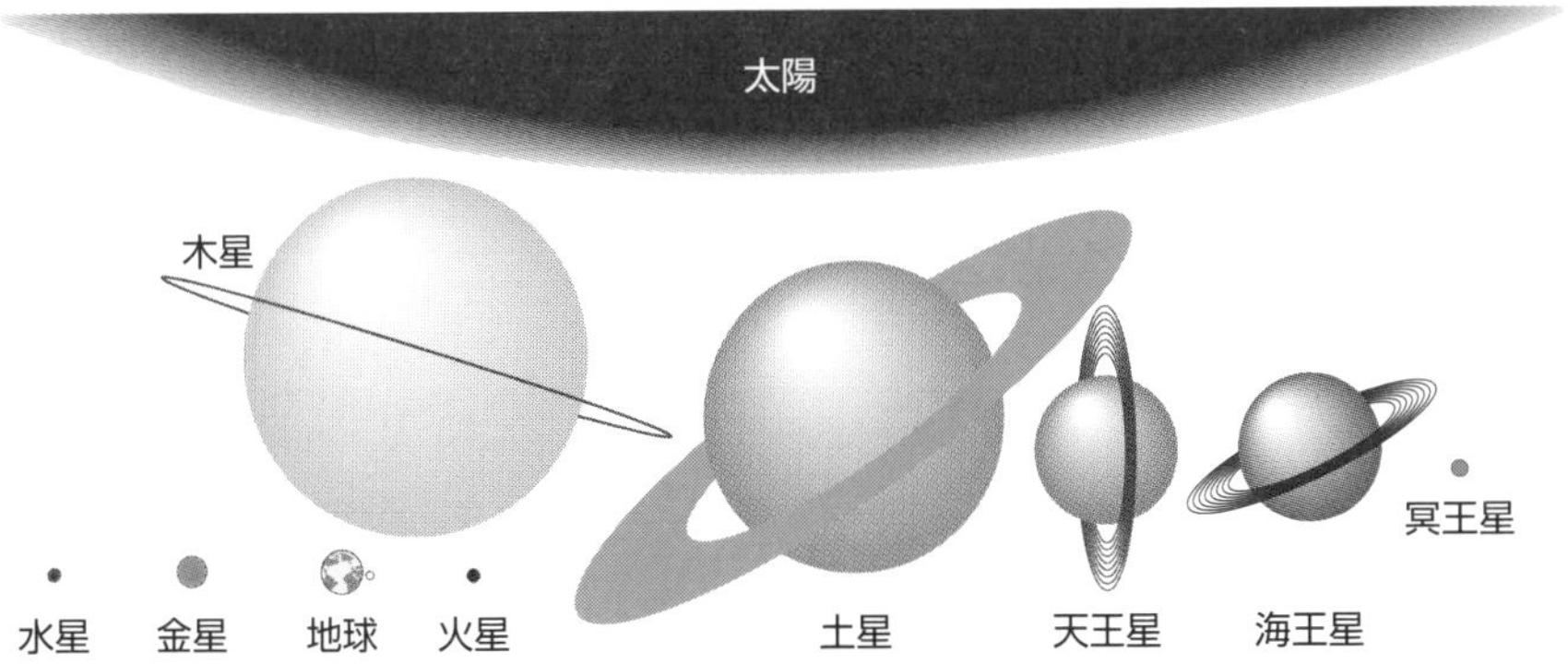

惑星の特徴

	地球型惑星(水、金、地、火)	木星型惑星(木、土、天、海)
自転周期	1日(24時間)よりも長い	1日よりも短い
赤道半径	地球より大きなものはない	最も小さい海王星でも地球の約4倍
形	扁平率が小さく、球形に近い	扁平率大。赤道方向にふくれている
平均密度	最も小さい火星でも3.9g/cm^3以上	すべて2g/cm^3以下
衛星の数	最も多い火星でも2	最小の海王星で8以上
表面の様子	岩石質。内部はより重い物質からなる	主としてガスであり、H、He、NH_3など軽い物質からなる

惑星	水星	金星	地球	火星	木星	土星	天王星	海王星	冥王星
太陽からの平均距離(天文単位)	0.39	0.72	1	1.52	5.2	9.55	19.22	30.11	39.54
公転周期(年)	0.24	0.62	1	1.88	11.86	29.46	84.02	164.77	247.8
軌道傾斜角(度)	7.01	3.4	0	1.85	1.3	2.49	0.77	1.77	17.15
質量(地球=1)	0.06	0.82	1	0.11	317.83	95.16	14.54	17.15	0.002
平均密度(水=1)	5.43	5.24	5.52	3.93	1.33	0.69	1.27	1.64	2.21
自転周期	58.65日	116日	23.94時間	24.62時間	9.94時間	10.66時間	17.23時間	16.10時間	6.39日
赤道傾斜角(度)	～0	177.4	23.44	25.19	3.1	26.7	97.9	27.8	120
確認された衛星数	0	0	1	2	16以上	18以上	15	8	1

天文単位は地球を1とした場合の倍率を表示

惑星の組織比較

地球	金星	火星	木星
N_2(78%)	CO_2(96%)	CO_2(95%)	H_2(93%)
O_2(21%)	N_2(3.5%)	N_2(2.7%)	He(7%)
Ar(0.9%)	SO_2(0.015%)	Ar(1.6%)	CH_4(0.3%)

用語解説

地球型惑星：岩石惑星。
ガス惑星：主に水素とヘリウムから構成される惑星。

18

生物の繁栄する地球

多種多様な動物、生物が生存

地球は、多様な生物が繁栄する惑星です。その繁栄には酸素と水が不可欠です。地球の生物は40億年前から存在しています。動物・菌類・植物・藻類や細菌などの生物は地球の歴史とともに進化し、多様化してきました。

地球上には約８７０万種の生物が存在します。地球の歴史46億年を通し、環境が大きく変化してきています。その中で生命は種の絶滅、繁栄、進化を繰り返し、現在までつながってきました。

数億年かけて地表が冷え、水蒸気が雨となって地表に降り注ぎ海ができました。マグマに覆われていた地球は38億年前頃に海が安定し、生命が海の中で誕生しました。単細胞の微生物です。

５億４０００万年前のカンブリア紀に、三葉虫やアンモナイトなどの様々な種が生まれ進化しながら海の中で大繁栄しました。シルル紀、デボン紀（４億３５００年～3億５５００万年前）に植物、両生類、節足動物は陸に上がりました。海の中で誕生しシアノバクテリアは光合成をし、酸素を作り海の中の鉄イオンと化合し、酸化鉄となり莫大な縞状鉄鉱層をつくり、大気中の酸素の割合が増えていきました。大気中の酸素からオゾン層が作られ、太陽からの有害な紫外線を遮断しました。3億５０００万年前、酸素の濃度は現在よりも高く、地上は大森林に覆われ、昆虫が繁栄しました。2億５１００万年前地球全体が酸欠状態になり、海では数千万年間にもわたって無酸素状態が続き地球上の68%、海の生物の96%の種が絶滅しました。６６００万年前のジュラ紀の終わりに起きた、隕石衝突により恐竜が絶滅しました。その後哺乳類が生まれ、20万年前新人類のクロマニョン人が誕生し、地球温暖化や海洋酸性化などの環境問題を引き起こしています。多くの生物が絶滅し、多様性が急激に減少しています。人類にとっても危機的状況になってきました。

要点BOX

- 地球は、多様な生物が繁栄する惑星でその繁栄に酸素と水が不可欠
- 生命は種の絶滅、繁栄、進化を繰り返す

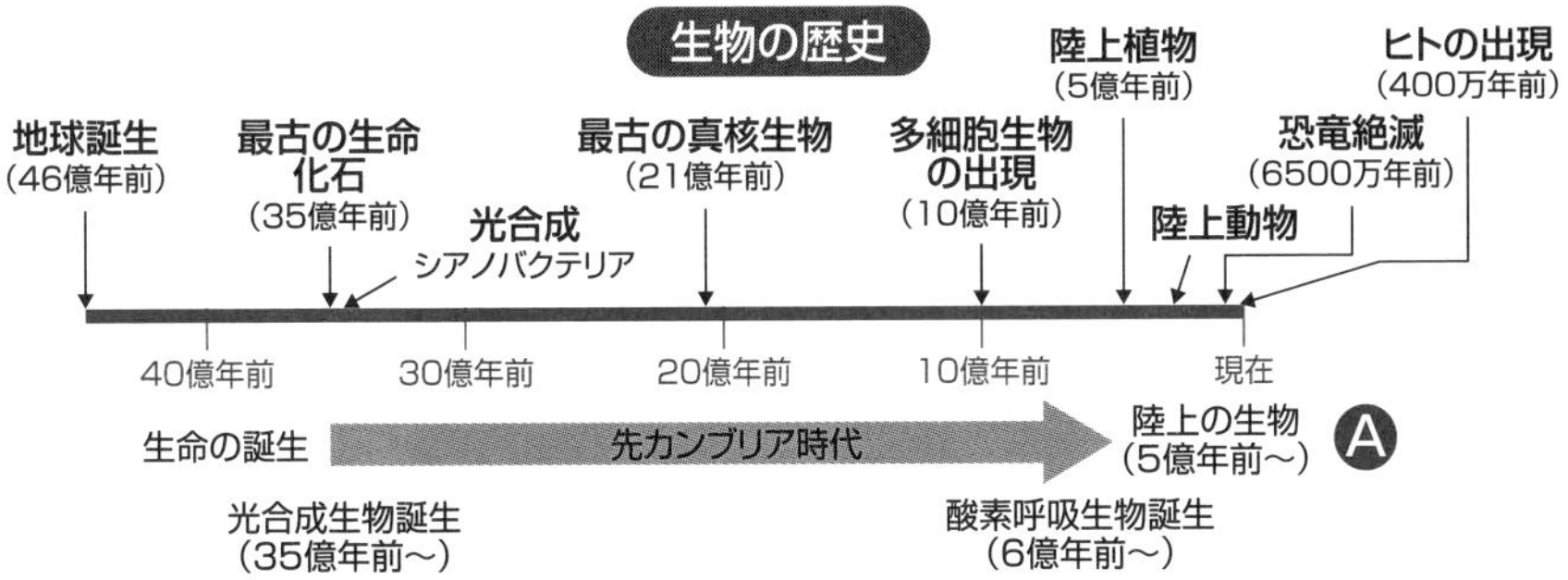

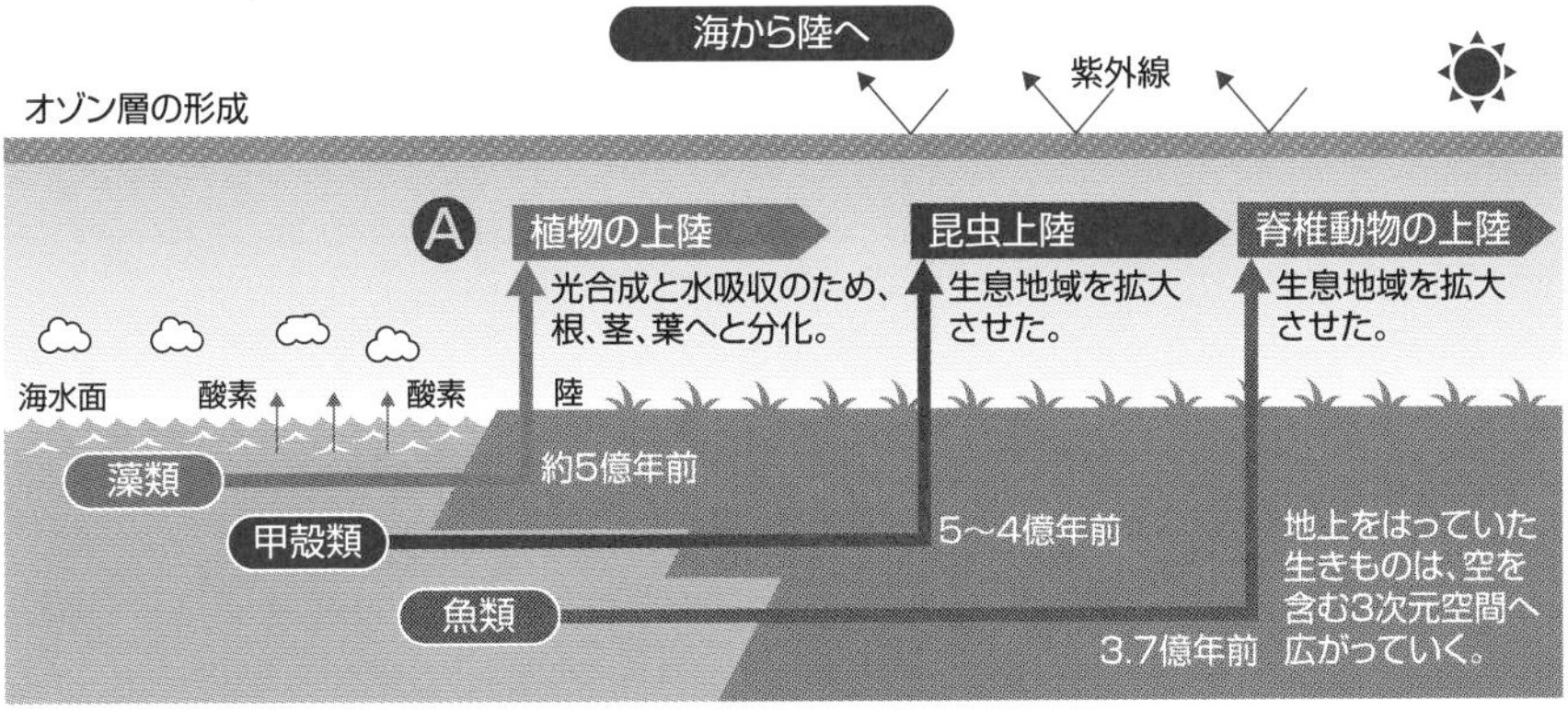

生物は種の絶滅、繁栄、進化を繰返している

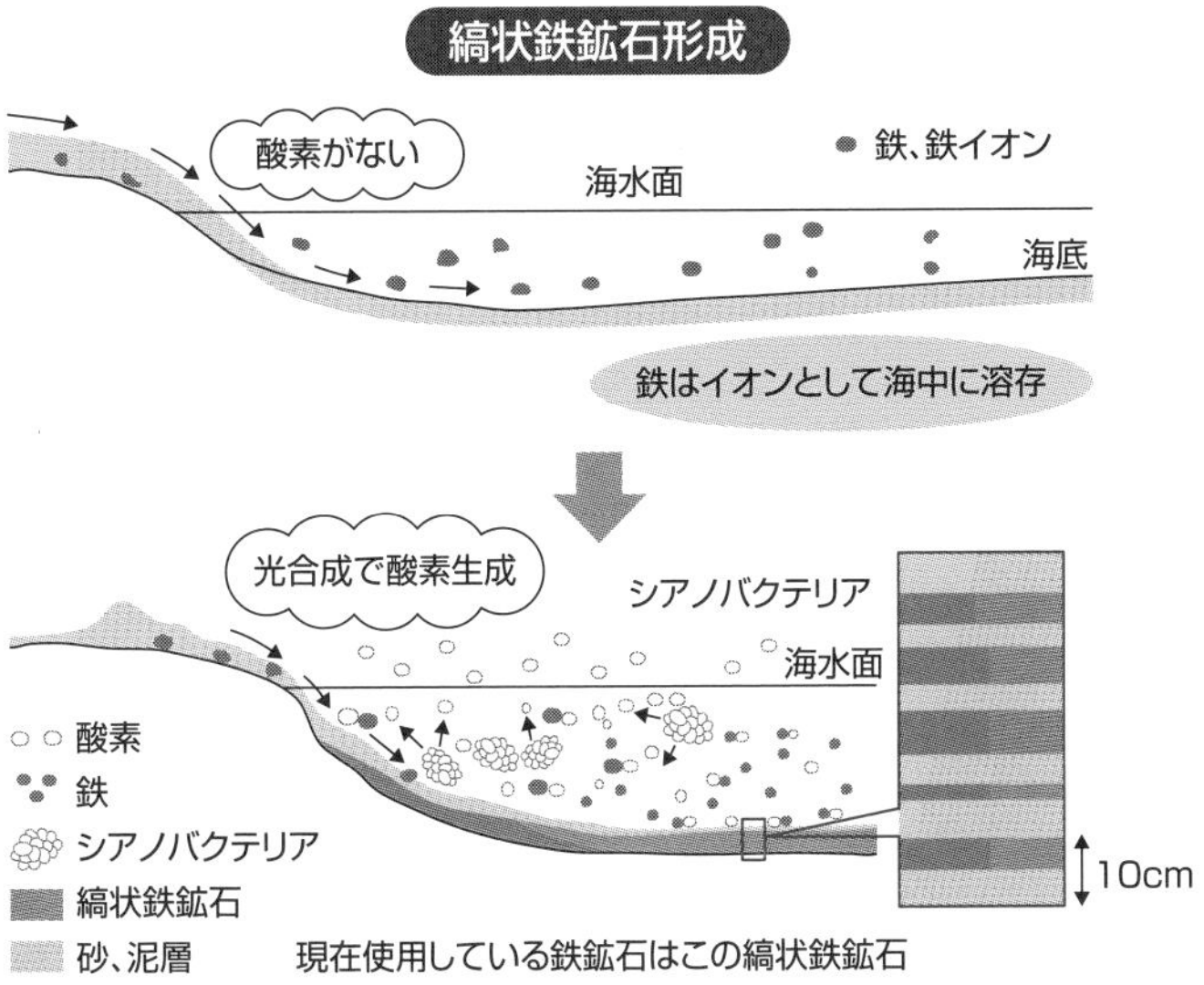

現在使用している鉄鉱石はこの縞状鉄鉱石

用語解説

シアノバクテリア：藍藻とも呼ぶ、酸素を発生する光合成(酸素発生型光合成)を行う原核生物。

19 地図（地球図）の変遷

地図の歴史は、測量技術、印刷、デジタル化および写真や衛星写真による地図の情報量増加技術の発達です。

現存する世界最古の地図はバビロニアの粘土板に描かれました。バビロニアと周辺地域を含む陸地とそれを取り囲む海洋、その外側に死後の世界が描かれています。紀元2世紀頃古代ギリシアの地図では測量も行われ、正確に書かれるようになりました。球体の地球平面化に円錐図法が使われ、緯度経度の概念も導入されました。大航海時代には航路にメルカトル図が作られています。

現存する最古の地球儀は１４９２年にドイツのニュルンベルクで製作されました。マルコ・ポーロの『東方見聞録』など当時の新知識が取り入れられています。コロンブスによる新大陸発見の年です。

地球儀は地球を球体の地図で表わしたものです。地球球体説が浸透した古代ギリシャにおいて、世界で初めて地球儀が製作されます。古代ローマでは地球儀をさらに発展させました。なおルネッサンスの時代レオナルド・ダ・ヴィンチは１６００年に地球儀を制作しました。オランダの画家フェルメールは作品内にこの地球儀を描きました。１７００年頃になるとオランダで作成され地球儀が、世界に広がり、日本でも平戸藩主が手に入れ現存しています。

宗教・交易などの理由でヨーロッパ人が海外進出しました。マゼランの世界一周航海（１５１９年～１５２１年）や大航海時代は新しい地理的情報を地図上に表わし、傘のようなタイプもつくられ地球儀の製作が普及していきました。

19世紀終わりから20世紀にかけて技術がさらに進歩し、地球儀の大量生産が可能になりました。

今ではコンピュータによるデジタルマップが登場し、地図に盛り込む情報量が爆発的に増加しました。インターネット上で地球を眺めることもできます。

要点BOX

- 地球儀は地球を球体の地図で表わしたもの
- コンピュータによるデジタルマップが登場、地図に入れる情報量が爆発的に増加

地図・地球儀の歴史

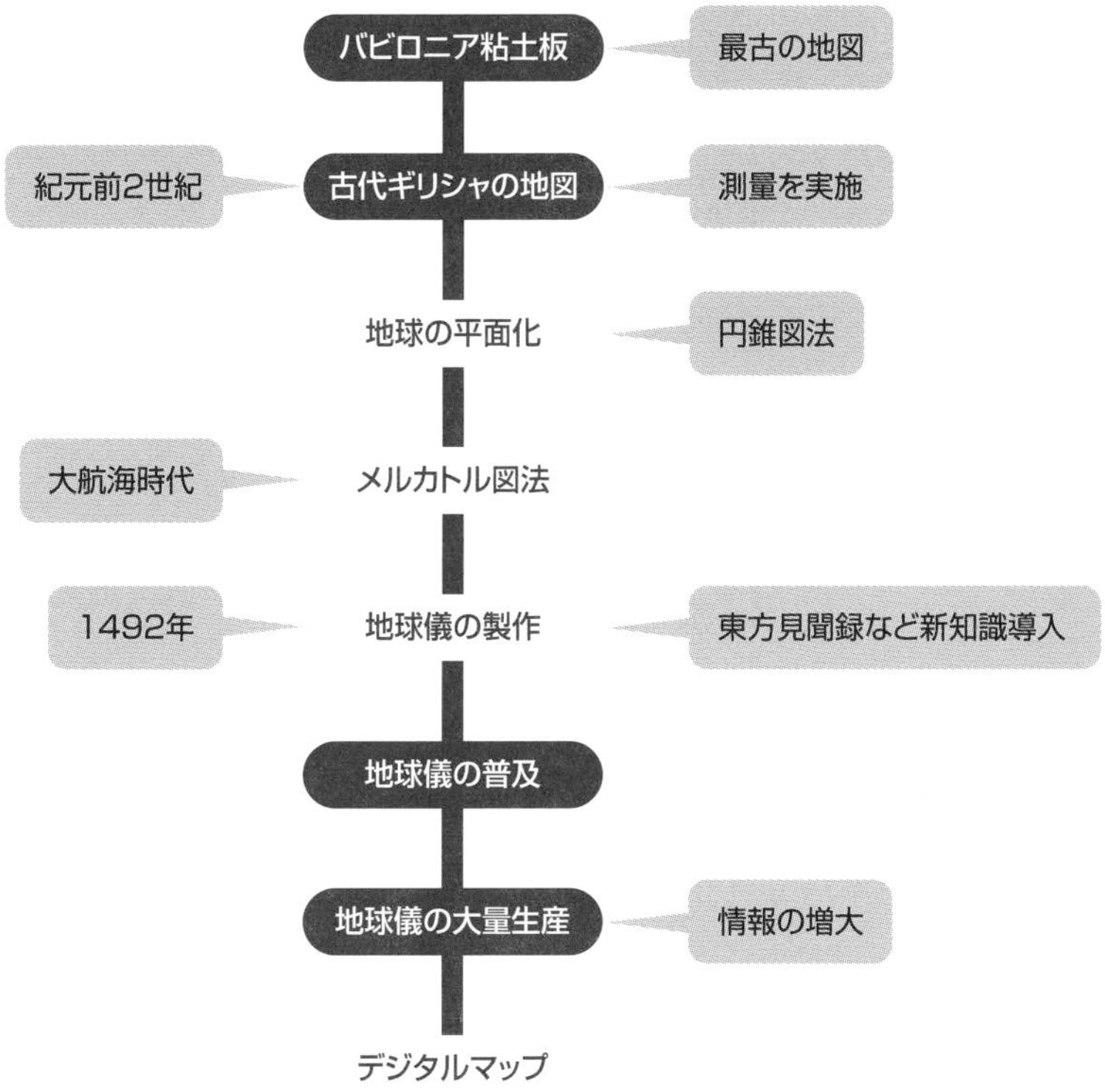

古代の地図と地球儀

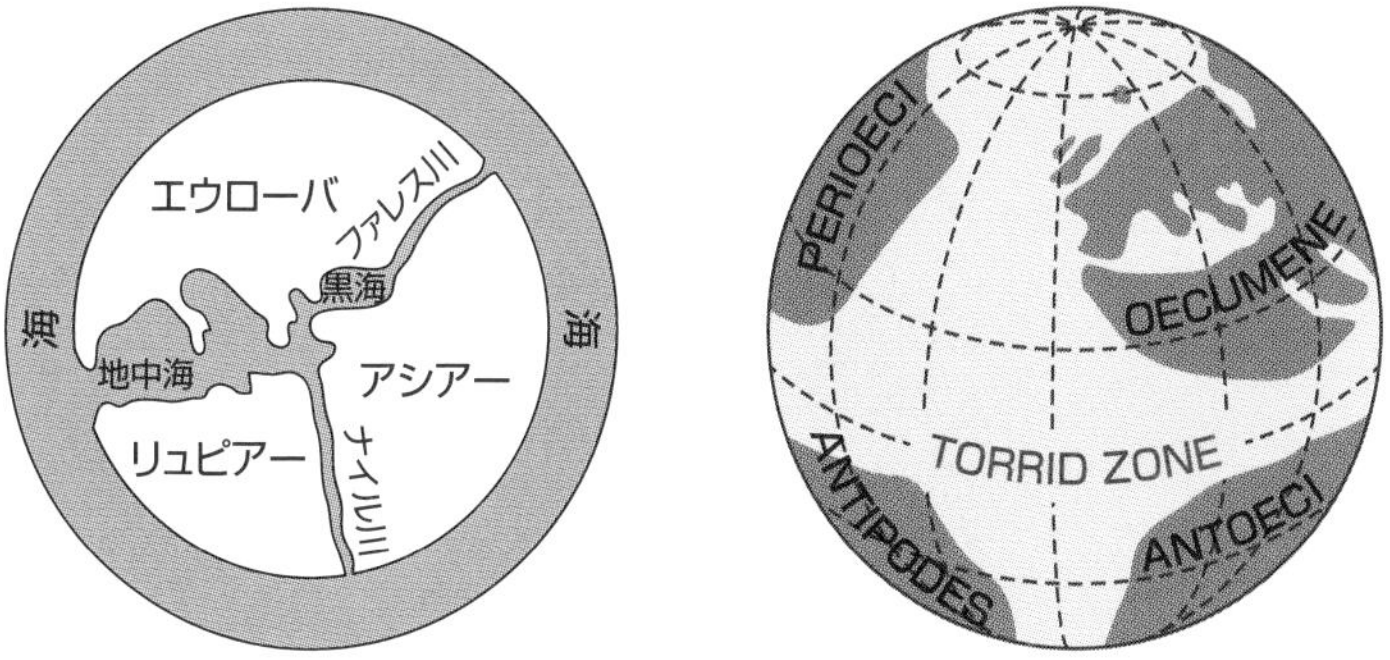

用語解説

円錐図法：緯線が同心円として描かれ、その中心から放射状に延びる直線として経線が描かれる。

メルカトル図：地球儀を円筒に投影したもので、地軸と円筒の芯を一致させ投影するため、経線は平行直線に、緯線は経線に直交する平行直線になる。

Column

火星での酸素の生産

「赤い惑星」と呼ばれる火星は、表面は赤いというより土色です。岩が多く、乾燥し、まるで砂漠のようです。砂にまみれ、見かけは地球の砂漠です。

　火星の大気は96%がCO_2です。火星全体を覆い尽くすほどの黄色い雲のように見える巨大な砂嵐が発生しています。火星にも気象現象があります。

　「酸素を生成することに成功した」と、米航空宇宙局（ＮＡＳＡ）が発表しました。火星の大気を酸素と一酸化炭素に分離し、１時間に最大10gの酸素を生成しました。まだごく少量ですが、将来火星を基地にしていく第一歩です。２０２１年２月に火星に着陸した無人の探査車「パーサヴィアランス」に搭載されたトースターほどの大きさのＭＯＸＩＥで生産しました。しかし生産には８００℃という高い温度が必要となります。

　火星では酸素は呼吸するためだけでなく、ロケット推進用燃料の燃焼にも必要です。将来の探査機は火星で生成した酸素を使用して地球へ帰還することになるでしょう。

　パーサヴィアランスは火星に水があるかどうか、生物の存在した痕跡を探す役目をもっています。火星の水の大半は火星の水の約30－99%が地殻中に含水鉱物（水を結晶水として含む鉱物）として閉じ込められている可能性があるといいます。現存する生命の可能性を評価する調査がすでに行われています。火星探査車「キュリオシティー」は２０１２年火星に着陸し、火星の地殻から水酸化した鉱物を数多く発見しました。また火星の南極の氷の下に、液体の水を持つ長さ20kmの湖が広がっていることを発表しました。水は有毒な過塩素酸塩ではないかとみられています。

　かつて豊富な水が火星に存在していたと考えられています。数十億年前に環境が大きく変化して消えたのではないか、と考えられています。水を手に入れ、酸素を生産していけば人類が住める環境をつくっていける可能性があります。

　地球の過酷な温暖化から脱出する移住先としての有力候補が火星です。ただし火星への有人滞在期間の合計は1年強から３年弱もかかります。火星への有人探査を目指す米国出資のアルテミス計画は２０２４年に有人月面着陸を２０２８年までに月面基地の建設を開始します。

第3章

もっと私たちの
地球を知ろう

20 地球の内部は成層構造

地殻、マントル、コア（核）

地球は成層構造をなし、気圏、水圏、地圏から構成され、地表、地殻（海底では海底下）、マントル、コアの三層構造からなります。上部マントルは主にかんらん岩、下部マントルは高い圧力のためかんらん岩がより緻密な構造に変わった岩石と考えられています。上部マントルと下部マントルの間は漸移帯（遷移層）です。下部マントルとコア（外核）の境界でかんらん岩がさらに緻密な構造に変わっています。外核は主に液体の鉄とニッケル、内核は主に固体の鉄とニッケルからできていると考えられています。

地球内部は、人工地震によって物質や硬さで伝わる地震波の速度の相違で推定しています。またボーリングの掘削によって地下の岩石などを実際に地上まで取り出します。

ソ連時代、地球の地殻深部調査科学プロジェクトは、1970年にコラ半島でボーリング掘削を開始し、ソ連崩壊直前まで20年間で12・262㎞の深度に達しました。世界最深です。ドイツ・バイエルン州北部での超深度掘削では9・101㎞の深度です。世界で人類が到達した最深の場所は地下3・9㎞で南アフリカ・ンポネン（タウトナ）金鉱山の60℃の暑さの坑道です。これらは直接地下深部の岩石をみることができます。ほかにはマントルから地上に上昇してきたダイヤモンドを含むキンバレー岩などの研究が地球内部を知る手がかりとなります。

地球は回転楕円体で半径は赤道で6378㎞、極は6357㎞です。地表部の地殻は花崗岩質岩体、玄武岩、堆積岩地層で30〜60㎞の厚さです。海洋地殻は玄武岩で6㎞の厚さです。コアは外殻が鉄とニッケルの液体金属で、内殻は鉄とニッケルの固体からなります。また地球表面は地殻と上部マントルの最上部を合わせた岩石からなるプレートで、地球表面は10数枚のプレートからなり、プレートは、海底山脈の海嶺で生まれ海底地殻として海底を移動します。

要点BOX

- 地球は地殻、マントル、コアの成層構造
- 地球の内部は見ることはできない。内部構造は地震波の伝わり方の相違で推定

地球の内部構造

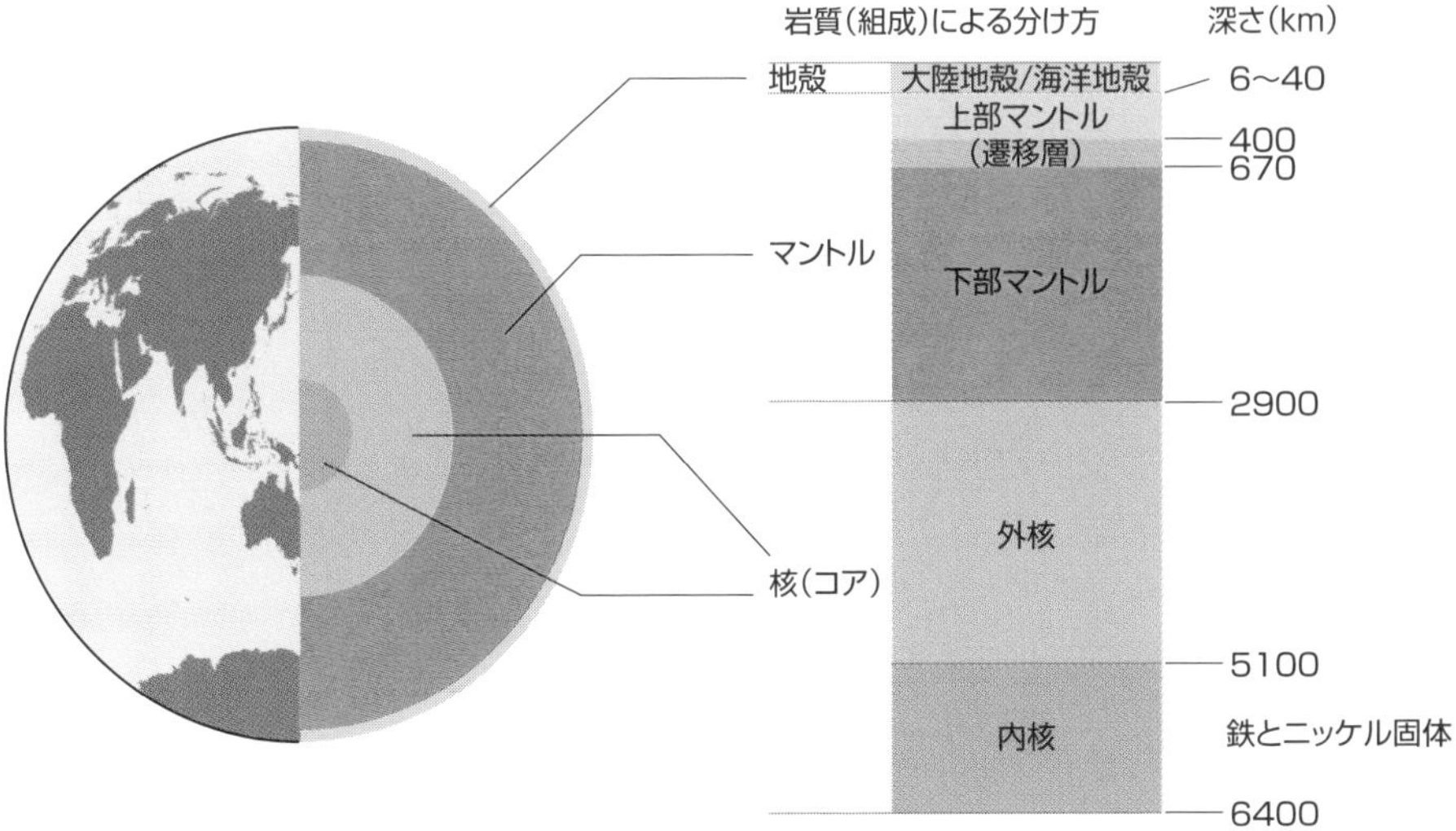

地球の内部を探る方法

- ●ボーリング堀削（ドイツ）　9101m
- ●ボーリング堀削（ソ連）　12,262m
- ●坑道（アフリカ・ンポネン金鉱山）　3,900m
- （上記2件：人類到達最深）
- ●キンバレー岩の噴出物・噴出岩
- ●はんれい岩など貫入岩に含まれるゼノリス（捕獲岩）

陸上で唯一の海嶺

アイスランド　アルマンギャオ

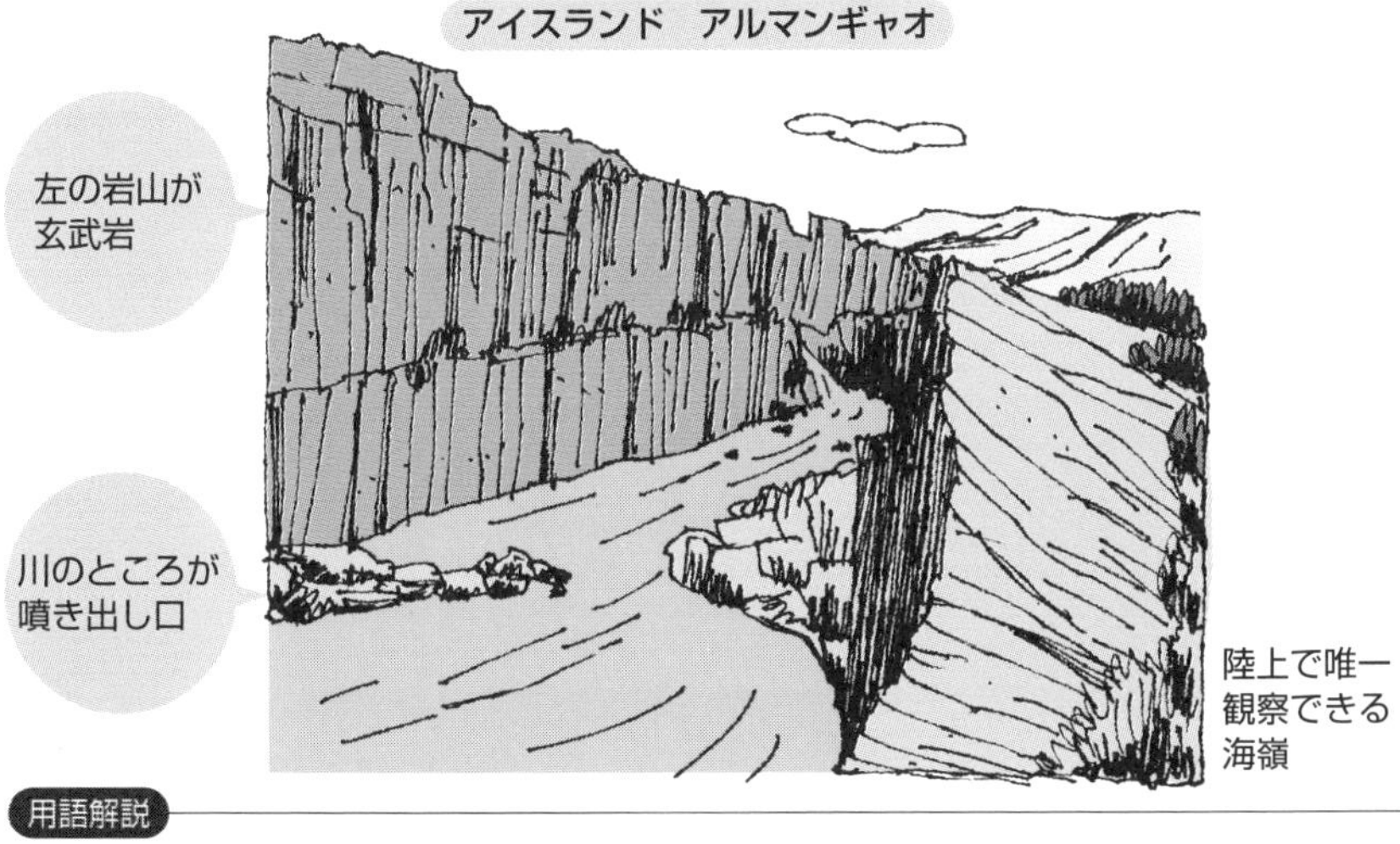

用語解説

回転楕円体：楕円をその長軸または短軸を回転軸として得られる回転体。

21 マントルは動いている

対流し、水平、上にも動く

地殻の下の厚さ2900㎞のマントルは、岩石の塊ですが温度と圧力で液体のように動きます。対流しており大陸を載せて動き、また対流とは異なるマントルの動き、マントルプルームは、マントルの最下部から固体のまま流動化したマントルが地上に上昇してきます。マントルは大陸地域では地表約30－70㎞から、海洋地域では海底面下約6㎞からです

地球のマントルと地殻の境界は、モホロビチッチ不連続面（略称モホ面）と発見者の名から呼ばれています。地震波がモホ面を通るときには密度の違いから速度が急に変わり角度によって屈折します。地球内部は、深くなるにつれて、高温高圧になり、鉱物はより高密度の、鉱物へ変わっていきます。岩石自体の比重も変化し、地震波速度なども相違します。

マントルは上部と下部に分かれています。上部マントルはかんらん岩を主成分とする岩石で構成されており、下部マントルはより緻密なかんらん岩です。

プレート運動により、大陸移動、海洋底拡大のような大規模な地球の表層活動が起こっています。10数枚のプレートは地球の全表面を包んでおり、しかも、そのそれぞれが違う方向に、年間数㎝の速さで移動しています。太平洋プレートは年間8～10㎝の速度で移動しています。マントル対流がプレート運動の原動力です。このマントルの対流によって、プレートが一定方向にひきずられるためと考えられています。海嶺はマントルから噴出したマグマが新たな海底地殻を生成している場所で海底山脈を形成し、マグマがあふれ出てくるところです。火山活動が起こっています。

海洋プレートは海底を移動し続け、大陸にぶつかりやがて海洋プレートは、比較的軽い物質でできている大陸下に沈み込んでいき火山活動が起こります。さらにマントルは下降していきます。マントルは対流を通して、水平、上下に動いています。

要点BOX

●マントルの対流によって大陸が移動

マントルプルーム

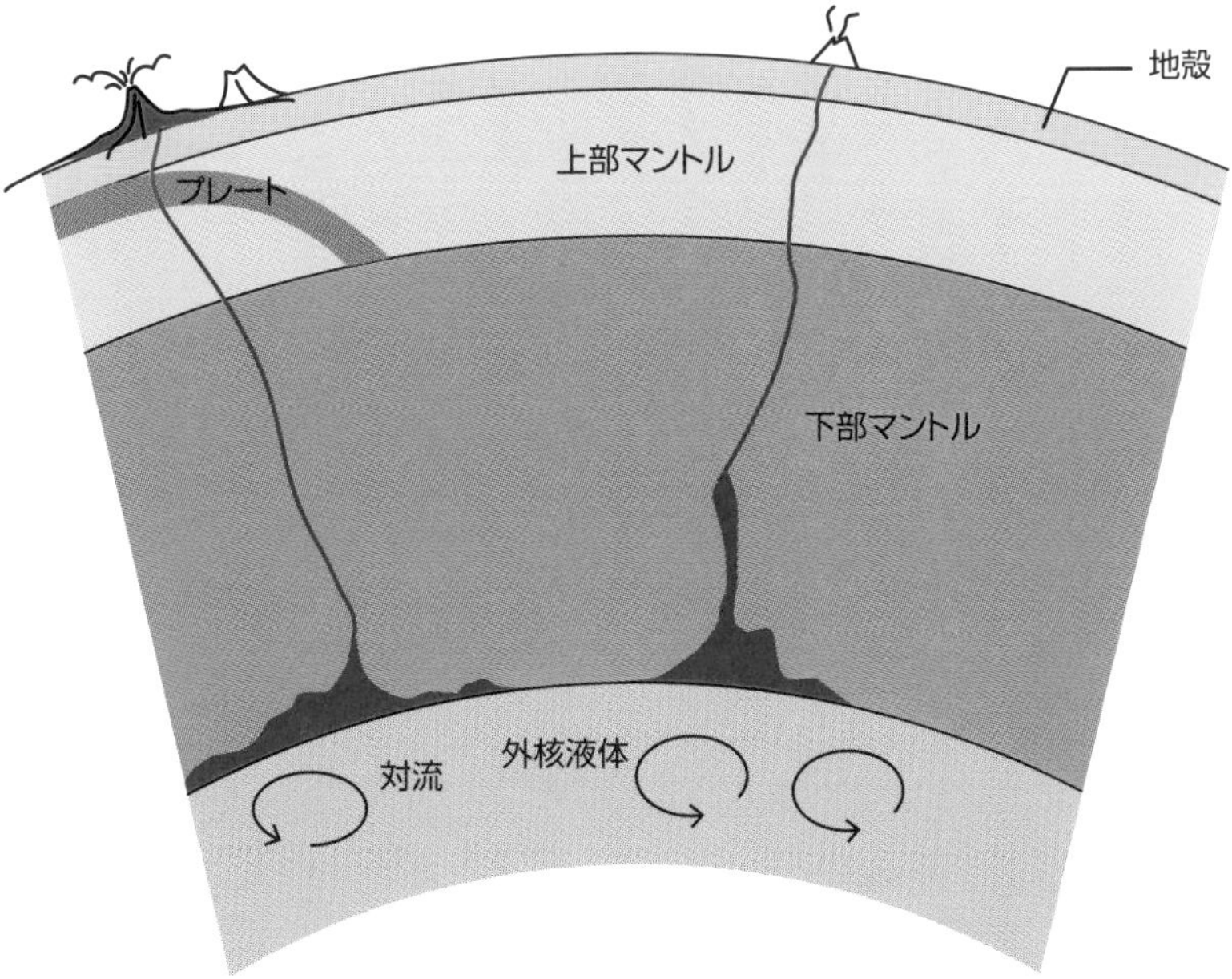

地震波の動き

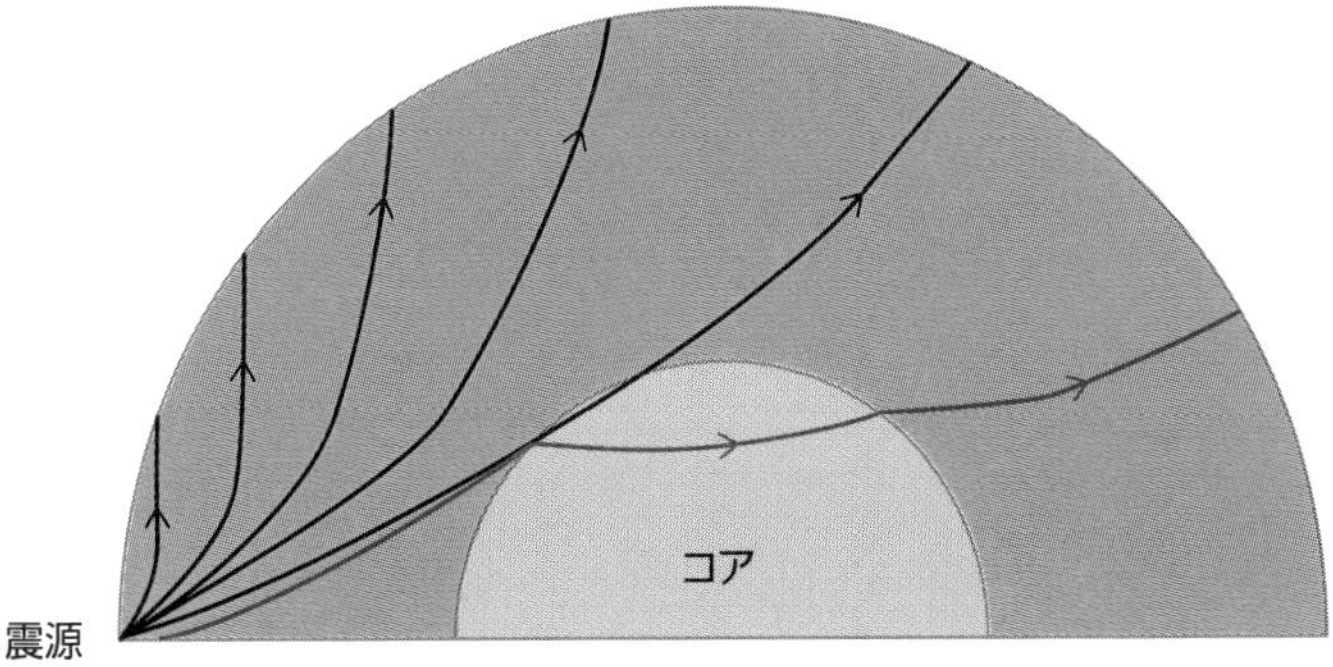

マントルとコアの境界面で地震波は屈曲する

用語解説

かんらん岩：ケイ酸分（SiO_2）が少ない（約45%以下）マグマが地下深部でゆっくり冷えて固まってできる岩石。

22 地殻はマントル対流で動く

大陸の移動。分裂・衝突・合体を繰り返す

地殻がマントル対流で動く、巨大な岩盤が岩石の対流で動く、といっても信じがたい動きです。想像を超えた動きです。

ドイツのヴェーゲナーがアフリカ、南アメリカ両大陸の大西洋両岸の形状の一致や地質構造の一致、巨大な片麻岩台地の岩石や構造の一致などから1912年に大陸移動説を提唱しました。

さらに、大陸移動説が発展し、プレートテクトニクスとして理論づけられました。「地球は丸い球体説」「地動説」とともに「大陸移動説」は「地球の革命」です。

マントル内での発熱やコアの冷却熱など地球内部の熱を地球外へ放出するために、マントルが対流し、プレートが移動していきます。プレートが海溝で沈み込んでいきながらマグマを発生させ、マグマが地表に向かって上昇し、マグマ溜まりに一旦滞留し、その後噴火し、火山活動になります。

さらに地球にはマントルプルームという動きがあります。これは地下深部からマントルが上昇してくる動きです。核（コア）とマントルの境界からの熱いマントルがプルームとして上昇してきます。地震波トモグラフィーによって推測されています。マントルの中での固体の岩石の上昇ですが、周囲のマントルとの密度や温度差で上昇してくると考えられています。東アフリカ大地溝帯は火山活動の活発な地帯（地域）の大陸の分裂です。上昇してくるマントルの活動と考えられています。またホットスポットも同様でマントルの上昇による火山活動でその代表がハワイのキラウエア火山です。

プレートにのったインド大陸はユーラシア大陸と衝突し、エベレストが形成されました（おもしろサイエンス地形の科学p88）。衝突しユーラシア大陸とインド大陸は合体しました。

地球の中心部付近は5500℃という高温の状態で、巨大な熱機関です。この熱の放出でマントルが対流し、上昇下降し大陸が移動し分裂し衝突し合体をします。

要点BOX

●地球中心部の熱の放出でマントルは対流し、大陸を動かし、大陸どうしが、衝突や合体をする

大陸の分裂（アフリカ大地溝帯）

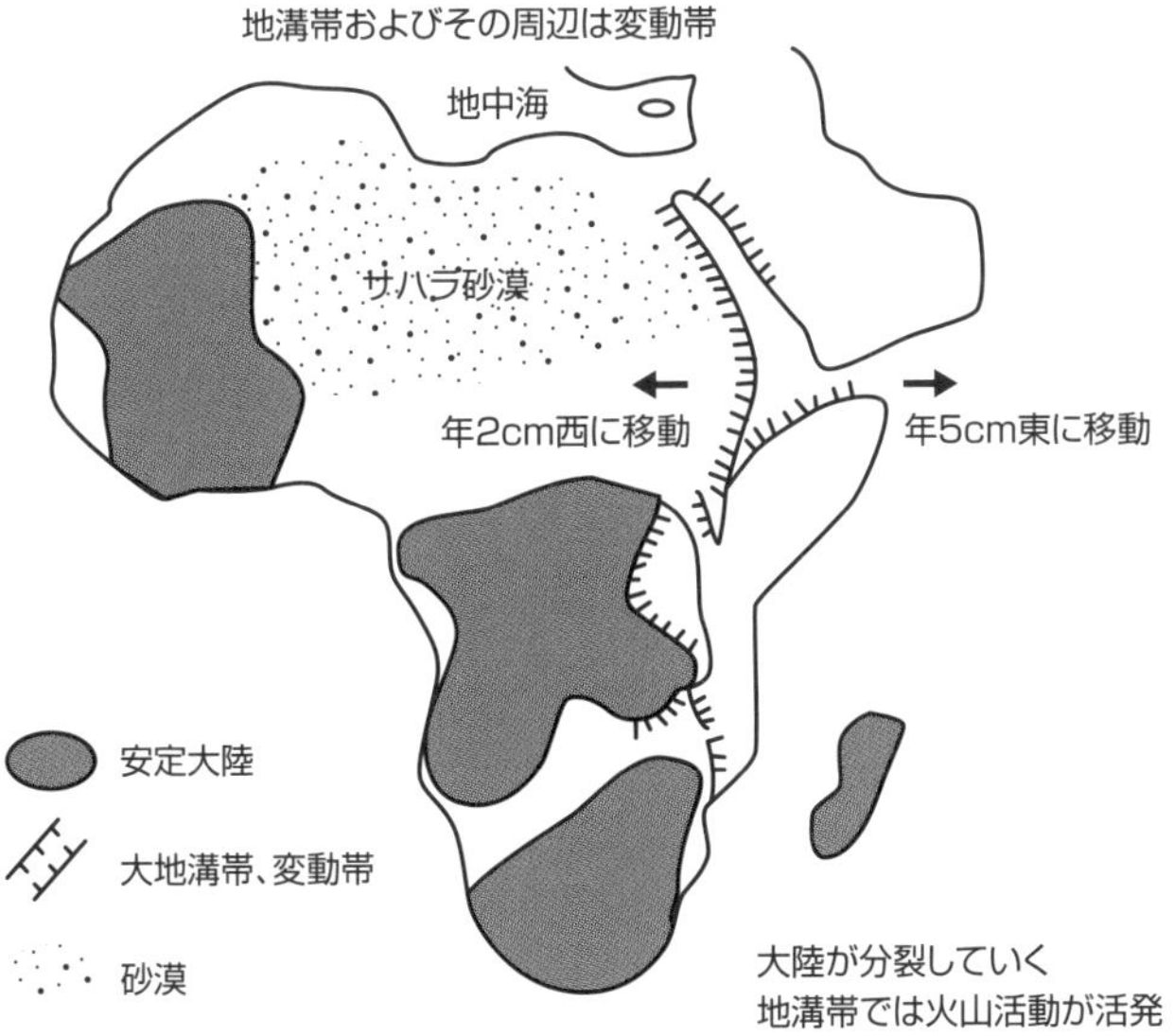

プレートと大陸の衝突

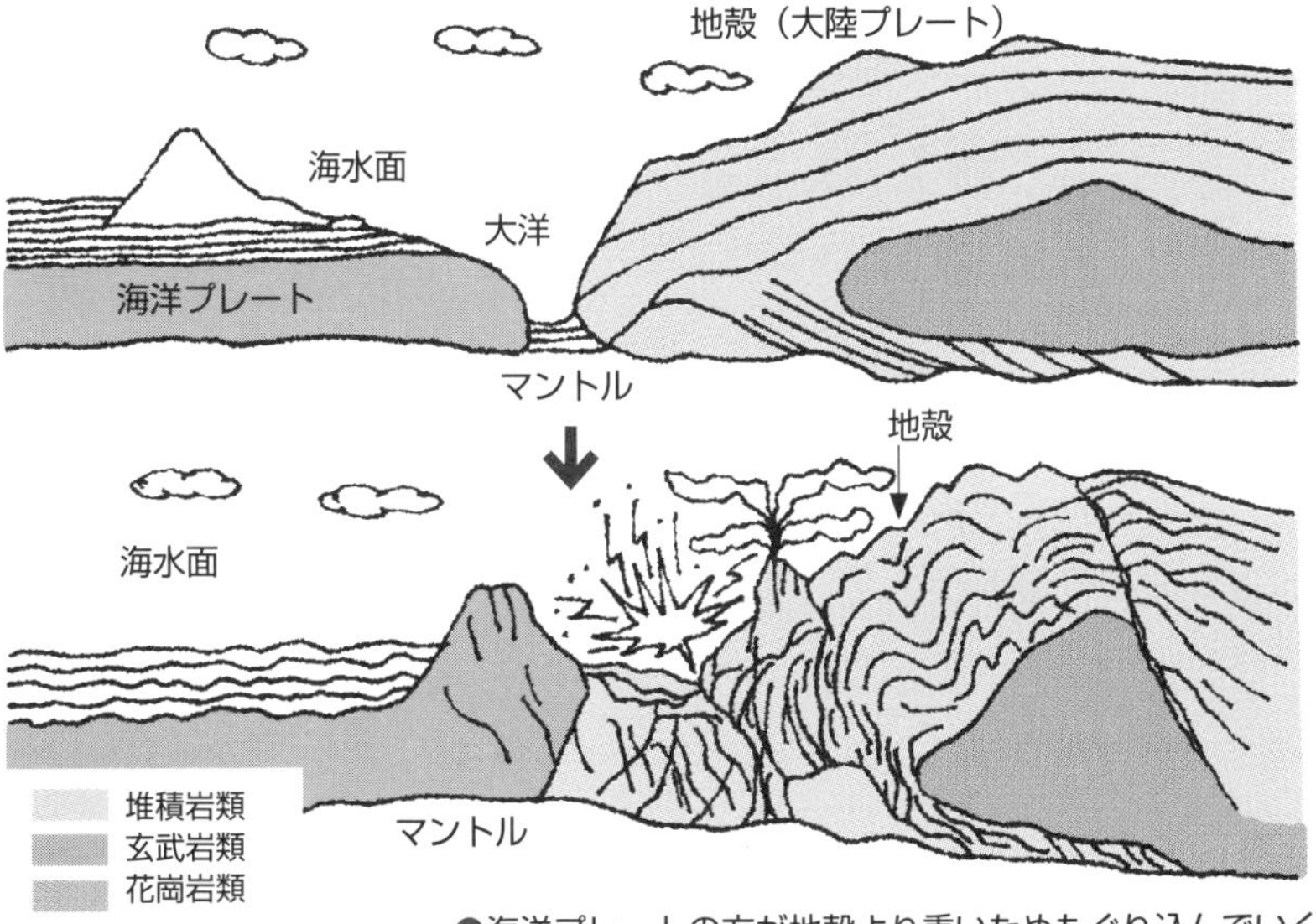

●海洋プレートの方が地殻より重いためもぐり込んでいく

用語解説

熱機関：熱をエネルギー源とした機関。

23 5500℃のコアの動き

熱源は地球の中心

地球は身近な存在ですが、地球の中を見ることはできません。機器を利用し探っています。38万km離れた月より、地表から数10kmのマントルに到達するほうが難しいといわれています。

地球のコア（核）は、直径約7000km（半径3500km）で、地表から地下2900km以下にあります。

鉄とニッケルからなります。外核は液体ですが内核は固体と考えられています。

コアは液体の外核（地下2900km–5100km）と固体の内核（地下5100km–6400km）からなると考えられています。液体の外核が流動して誘導起電力が発生することで核（コア）内に電流が流れ、地磁気が発生すると考えられています。内核と外核の地震学的な境界面はレーマン不連続面と呼ばれています。

地球のシステムを動かすエンジン（動力源）は、地球内部の熱エネルギーです。地球の中心のコアは364万気圧という想像を絶する超高圧で5500℃という超高温です。

地球内部のコアの外核は、液体金属です。対流を起こしています。熱がコアから下部マントルへそして上部マントルへ放出されていきます。この放出された熱は、約44兆ワットというとてつもない莫大な熱です。

地球内部の探査を様々な方法で進めています。岩石の高温高圧による物性の研究や室内実験、観測機器や実験装置の開発も進めています。

『ネイチャー』誌の2003年5月15日号（「地球の核への旅」）でカリフォルニア工科大学のスティーブンソン教授は奇抜な探査計画を提案しています。地殻に大きな割れ目を入れ、そこから地球の中心部まで溶けた数百万tの鉄を探査機とともに重力で流し込み中心核に到達するという「鉄の楔」計画です。温度や圧力、成分組成を計測しデータは探査機から振動を使って地表へ送ります。

要点BOX

●地球のコアは地表から地下2,900 km以下
●コアの外核は、液体金属で、対流を起こしている

地球内部の温度

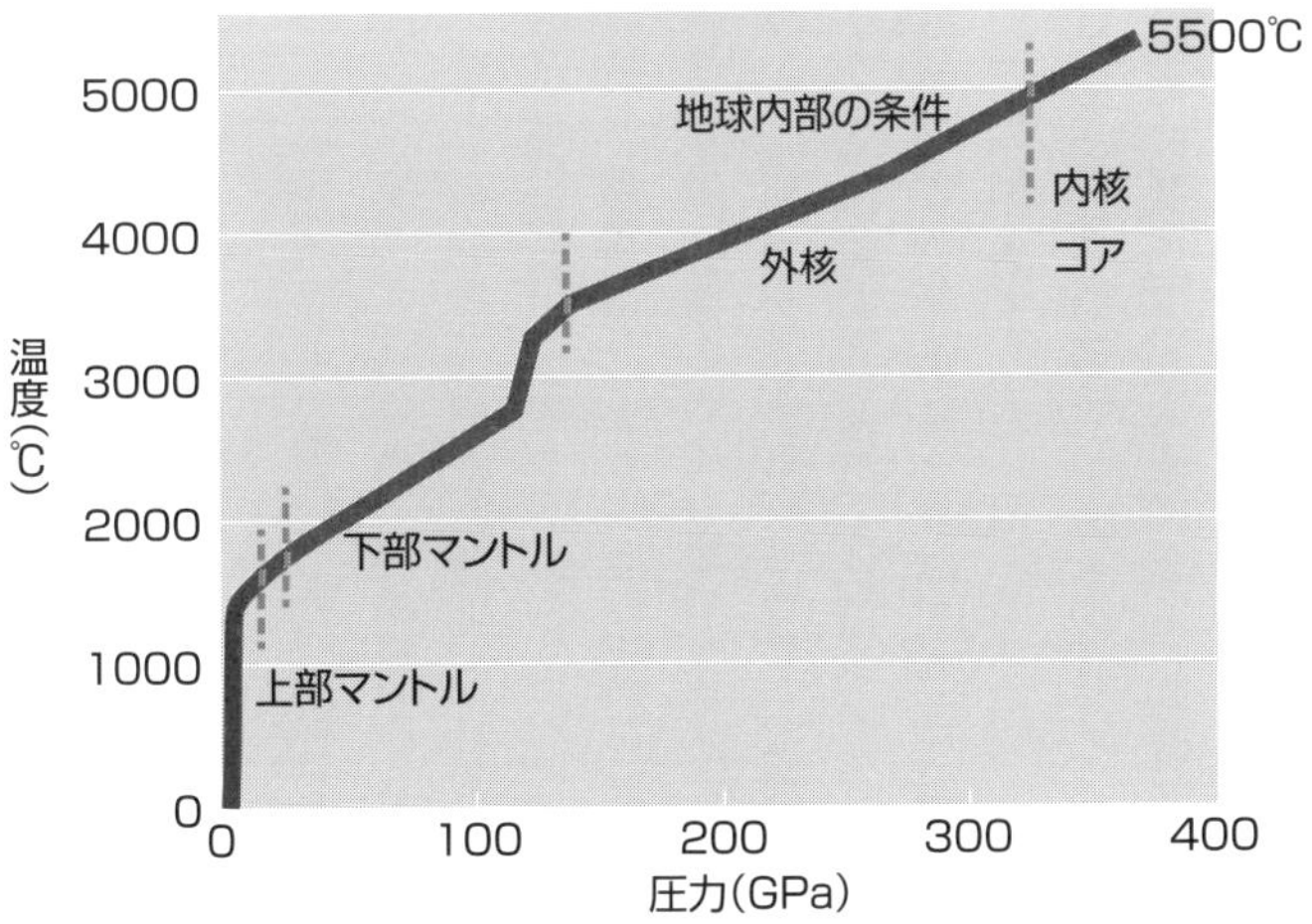

地球内部からの熱の放出

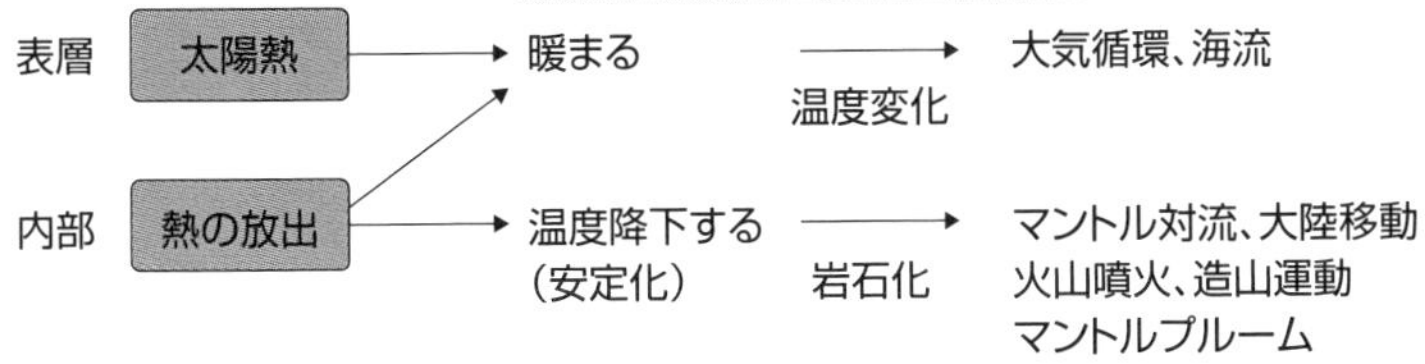

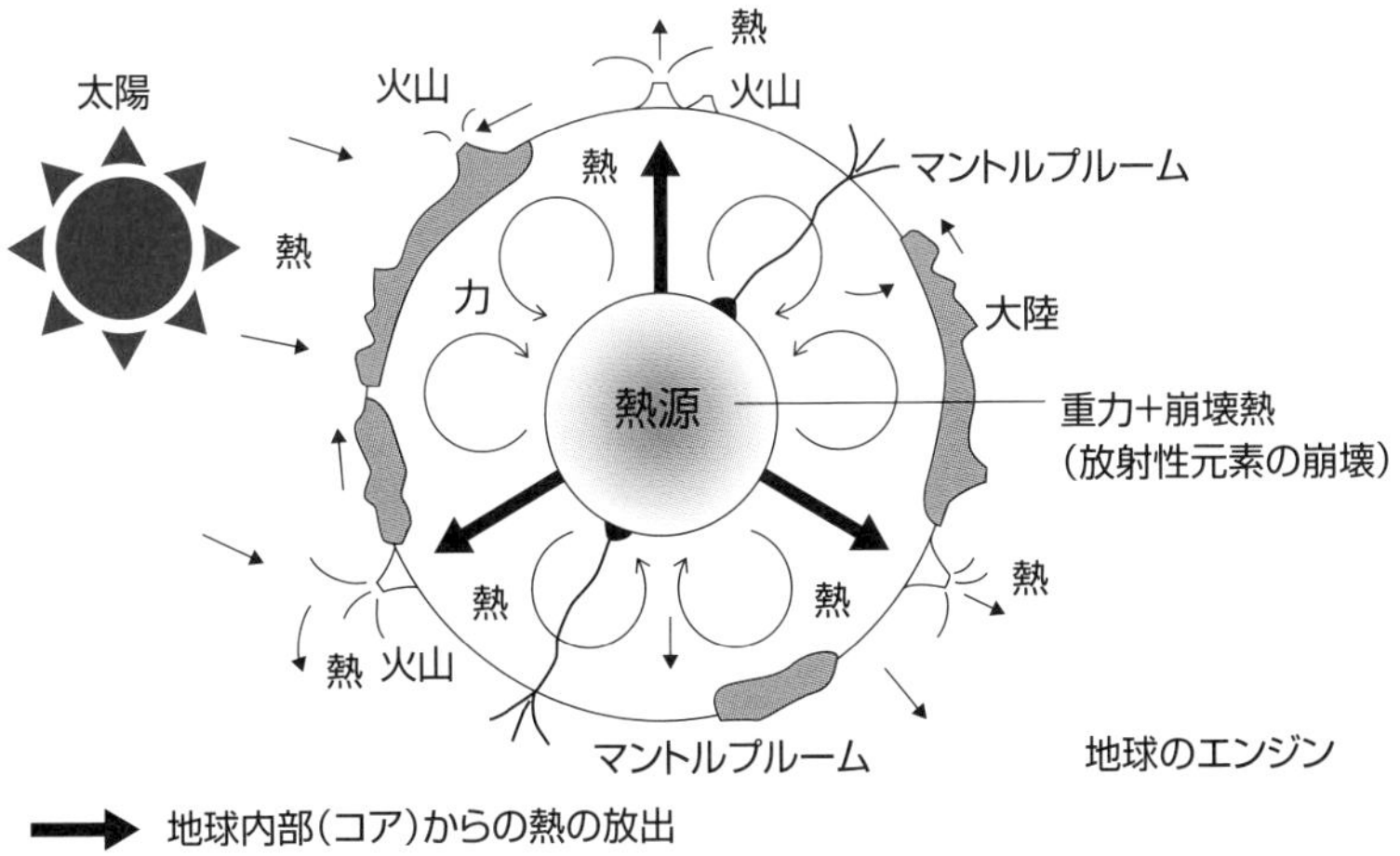

用語解説

誘導起電力：磁石を速く動かすほど大きなエネルギーを与えられる。

24 地球内部への探索

地球は岩石の塊

地球の中を知ろうと、地球内部の探査を様々な方法で進めています。地震波・電磁波が主体ですが、素粒子などを用いた調査や計算機シミュレーションによる地球内部の状態を再現することも行われています。さらに岩石の高温高圧による物性の研究や室内実験、観測機器や実験装置の開発も進められています。さらに、マントル対流のシミュレーションや高温高圧実験、放射性元素や微量元素を用いた地球内部の物質循環の研究などが行われています。いずれも地球内部を知る間接的な方法です。

地球中心の熱の放出のしくみを知れば、地震や火山活動研究に繋がっていきます。マントルの動き、対流、上下の動き、大陸の分裂、合体へのデータも集まってきており、地球内部への理解が深まってきています。

地球は岩石の塊ですから、内部へ探査機を送り込むこと自体、硬い岩石に阻まれ、掘進も容易ではありません。掘削技術の技術革新が進まなければ、掘り進むことはできません。

前項で述べたカリフォルニア工科大学のスティーブンソン教授の探査計画の実現性は低く、「われわれは肝心の地球について、あまりに知らないことが多すぎる。地球の外には何十億キロと旅しているのに、地球の中には10キロほどしか入ったことがない」とスティーブンソン教授はいっているように地球内部の探索は簡単ではありません。

計測機器を地球内部に送りこめても計測し、データを地上に送るなど、岩石の塊の地球内部の直接的探索はコペルニクス的転回で革命が起こらなければ実現性は低いといわざるをえません。当面は間接的方法か、実験、シミュレーションで地球を探索して足もとの地球内部への理解を深めていくことでしょう。

したがって地球内部への探索は今後の人類の大きなテーマとなります。

要点BOX

- ●地球内部への探索、間接的方法。飛躍的な技術革命必要
- ●地球は岩石の塊

地球内部を探る

地球は岩石の塊

↓

直接的な内部観察は困難

↓

間接的方法

- 地震波、電磁波
- 素粒子を使用した調査
- 計算機シミュレーションによる地球の状態の再現
- マントル対流のシミュレーション
- 高温高圧による物性研究
- 地球内部の物質循環

↓

- マントルの動き
- 熱の放出のしくみ
- 大陸の分裂・合体

地球内部を知る

地球内部の物質循環

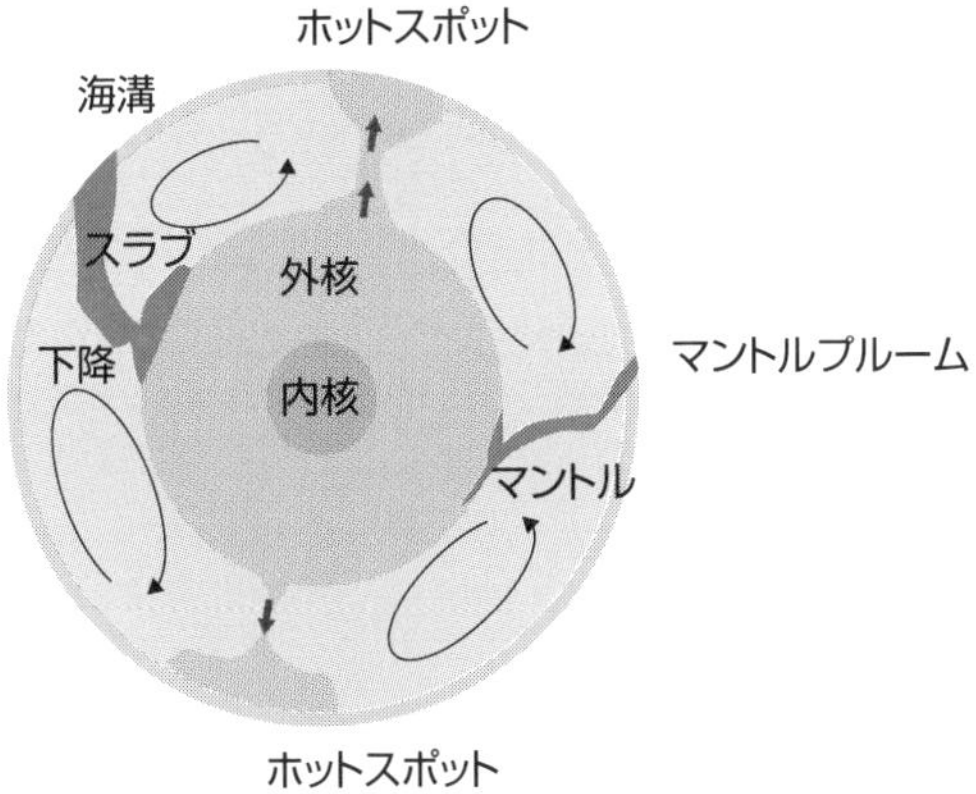

用語解説

マントル：岩石からなる。コア（核）の外側にある層。
地震波：地震により発生する波。

25 地殻の様々な動き

地震、褶曲、断層、火山、造山運動

コアからの熱は放出されマントルを動かします。マントルは対流を起こし、大陸を動かします。このマントル対流により地殻変動、造山運動が起こります。地殻は堆積岩、火成岩などからなりますが、このマントル対流によりプレート（大陸）が動き、硬い岩や地層を曲げたり溶かしたりして、地殻への様々な動きを生み出します。

海洋プレートが大陸プレートの下に沈み込む場所が、海溝ですが、沈み込むとき、海洋プレートは大陸プレートを引きずります。引きずられた大陸プレートには、ひずみが溜まっていきます。ひずみが限界に達すると元に戻ろうとします。このときの衝撃が、地震の揺れとなります。大陸にプレートがぶつかれば、大陸を構成している地層は波打って褶曲していきます。衝突でアルプスのように大山脈をも形成します。地震を起こし、地層を褶曲させたり、断層を破壊しますがこれらは、地殻変動や造山運動です。大山脈や弧状列島を形成するような地殻変動は造山運動でその地域を造山帯と呼んでいます。

プレートの海溝への沈み込みにより火山活動が引き起こります。環太平洋火山帯や日本の火山はこのような動きによって起こります。ほとんどすべての地殻変動はプレート運動と関連があります。すなわちコアからの熱の放出です。

地下ではどの部分もあらゆる方向から力がかかります。さらに外から強い力が加えられると歪が生じ、耐え切れなくなると地面が壊れ、割れ目に沿って両側がずれてしまいます。褶曲はほぼ水平に堆積していた地層が、強い圧力で曲がる現象で、固まった地層に左右からの力が加わって、地層が波を打ったように曲げられてしまいます。

このように地殻内には様々な動きがあり、身近な動きですが、動いている様子はなかなか見ることはできません。

要点BOX

- 地殻の中で地震、断層、褶曲、火山活動
- 地殻内には様々な動きがあり、マントルで動くプレートが関係

地殻の動き

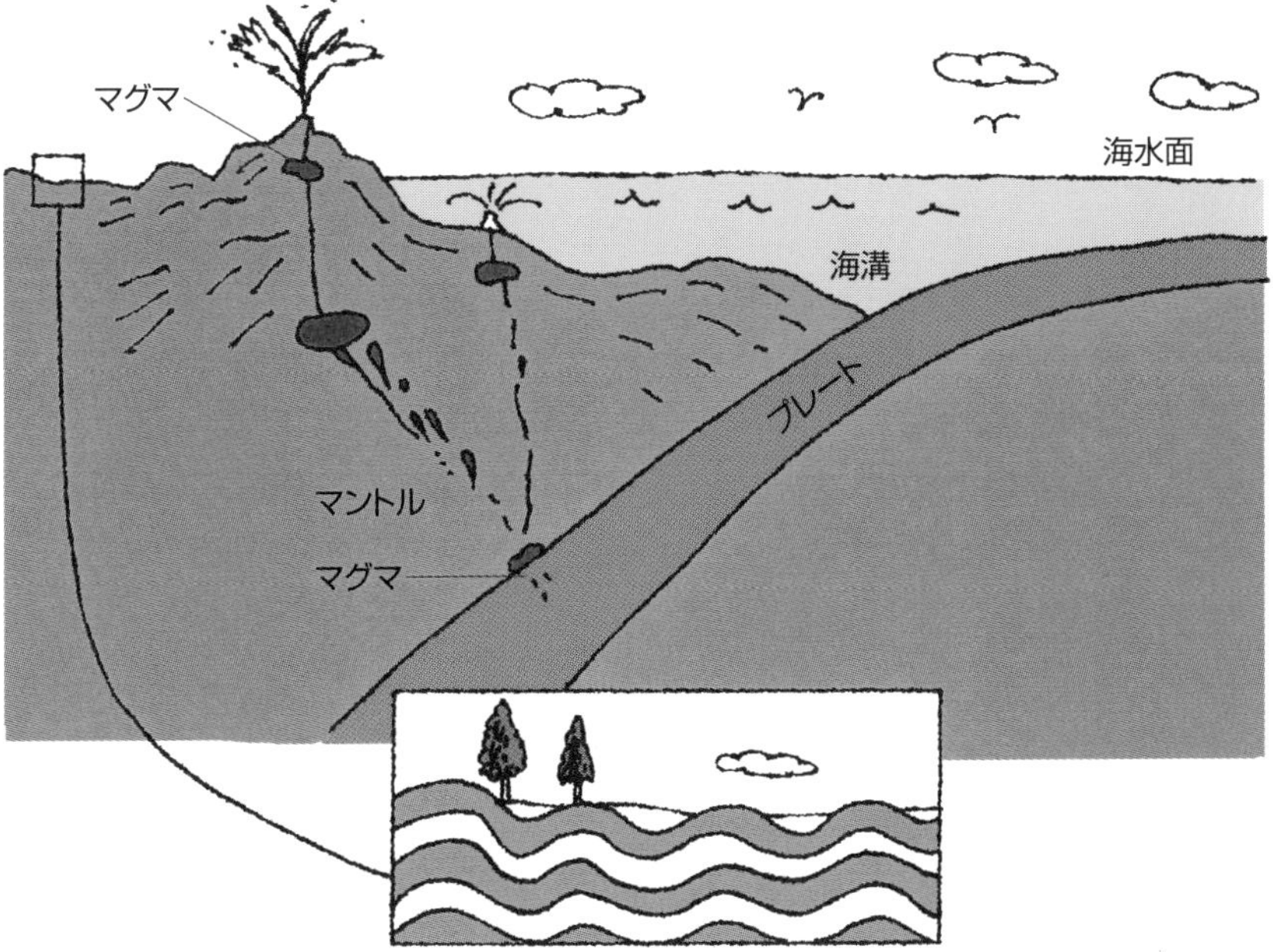

褶曲構造

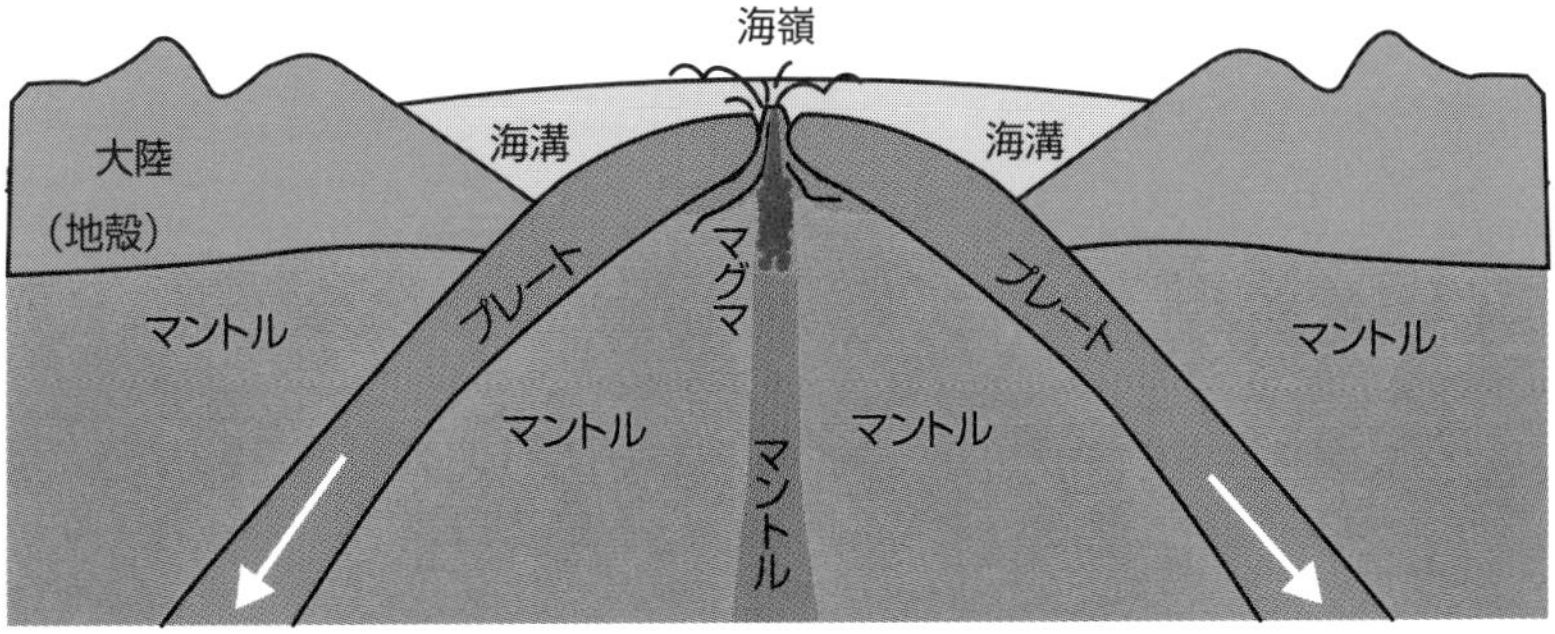

用語解説

弧状列島：大陸と大洋との境に位置し、弧状に配列する列島。
環太平洋火山帯：日本列島も含め火山列島や火山群の総称

26 大気圏の動き

空気の循環、気象現象は地上から10㎞

大気が存在する大気圏は、地表付近は無色透明の複数の気体の混合空気からなります。空気は地球の表面を層状に覆い3分の2ほどが対流圏、残りは成層圏からなります。気象現象は地上から10㎞までです。

空気の組成は窒素78・1%、酸素20・95%、アルゴン0・9%、二酸化炭素0・04%で、水蒸気が0・4%ほど含まれています。そのほかオゾンなど微量成分を含んでいます。なお乾燥した空気1リットルの重さは、摂氏0度、1気圧で1・293gです。

気象現象が起こるのは雲が発生する対流圏です。地球は球形のため日射量は低緯度ほど多くなります。大気は太陽放射の量が赤道で最も多く、最も少なくなるのは極です、赤道と極との間で熱が輸送されますが、これが循環です。対流圏では大気が循環しています。北半球と南半球においてそれぞれ3つの循環が存在しています。

高緯度の大気が冷やされ、上空では低緯度から高緯度へ、地上付近では高緯度から低緯度へ向かう風が起こり、循環となっていきます。低緯度にある循環は、ハドレー循環、中緯度における赤道と両極の間の熱輸送はフェレル循環です。極付近では、地表冷却による下降気流を原動力とした極循環があります。また地表では赤道付近に熱帯収束帯と呼ばれる上昇気流の中心線に向かう北東・南東の貿易風が吹きます。極付近の地表では極高圧帯から周囲に吹き出す北東・南東の極東風が吹き、中緯度上空の西寄りの風が偏西風で、南北蛇行し、熱を低緯度から高緯度へ輸送しています。冬季には対流圏界面付近で毎秒100メートルに達し、ジェット気流とよばれています。貿易風や偏西風は地球の自転効果の影響を受けています。地表の熱が輸送され大気の大循環が起こります。しかし、このような大気のシステムが崩れると温暖化がおこります。

要点BOX

- 空気は地球の表面を層状に覆い、3分の2ほどが対流圏
- 地表の熱が輸送され大気の大循環が起こる

大気の循環

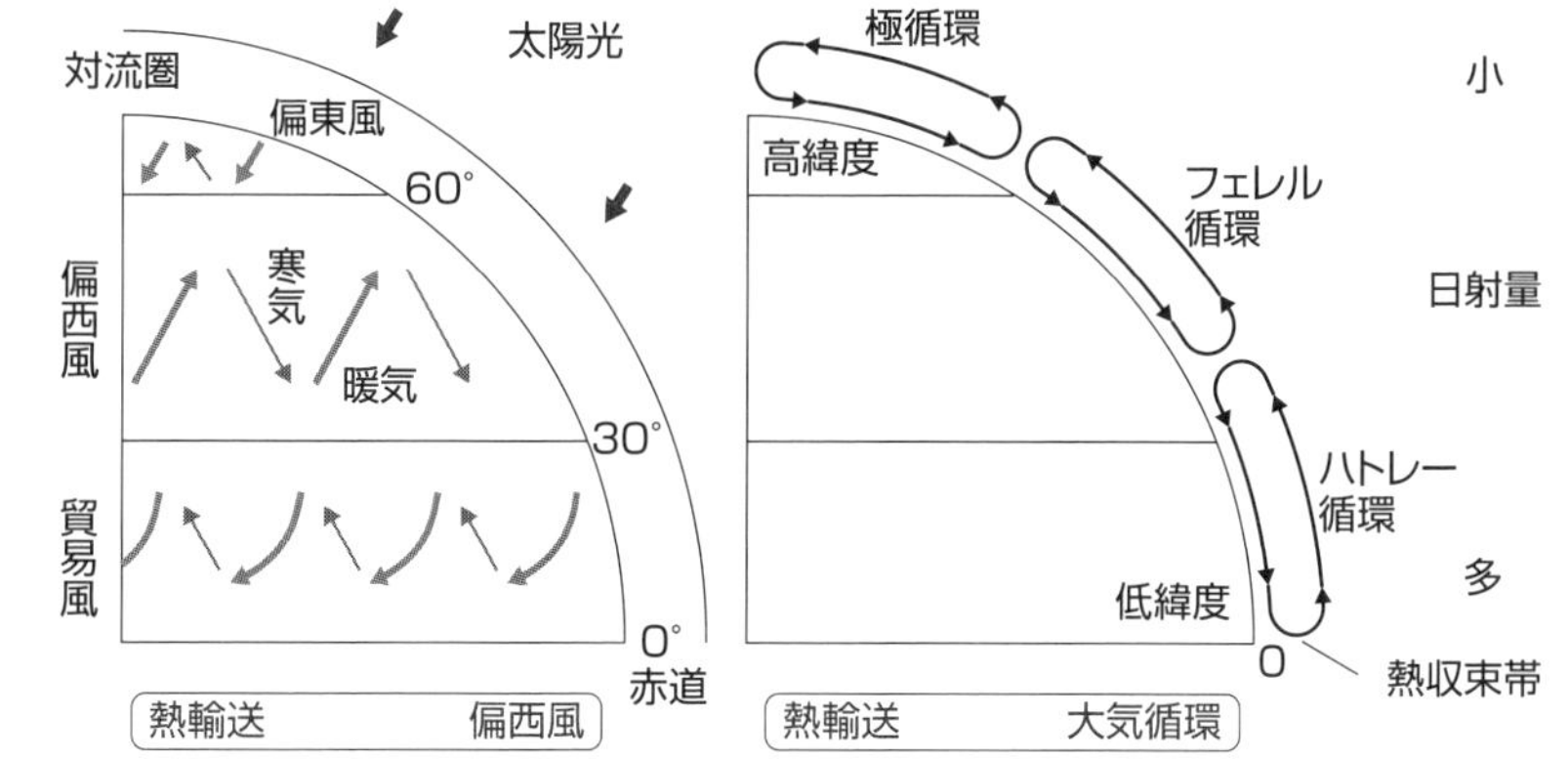

大気（空気）の組成　窒素　78.1%　酸素　20.95%　アルゴン　0.9%
水蒸気　0.4%　二酸化炭素　0.04%

低気圧と高気圧（大気の循環）

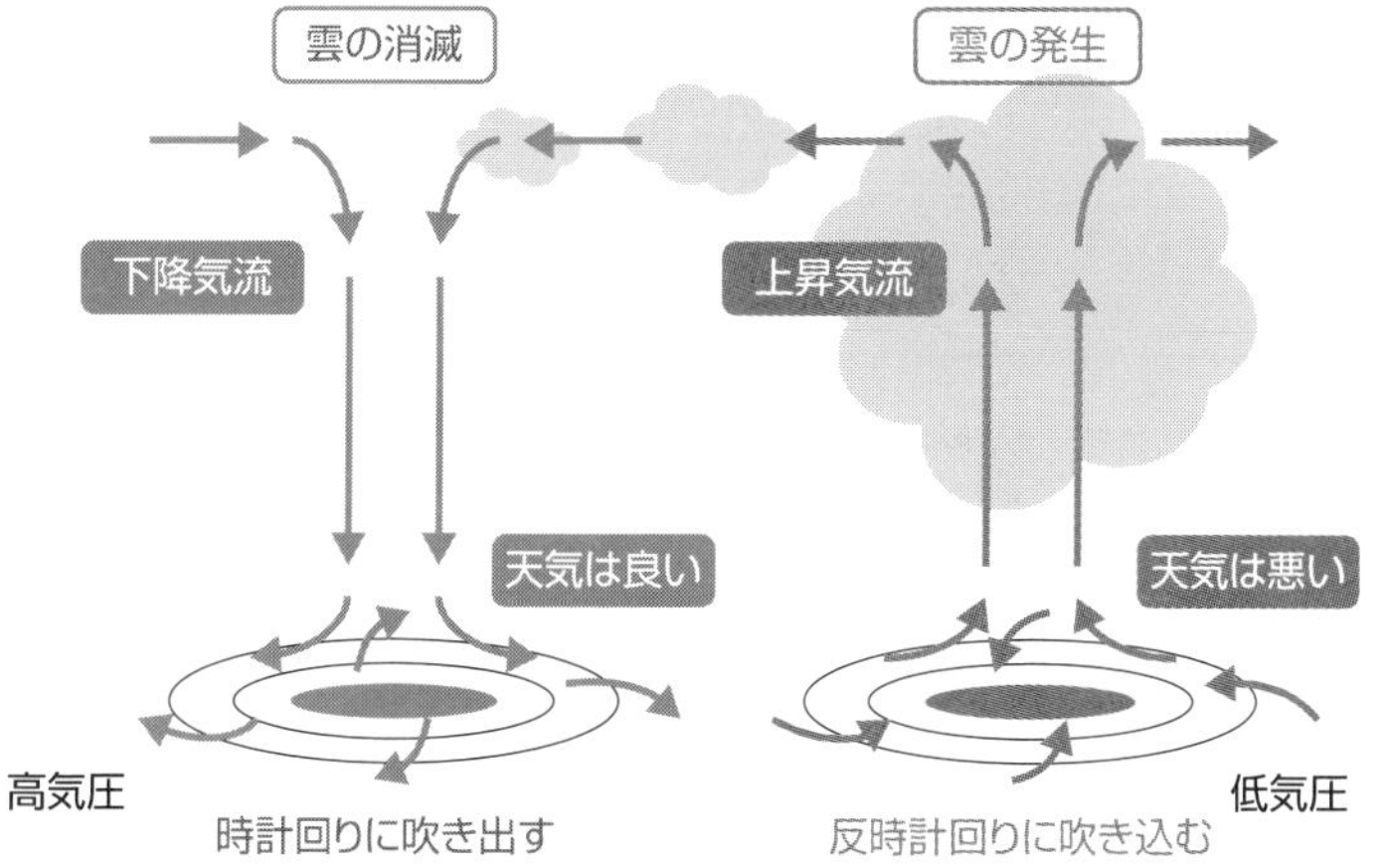

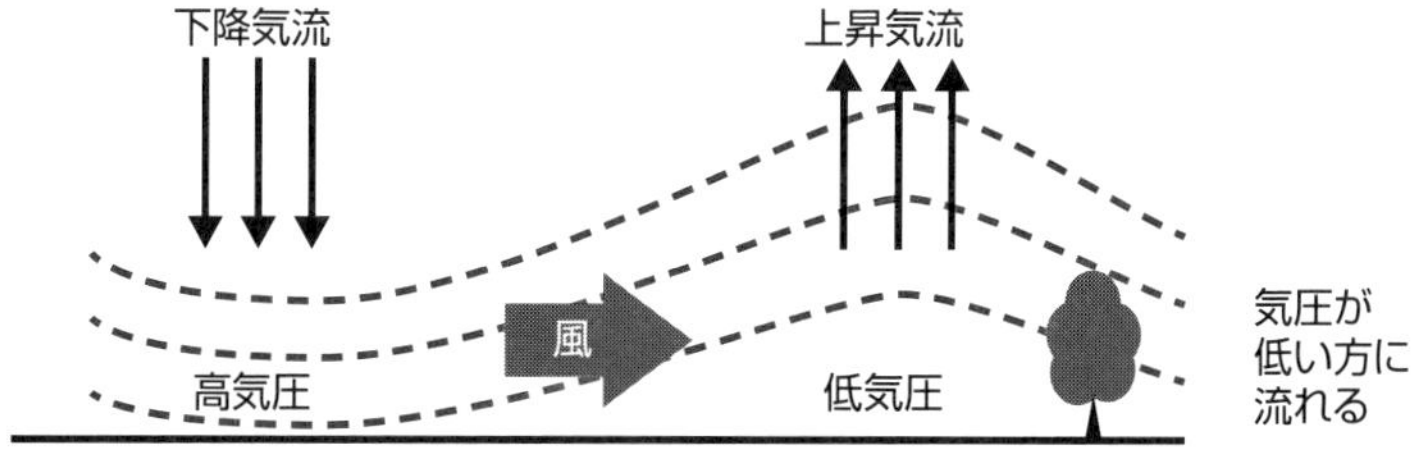

用語解説

熱帯収束帯：大気循環の中で赤道付近に形成される低気圧地帯。
貿易風：亜熱帯高圧帯から赤道低圧帯へ恒常的に吹く東寄りの風。

27 太陽熱と風がおこす海の動き

海流、深層流など絶えず動いている

海流はおもに太陽の熱と風によっておこります。つまり、海水は太陽の熱と風によって動くのです。海流は水平方向の流れで地球の自転、陸地の地形、海底地形などによって流れの方向が定まります。水には暖かいところから冷たいところへ流れる性質があります。暖流は、低緯度から高緯度へ向けて、寒流は、高緯度から低緯度へ向けて流れます。海流は、気候に影響を及ぼします。暖かい赤道の海水が南極や北極へ向かう流れがおきます。

潮汐流は海流とは動きが異なり、月と太陽の引力によって起きる、海面の昇降現象で月や太陽などの天体の影響と重力場の強さよって発生する流れです。

また、地球規模での海水の巡る海洋循環があります。中深層（数百メートル以深）で起こる地球規模の海洋循環および海洋表層の風が引きずる力が原因となって表層循環となる表層流が生じます。深層循環は、温度や塩分の不均一による海水密度の不均一で起こる流れです。

地球には偏西風と貿易風という強い風がふいています。北太平洋では、偏西風が北緯45度を中心としたあたりで、西から東へふいています。また、貿易風が北緯15度を中心としたあたりで、東から西へふいています。これらの強い風が海水を動かしています。

この太陽の熱と風によって生まれた海水の動きに、地球の自転、陸地や海底の地形がかさなりあって、海流の流れる向きが決まっていきます。

海洋循環は、熱循環システムの中で起こります。海流は海洋の表面の緯度によって受ける熱量と温度が相違するため、温度をできるだけ均一にしようと動きます。地球では緯度によって太陽から受ける熱量が違い、熱塩循環と表層循環によって気温を均一化していきます。温度あるいは塩分密度の不均一によって熱塩循環が起こりますが、深層大循環ともいいます。海水は表面から深層までたえず動いています。

要点BOX

- 海流はおもに太陽の熱と風によっておこる
- 表層循環、深層循環など深さに関係なく循環

海の動き−太平洋の海流

海流の動きと大気の動きが関係

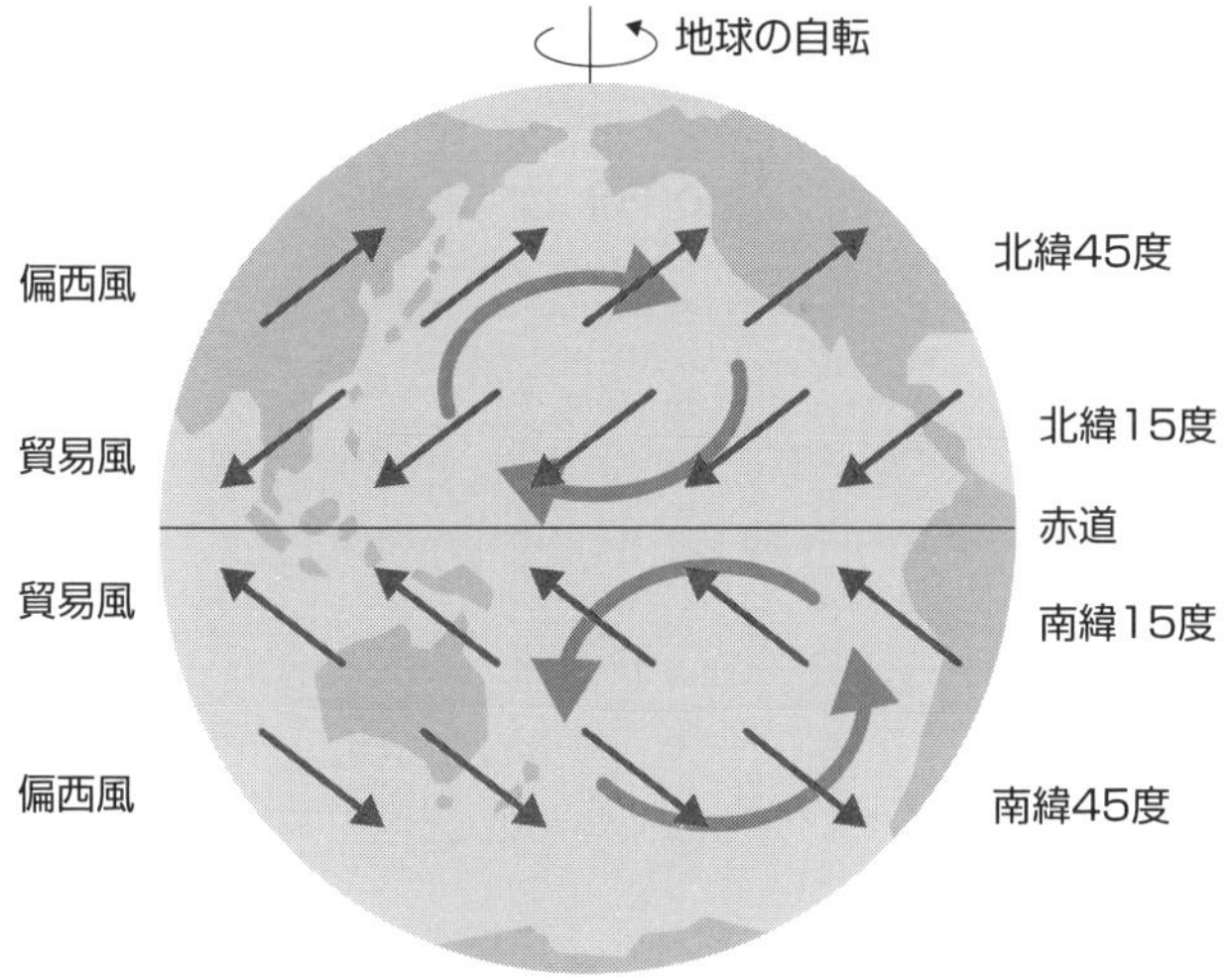

深層の海流の動き

冷たい流れが深層にいき太陽光による熱で
海水が上昇し暖かい海流となって流れる

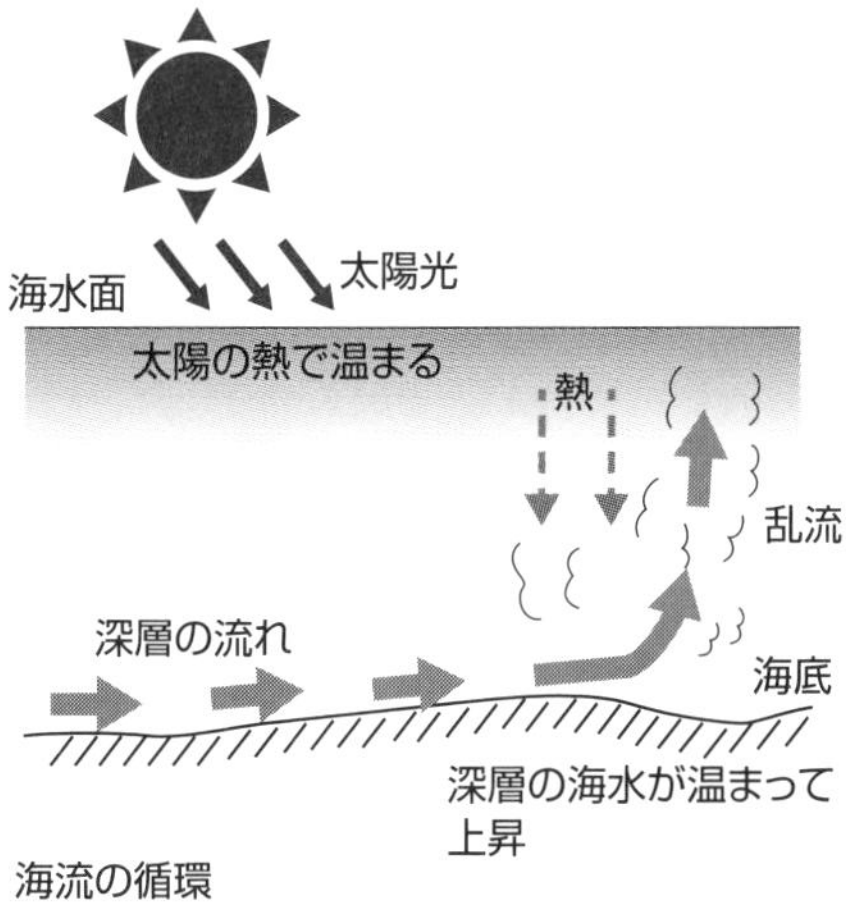

海流の循環

用語解説

熱塩循環：おもに中深層で起こる地球規模の海洋循環。
表層循環：海洋表層の循環。海面から1000m深程度までの海洋の流れ。

28 気象変化と地磁気の影響は

気温低下と寒冷化

地磁気は、地球が持つ磁性（磁気）および地球により生じる磁場（磁界）です。「チバニアン」は千葉県市原市田淵の養老川沿いにある「地層」で一番新しい地磁気逆転の記録が世界で最もよく残っているため、時代を分ける境界がよくわかる地層として世界的に認められました。

78万年前に地球磁場が逆転したとき、約５０００年間にわたって、寒冷化が続いていました。その時、日本の夏の気温は約2℃、冬の気温は約3℃低下（通常温度から低下）しました。「チバニアン」は約77万4千年前から12万9千年前までの時代の間の地層で、世界の標準摸式地です。

地磁気は地球の生命を守る役目も果たしています。地球の大気や水の宇宙空間への拡散を防いでいます。さらに地球に降り注ぐ宇宙線や太陽からの紫外線を減らす役割もしています。

かつての地球には、宇宙線がたくさんやってきた時代があり、地球は寒くなっていたといわれています。地球の磁場は、宇宙線を跳ね返すバリアの働きをしています。このバリアの強さは時々刻々と変化しており、１００年で7%の割合で減少しています。

銀河宇宙線が地球の大気に侵入すると、大気をイオン化し、雲を作ります。その雲が太陽の光を遮り（日傘効果）、地球が寒冷化します。

約78万年前と１０７万年前、地球の磁場は現在の約10%にまで減少し、地球上には現在の2倍の宇宙線が降り注ぎました。「宇宙線量の増加」と「寒冷化」はこのように「雲」が重要であると実証されています。気候は、銀河宇宙線が増えれば寒冷化し、減れば雲も減るので温暖化が起こります。地球磁場の弱まりと気候変化には、法則性があります。冬の気温低下と夏の雨量の減少です。

地球の長い歴史の中で地球は地磁気の消滅や反転を繰り返してきています。

要点BOX

- ●地磁気は、地球が持つ磁性（磁気）および地球により生じる磁場（磁界）
- ●地球磁場の弱まりと気候変化には、法則性がある

地磁気の逆転

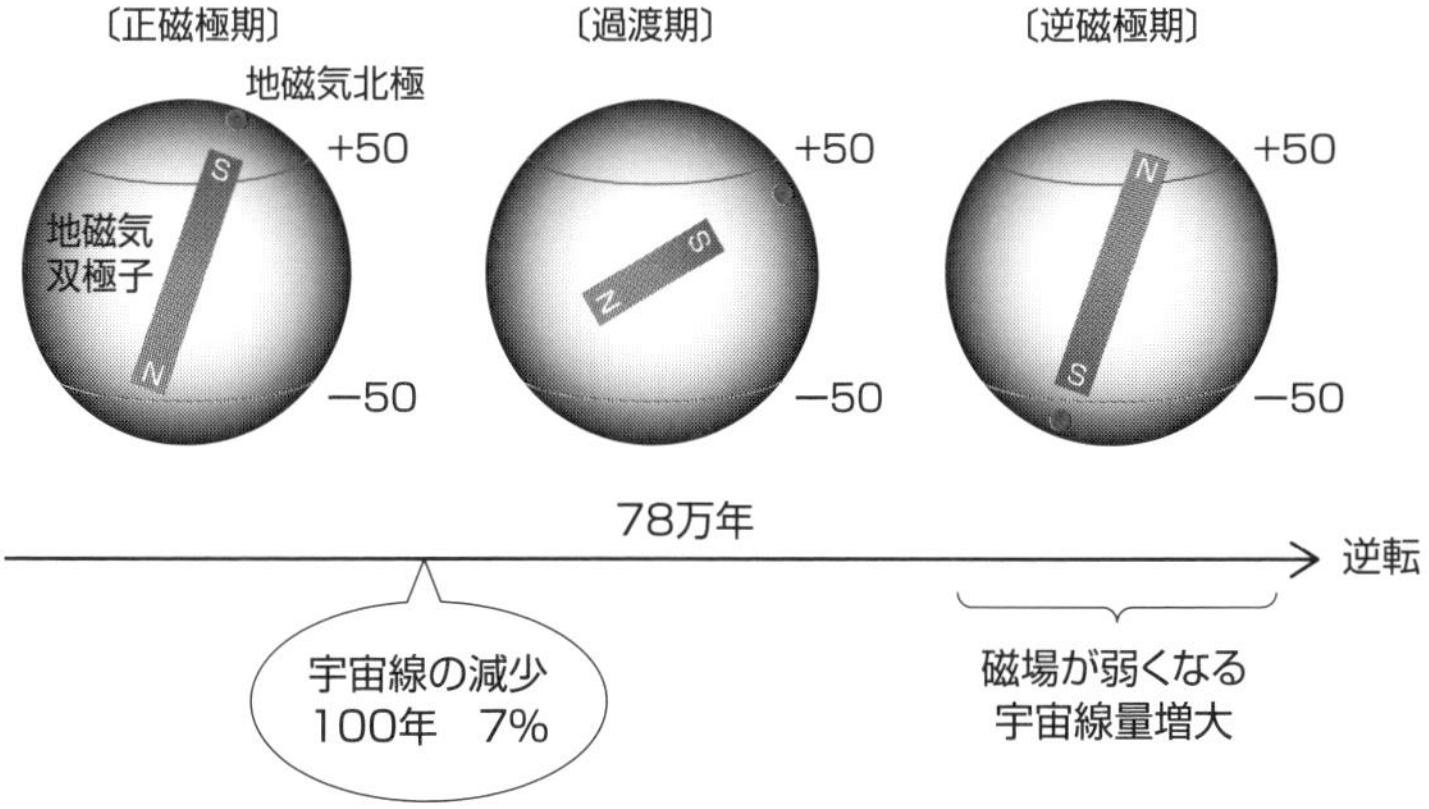

地磁気

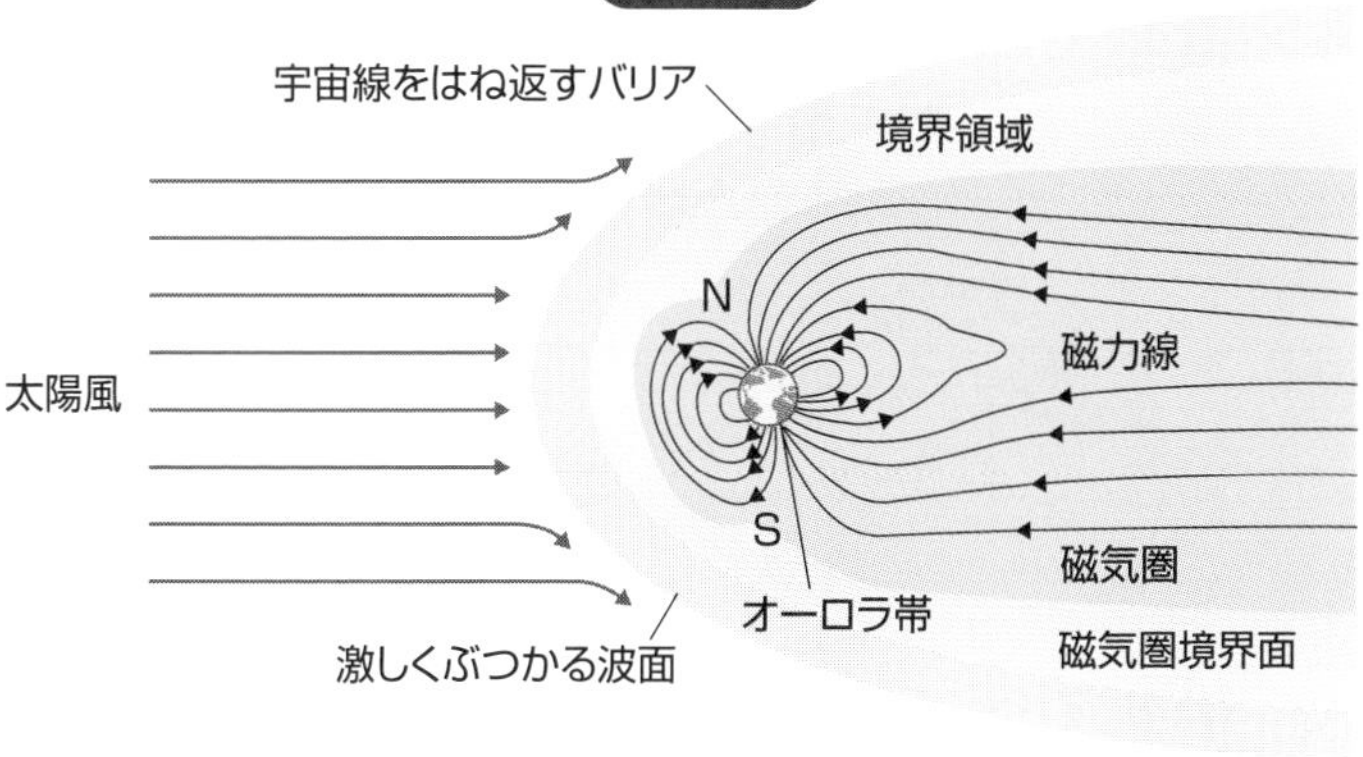

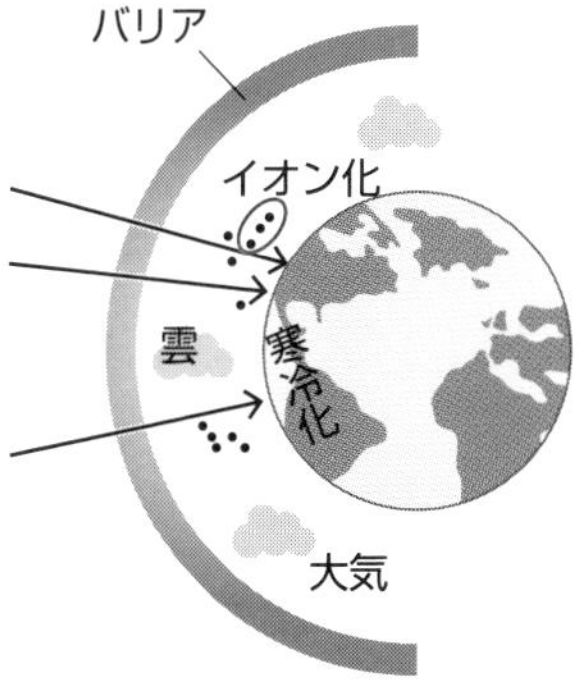

- 生命を守る
- 地球の大気、水の宇宙空間への拡散防止
- 紫外線、宇宙線を減らし、はね返すバリア

用語解説

銀河宇宙線：太陽系外を起源とする高エネルギー荷電粒子のことである。これは一次宇宙線。
地磁気逆転：地磁気の向きが南北逆になること。

29 物理的特徴ー温度、圧力変化、粘性、組成

地球の特性を表わす

地球の天体としての特徴は物理的性質で表されています。成層構造の地球の物理的性質の差は物質にも関連します。地殻の大陸地殻は花崗岩質、海洋地殻は玄武岩質、マントルはんれい岩、核（コア）は液体の外核と鉄とニッケルの内核です。

地球内部は表層の地殻とモホロビチッチ不連続面（モホ面）から下2900㎞までのマントルと中心部の核（コア）に大きく3分されています。地殻は大陸部が平均35㎞、大洋底で平均6㎞という厚さです。

地球の温度を見ると地球内部の温度はモホ面あたりで500℃です。深さとともに高温になって行きます。地球の中心部で5000〜6000℃、圧力はマントル最下部で140万気圧、中心部で約350万気圧となります。

地球の質量、重さは5・977×10^{27}gですが、これを地球の体積で割ると地球の密度は5・52g／㎤となります。また大陸地殻の密度は平均2・7g／㎤、海洋地殻が3g／㎤です。マントルの密度は上部が3・3g／㎤、コアの近くが5・5g／㎤です。核は15〜17g／㎤と見積もられています。粘性はマントル漸移帯で低くなりますが、それ以外および地殻では高めです。地球の組成はO、Si、Mg、Feから構成され、Si、Mg、Feはほぼ同量です。次いでCa、Al、Naなどです。

地震波ではP波はマントルまで伝わり、核で急に速度が落ちて伝わります。外核は液状のためS波は核を伝わりません。しかし核の中心部の半径約1000㎞の部分は鉄とニッケルからなる固体で内核です。

物理学を用いて地球現象を解明しようと地球物理が発展しています。地球物理学はその対象をこの地球だけではなく、地球をめぐる惑星間空間、太陽系の他の惑星、そして太陽系と銀河系空間の相互作用領域にいたるまで広げています。地球の特性は物理学の数値で表わされます。

要点BOX

- 地球の特徴は物理的数値で表される
- 地球物理学は物理学を用いて地球現象を解明

地球の組成

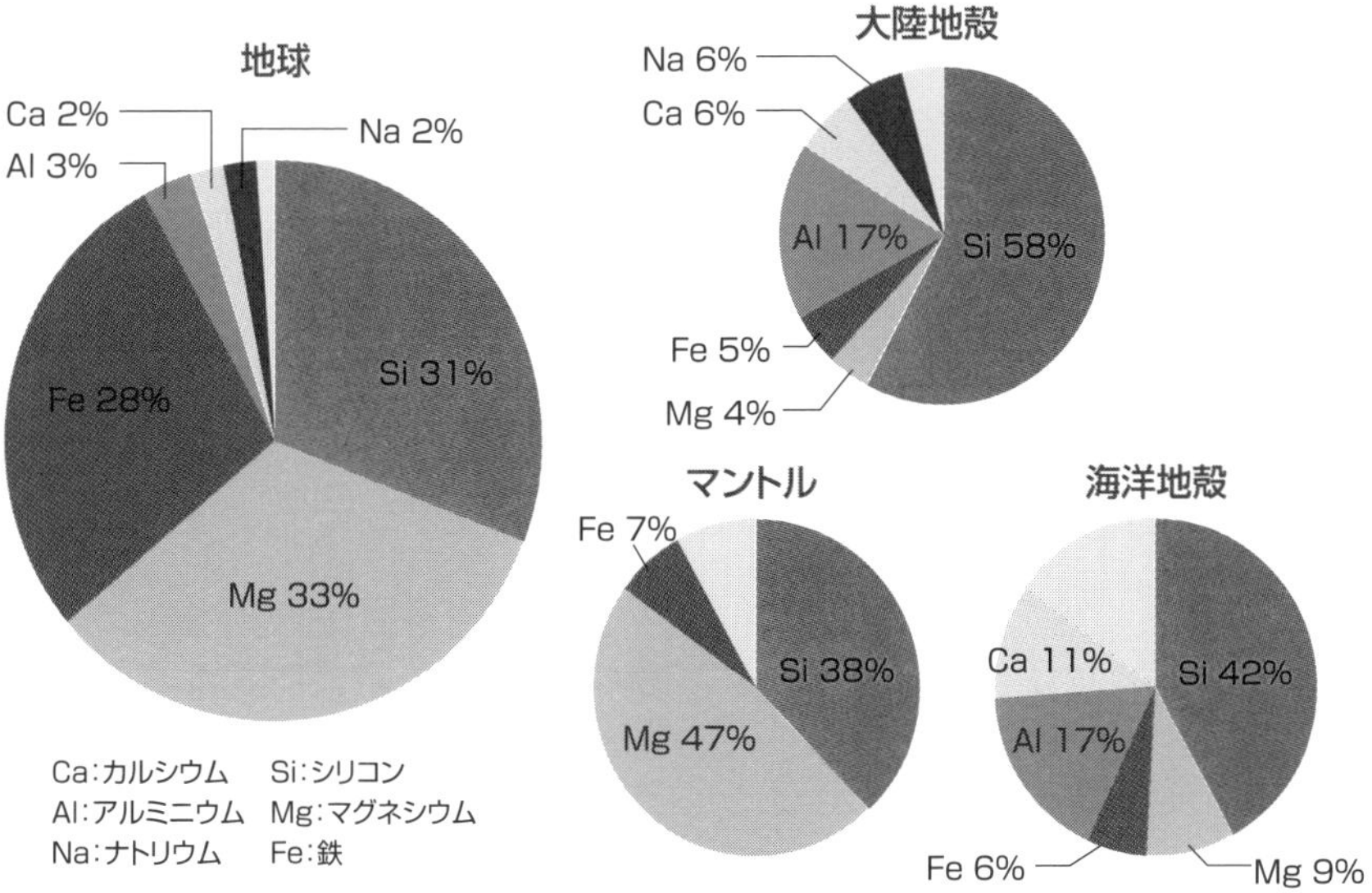

地球の密度

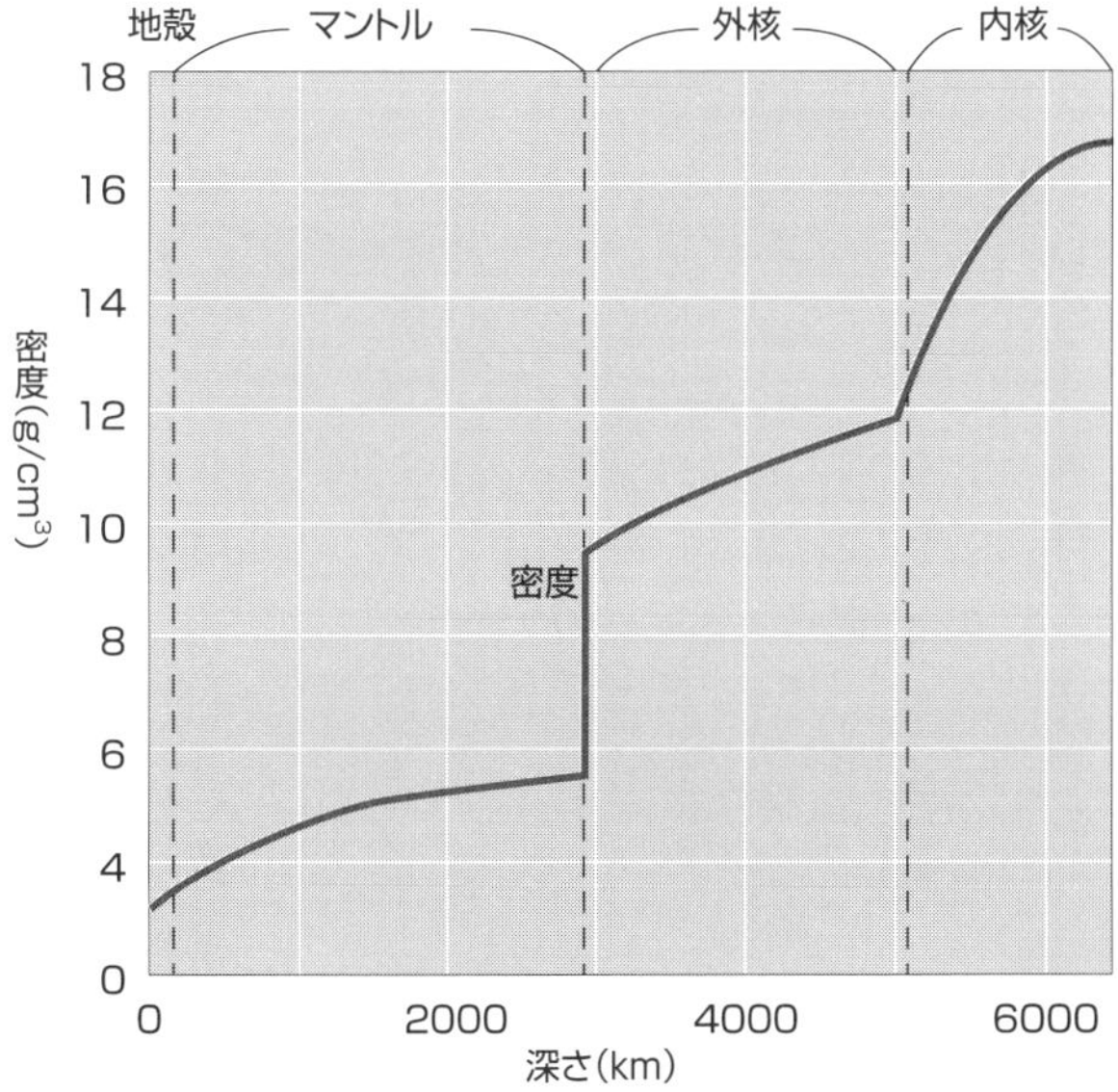

地球の密度(g/cm³) 5.52
大陸地殻 2.7
海洋地殻 3
マントル上部 3.3
コアの近く 5.5
コア 15〜17

用語解説

モホロビチッチ不連続面:地震波速度の境界であり、地球の地殻とマントルとの境界のこと。

30 火山の活動が地球の姿を変える

3つの火山タイプが地球を特徴づける

地球のダイナミックな動きの一つは火山活動です。次の3つの場所で火山が生まれ活発に活動しています。「海溝型」はプレートの沈み込んでいるところ、「海嶺型」は大洋の海底下、「ホットスポット型」の海山の3つです。この3つの火山タイプが地球の動きを特徴づけています。

火山活動は、地球上でこのように限定されたところで起こっています。日本のように「海溝型」の火山が活発なところ、ハワイのように「ホットスポット型」活動が起こるところ、大洋の海底火山山脈がつくられている「海嶺型」のようなところです。火山国の日本には「ホットスポット型」「海嶺型」はありません。アイスランドも火山国ですが、「海嶺型」の火山です。

ホットスポットは、マントル内の上昇流（ホットプルームとか、マントルプルームと呼ぶ）の先端が、プレートを突き抜けて地表に現れた火山活動です。すなわち地表まで上昇してくる場所が、ホットスポットです。ホットスポットでは、マグマが上昇して火山が形成されます。ホットスポットはマントルプルームというインドデカン高原のような溶岩台地を形成する巨大なマントル深部からの物質の流れです。

ホットスポットでは、マグマが上昇して火山がつくられ、やがて火山島になります。プレートが動いてもホットスポット自体は動きません。米国のイエローストーンの地下には、大量のマグマが継続的に供給されるホットスポットがあります。過去1800万年ほどの間に噴火を繰り返してきました。

ハワイ型のホットスポットは断続的にマグマが流出し、穏やかな噴火で、溶岩が斜面を流出します。しかしイエローストーンの噴火は超巨大で、人類はその噴火を体験していません。70万年に1回の噴火です（『天変地異の科学』項目37参照）。火山活動は、3つの場所で起こりますが、島や大地をつくり、海底をつくるなど、地球の姿を変えています。

要点BOX

- 地球は地球上の3つの場所で火山が生まれ火山活動が活発
- ホットスポットはマントルプルームのマグマ供給

火山活動

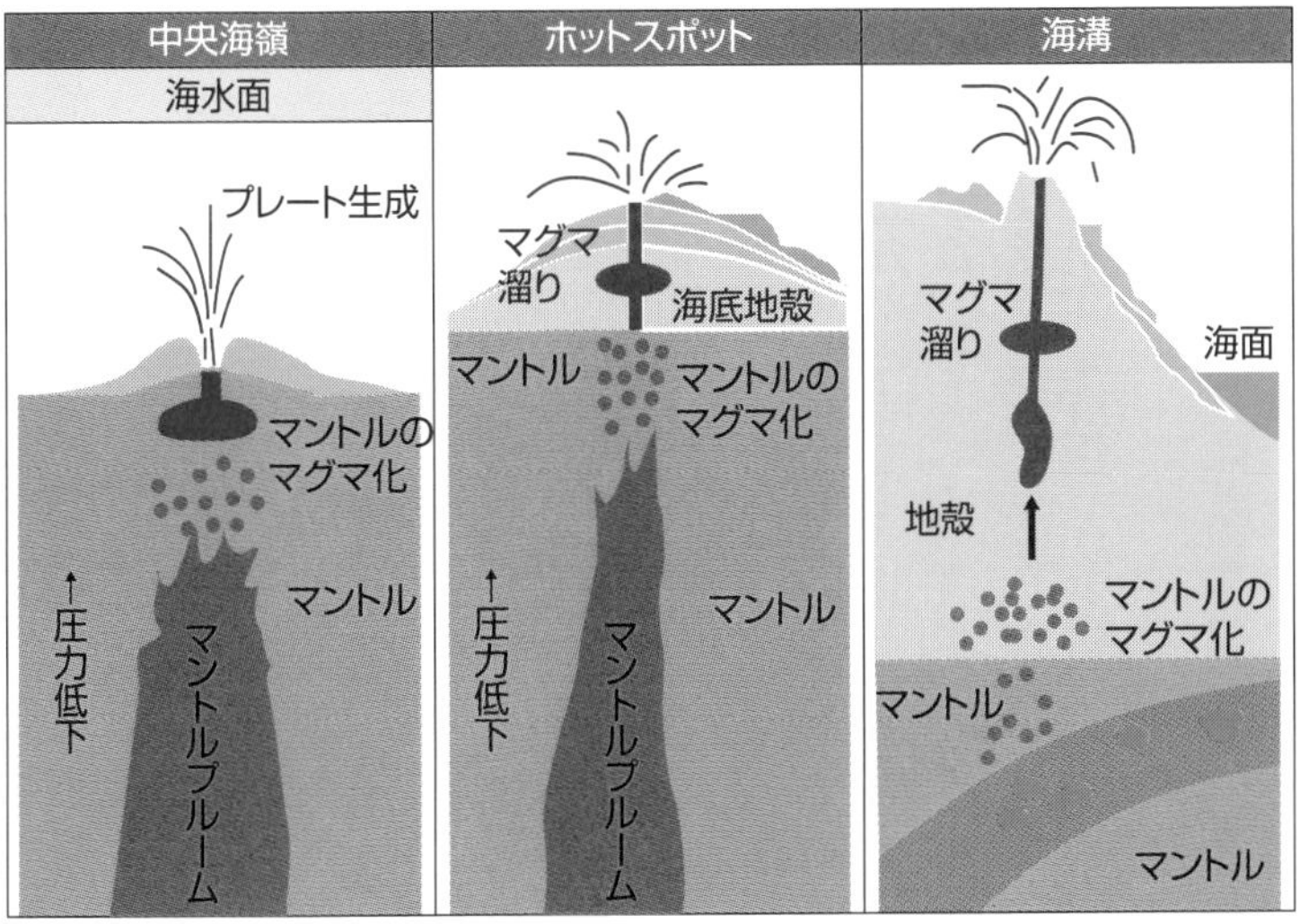

●火山はこの3種のどれか
●ホットスポットと海嶺はマントルがマグマ化して噴火

溶岩
水分
マントル溶解
（マグマ）

マントルの動き

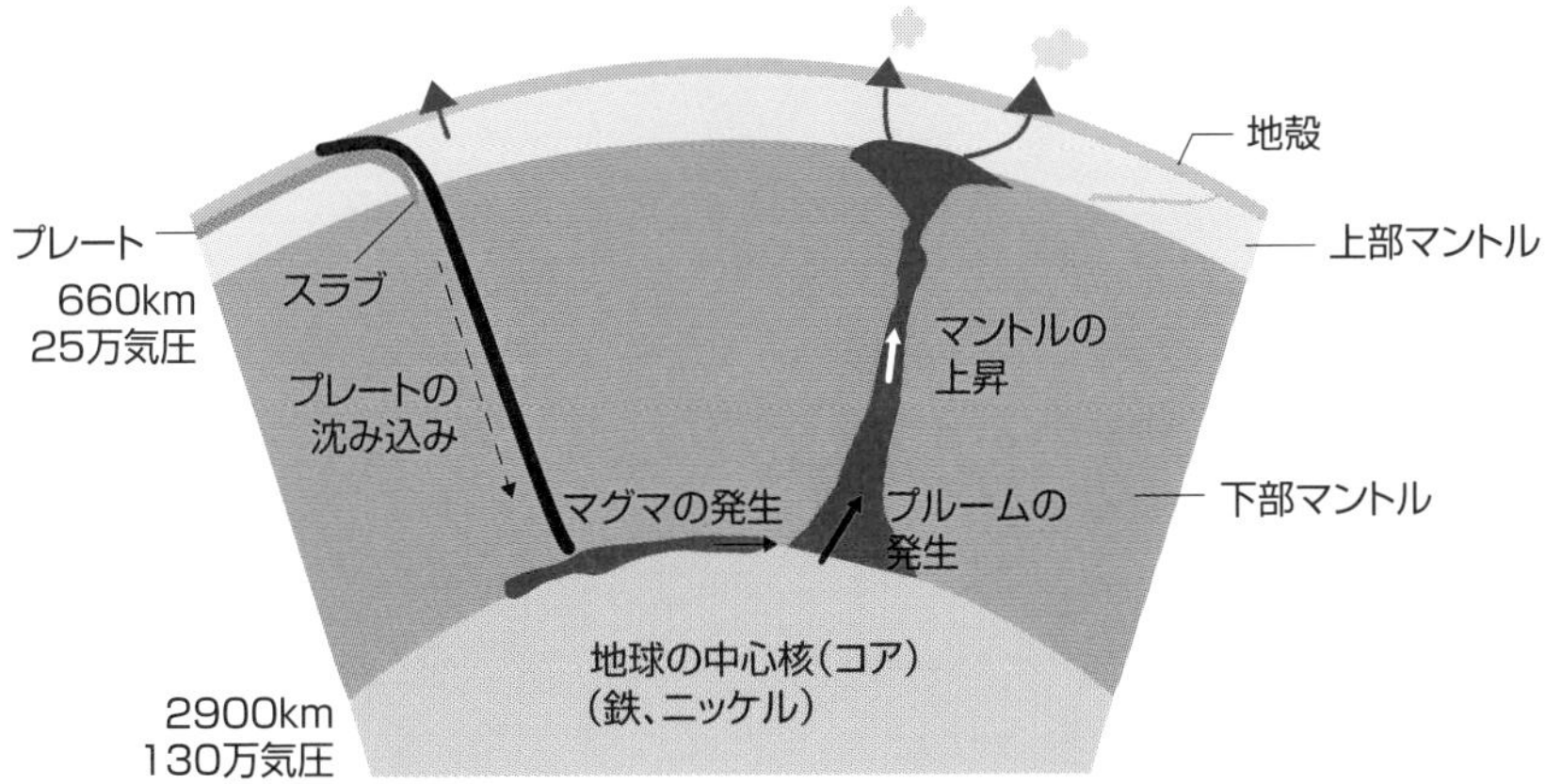

●マントルの循環

31 様々な資源

地殻は、石油、石炭、非金属、金属など有用資源の宝庫

地球には、私たちの生活や生産活動のもとになる資源が豊富に存在しています。46億年の地球の歴史を通して資源が創られています。陸にもあり、海底にも存在します。地殻といわれる地球の表層の岩石や土や砂の中にあります。岩石や土砂も資源です。エネルギー、鉱物、非金属、岩石などたくさん様々な資源が地球表層部に存在しています。

エネルギーをみても石油、石炭、天然ガスだけでなく、シェールガスもメタンハイドレートも資源です。ウランは鉱物資源ですが、エネルギー資源で地熱も直接地中から蒸気を取り出すエネルギー資源です。

鉱物資源は、金属と非金属資源に分かれます。また岩石自体も建設などの材料となる資源です。塩も岩塩も地下資源です。

様々な資源が私たちの生活や生産活動に欠かせないものばかりです。

鉄道も1872年から18年かけて日本の幹線を開通させました。鉄も大量に必要になり、また19世紀末よりエジソンの発明した電気とニコラ・テスラの発明した発電機と交流によって長距離送電が可能となり、電線の銅が大量に必要になってきました。欧州も米国も電線が張り巡らされ、急激に電化していきました。日本も同じです。銅の需要が増大しました。

ベースメタルは、鉄、銅、アルミニウム、亜鉛、錫、鉛でいずれも大量に使用され、構造材などに使われます。レアメタルは、希少金属といわれ、コバルト、レアアース、モリブデン、タングステンなどです。携帯電話やパソコンも銅、鉄、金、銅、レアアースなど様々な金属がつかわれています。自動車も金属と石油を原料とする素材からつくられています。動力に大量の石油が消費されます。

石油や石炭の利用はCO_2の排出で地球温暖化に影響を与えています。気候がかわり、いまや世界の重要問題で、緊急の解決すべき課題です。

要点BOX

- ●エネルギー、鉱物、非金属、岩石などたくさん様々な資源が地球表層部に存在
- ●石油や石炭の利用はCO_2の排出で地球温暖化に影響

資源のあるところ

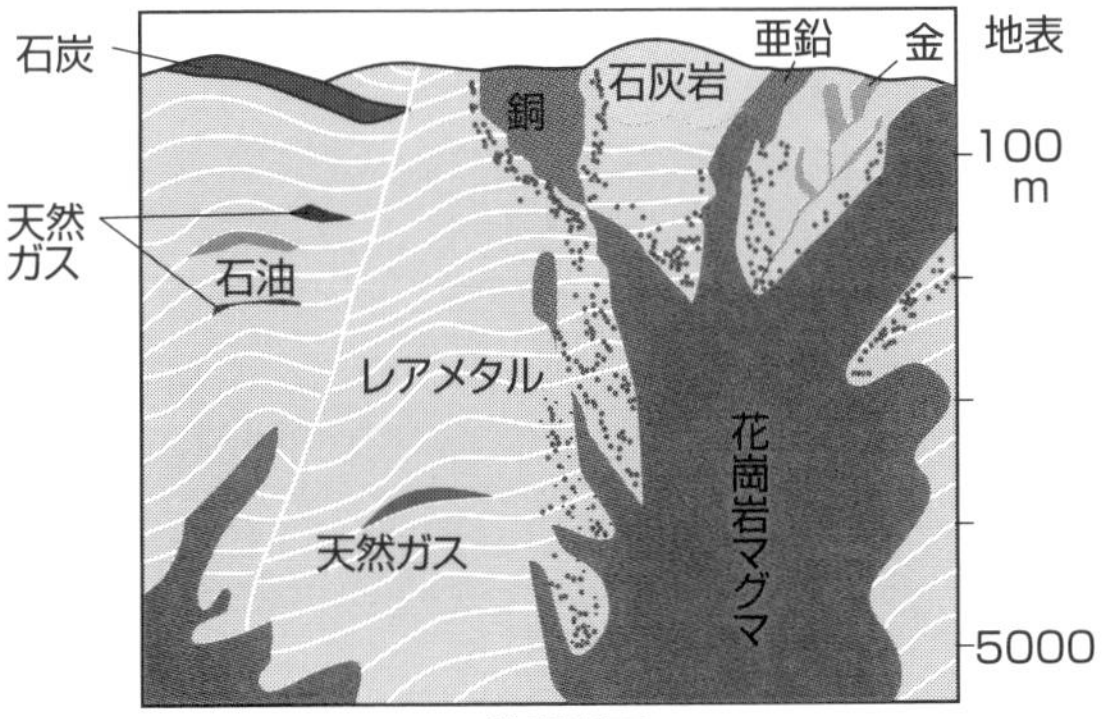

地質断面

●石油、天然ガス、石炭は化石資源
●ウランはエネルギー資源と鉱物資源

シェールガスの生産

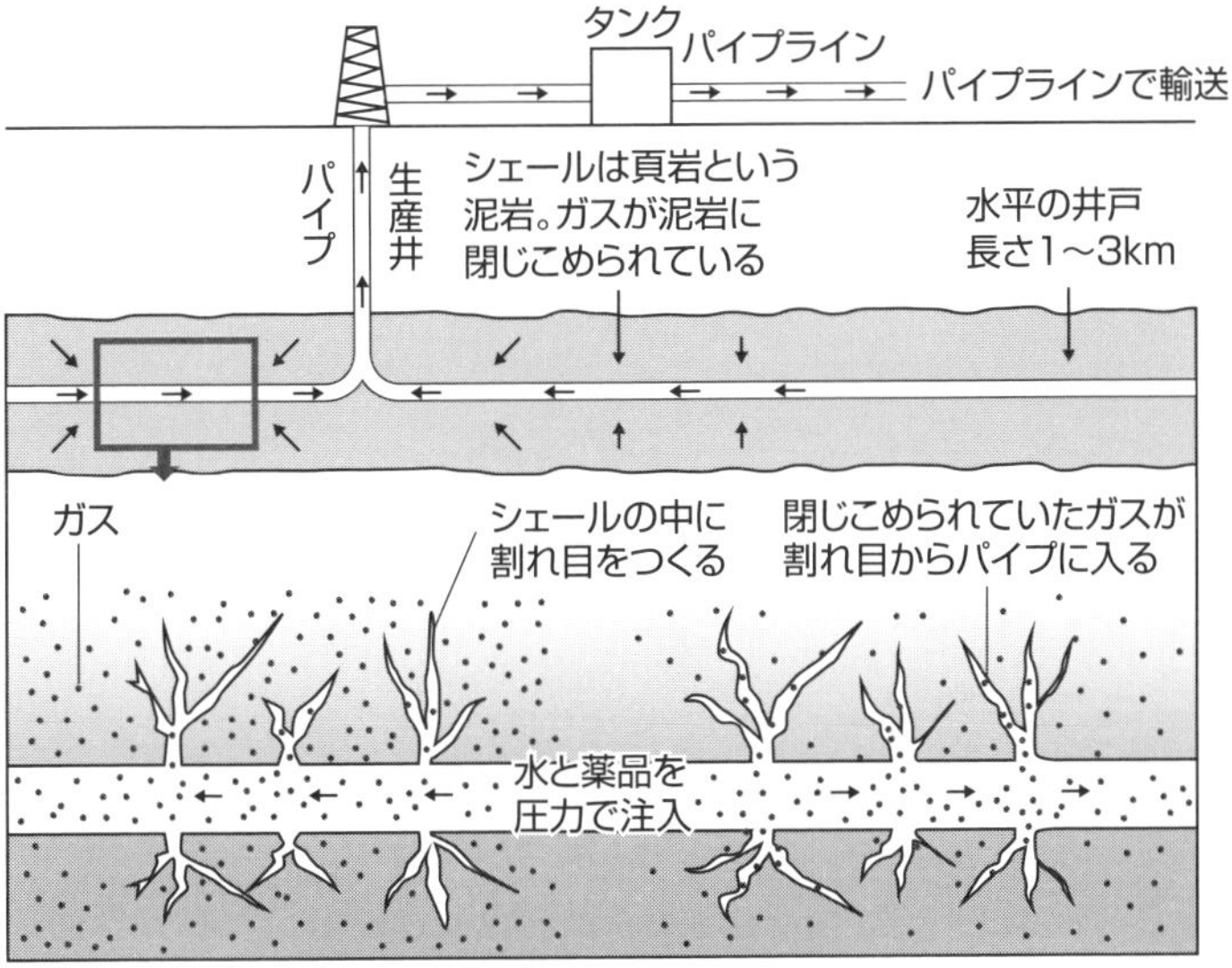

メタンハイドレートの特徴

項目	現状および特徴
鉱量	原始資源量レベルで算出、7.4兆m^3
産状	メタン化合物の結晶、氷のような固体、砂層中に含有。圧力で結晶
賦存場	日本では近海水深1000m。海底下数100mに存在。高圧下。
分布	日本近海、紀州、四国、九州、山陰沖
永久凍土	1気圧で北極圏の地上に存在。ただし凍土中。

●日本だけでなく、世界中のメタンハイドレートが存在する。
●日本は開発試験中だが、なかなか難しい。まだ世界中で開発されていない。
●温暖化でロシアではメタンハイドレートが溶け、メタンとなって大気となる。

Column

海嶺が顔を出すアイスランド

首都レイキャヴィークの北東45㎞、車で40分ほどのところにシングヴェトリル国立公園があります。この中に大洋の深海に延々と数千㎞続く海底山脈、海嶺があります。プレートが生まれているところです。「アルマンナギャオ」と呼ばれています。

地表に現れた大西洋中央海嶺の一部で、シングヴェトリルはユーラシアプレートと北米プレートがそれぞれ、毎年2㎝のスピードで反対方向に移動しています。谷間を挟んで絶壁をなし、直立した玄武岩の濃い茶色い岩肌をゴツゴツとむきだして地上に出現させています。世界でも唯一特別な場所です。この玄武岩はマグマとして谷間の割れ目から地上に湧出して固まった溶岩です。直下のマントルが上昇してきたもので、火山活動の場です。9000年前に海嶺から流れ出した溶岩です。大地が裂け、プレートが生まれつつある様を直接見ることができる、地球の営みを肌で感じる「生きている地球」を実感できるところです。この谷間はアルマンギャオの遊歩道です。

このアイスランドにつながる一連の海嶺は大西洋の海の下にあり、目にすることはできません。地球上を覆っているプレートは海嶺で生まれ、多くは大洋の縁にある海溝からマントルに沈み込んでいきます。アイスランドでは陸地に上陸している海嶺からプレートが拡大しています。海洋底拡大は、プレートテクトニクスの有力な証拠とされています。

なおシングヴェトリル国立公園は世界遺産です。蒸気が噴き出し60mの高さに達する間欠泉ゲイシール、幅70mの黄金の滝グトルフォスとともに、アイスランドを代表する観光ルートです。

アイスランドでは930年にここアルマンナギャオで世界初の民主議会(アルシンギ全国会議)が開かれました。ノルウェーから自由を求めて移住してきたヴァイキング達はすべての人が平等に生きるために法律を制定し、あらゆる問題が討議され、議会制民主主義を確立したのでした。10世紀にもう平等を唱えていた国でした。

アイスランドは、世界で唯一海嶺が身近で見られるという貴重で珍しい国です。民主主義を象徴するとともに「動いている地球」を象徴しています。

第 4 章

温暖化現象が地球を脅かす

32 炭酸ガスが増大している

大きな問題になりつつある気温上昇

大気に含まれる二酸化炭素（炭酸ガス）からなる温室効果ガスの増加によって気温上昇が引き起こされます。温室効果ガスは、オゾン、二酸化炭素、メタンなどからなり、地表が温室のように保温される現象・温室効果をもたらす気体です。地球温暖化の主な原因とされている温室効果ガスの大半を二酸化炭素が占めているため二酸化炭素などの濃度が増大すると、熱の吸収が増え、気温が上昇します。

温室効果ガスは赤外線を吸収し、地球全体が温室になったようになり、気温が上昇、これが地球温暖化です。

つまり、地球温暖化の原因は、二酸化炭素などの温室効果ガスで、2019年の世界の平均濃度は410・5ppmですが、工業化（1750年）以前の平均的な値とされる278ppmと比べて、48％増加しています。化石燃料の使用が増え、大気中の二酸化炭素の濃度が増加したからです。二酸化炭素は温暖化への影響度が大きく、温室効果ガスの76％を占めています。次いでメタンで16％です。

季節変動を繰り返しながら二酸化炭素濃度は増加し続けています。温暖化は、大気の対流、偏西風、貿易風に影響を与え、海洋も酸性化させます。石炭や石油が大量に消費され、鉄鋼、セメントの生産など産業活動によって、二酸化炭素が大量に大気中に放出されます。超過すれば、人類存続にかかわる危機的状況になるだろう、と予測されています。

二酸化炭素の排出量を削減していくために、自然エネルギーの活用など、さまざまな手段を講じていくことが求められています。森林は二酸化炭素を吸収固定し、地球温暖化防止に大きく貢献するとされていますが、森林は減少しています。パリ協定では、温室効果ガスの削減のため世界の平均気温上昇を抑える世界の共通目標を定めています。

要点BOX

●温室効果ガスは、オゾン、二酸化炭素、メタンなどからなり、鉄鋼、セメントの生産など産業活動によって、大量に大気中に放出されている

気温の推移ー上昇中

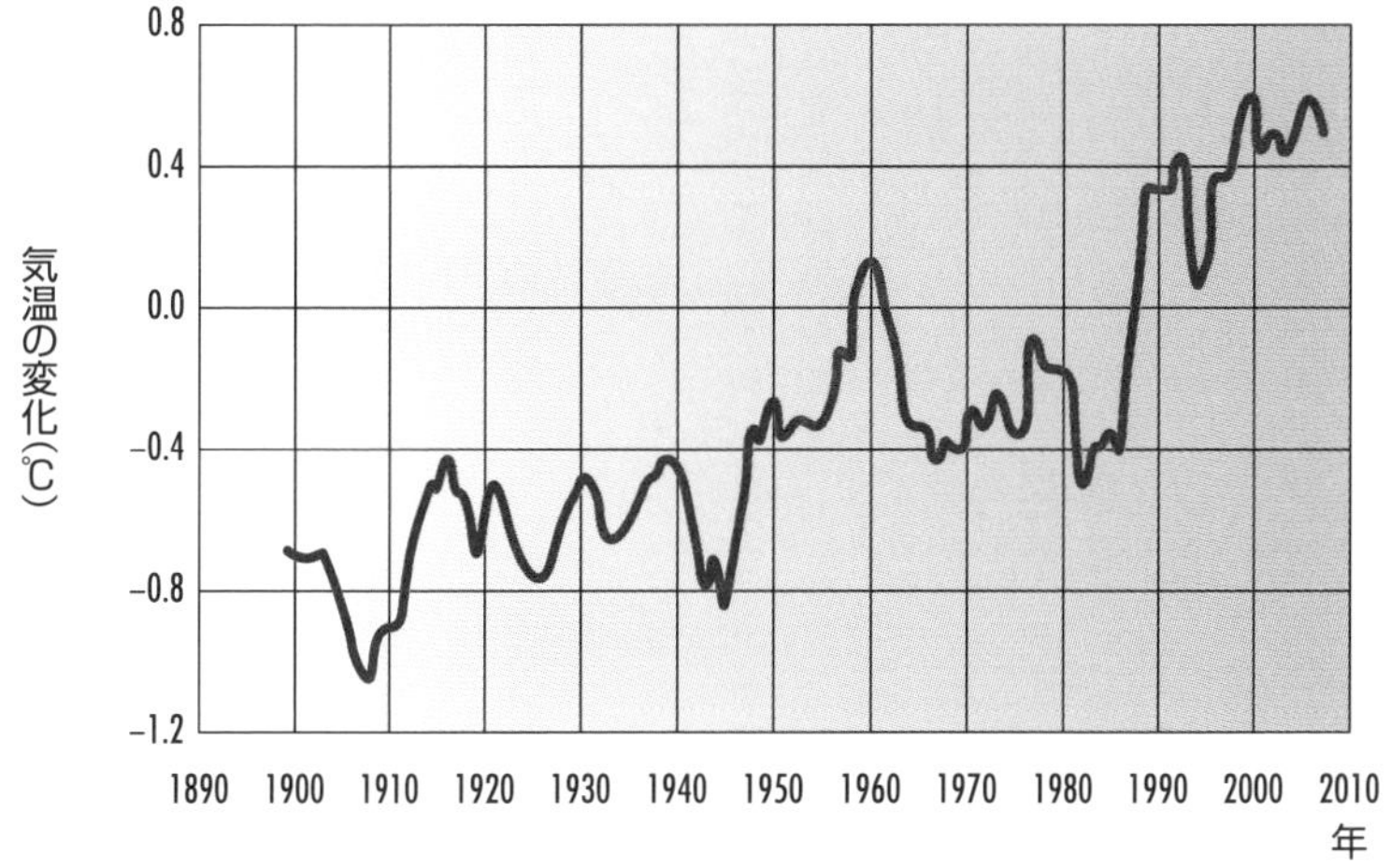

温室効果ガスの推移

CO_2濃度上昇中

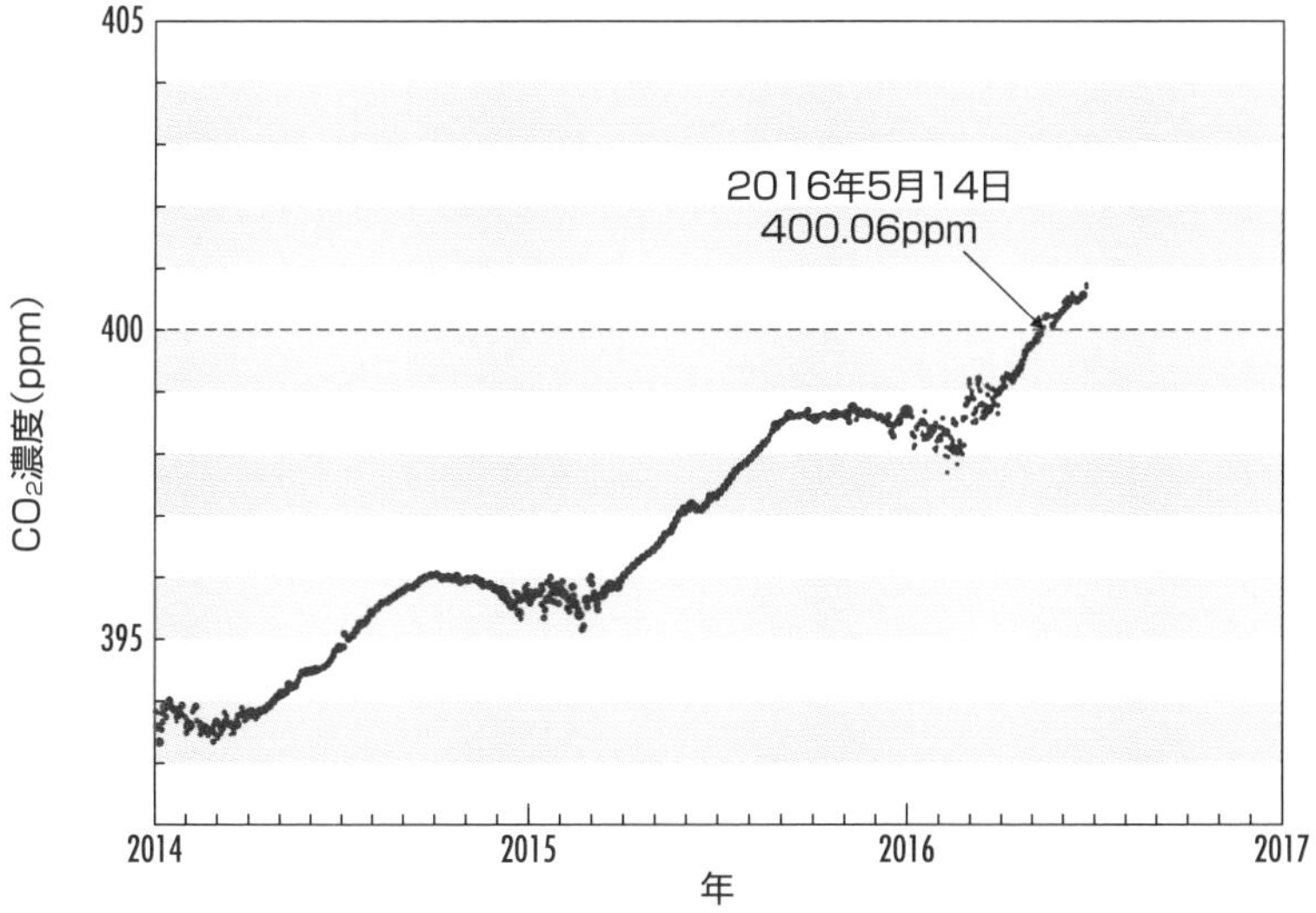

用語解説

パリ協定：015年に国連気候変動枠組条約締約、国会議で合意された協定。

33 炭素の循環

炭素は姿を変え地下、地上、空中を循環する

　地球温暖化の原因は、二酸化炭素などの温室効果ガスの大量の排出です。二酸化炭素の排出は、人類を含めた生物活動や自然現象によっておこります。そしてそれが人類生存の許容量を超える状況になりつつあります。

　二酸化炭素は空中に残留し、陸上では植物の体内に炭水化物として炭素が固定されています。また海中に溶け込んだ二酸化炭素は、生物の骨格などを経て、石灰岩となり、固定されます。大気中に放出された二酸化炭素は、地球の上空、地上、地中、海中と化学化合物、有機物などに姿を変化させ、再びCO_2になって放出される、という炭素循環システムの中で動いています。炭素は気圏、水圏、岩石圏および生物圏を移動しながら循環しています。移動に伴う変化は気の遠くなるような時間の中で行われています。二酸化炭素が植物になり、その植物が炭素からなる石炭になります。海中の微生物も炭素がその構成元素であり、海底に埋没し、石油に変わっていきます。そしてこの石炭や石油など化石燃料を燃やせば大量の二酸化炭素が大気中に放出されます。このほか火山活動により地中から大気へ二酸化炭素が放出されます。また海中のCO_2が海底堆積物とともに海底を移動し、海溝に沈み込みながらプレートとともにマントルまで到達し、マントル内で高温、高圧を受け、ダイヤモンドになり、やがてキンバレー岩などに含まれて地上に噴出してきます。

　炭素の循環において各圏は炭素の貯蔵の場でもあります。毎年炭素換算89億tの二酸化炭素が排出され、このうち化石燃料からが78億tを占めています。陸上で26億t、海洋で23億tが吸収されていますが、差引毎年炭素換算で40億tの二酸化炭素が過剰となり空中に残留します。現在の大気中の累積残留量は２４００億tで、毎年40億tが加わっていくことになります。

要点BOX

●大気中に放出された二酸化炭素は、地球の上空、地上、地中、海中と化学化合物、有機物などに姿を変化させ、再びCO_2になって放出される

人類が排出したCO_2量（炭素に換算）

炭素 1トン=CO_2 3.67トン

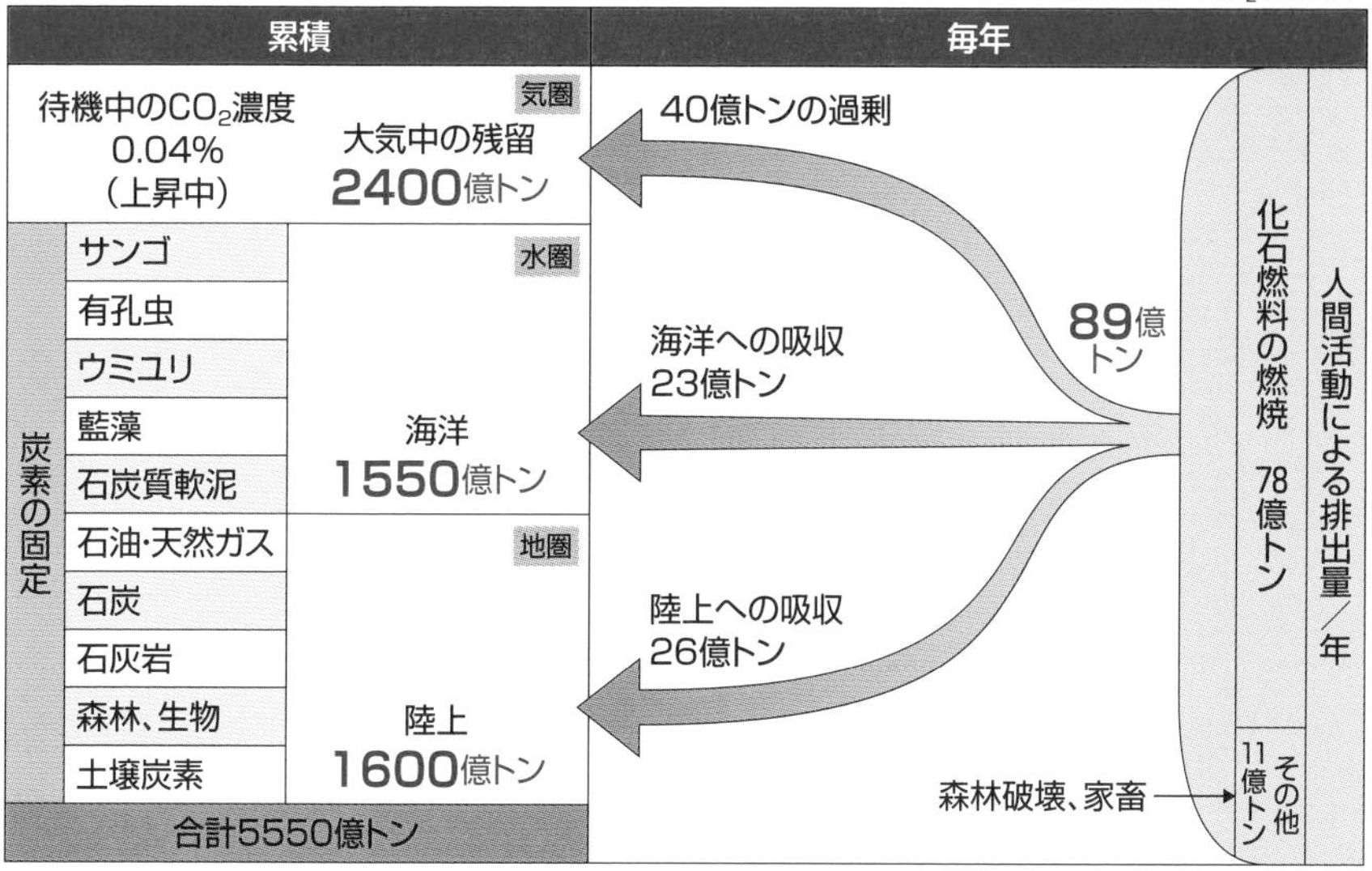

数値:IPCC第5次評価報告書

毎年40億トンが大気中に加わっていく

炭素循環

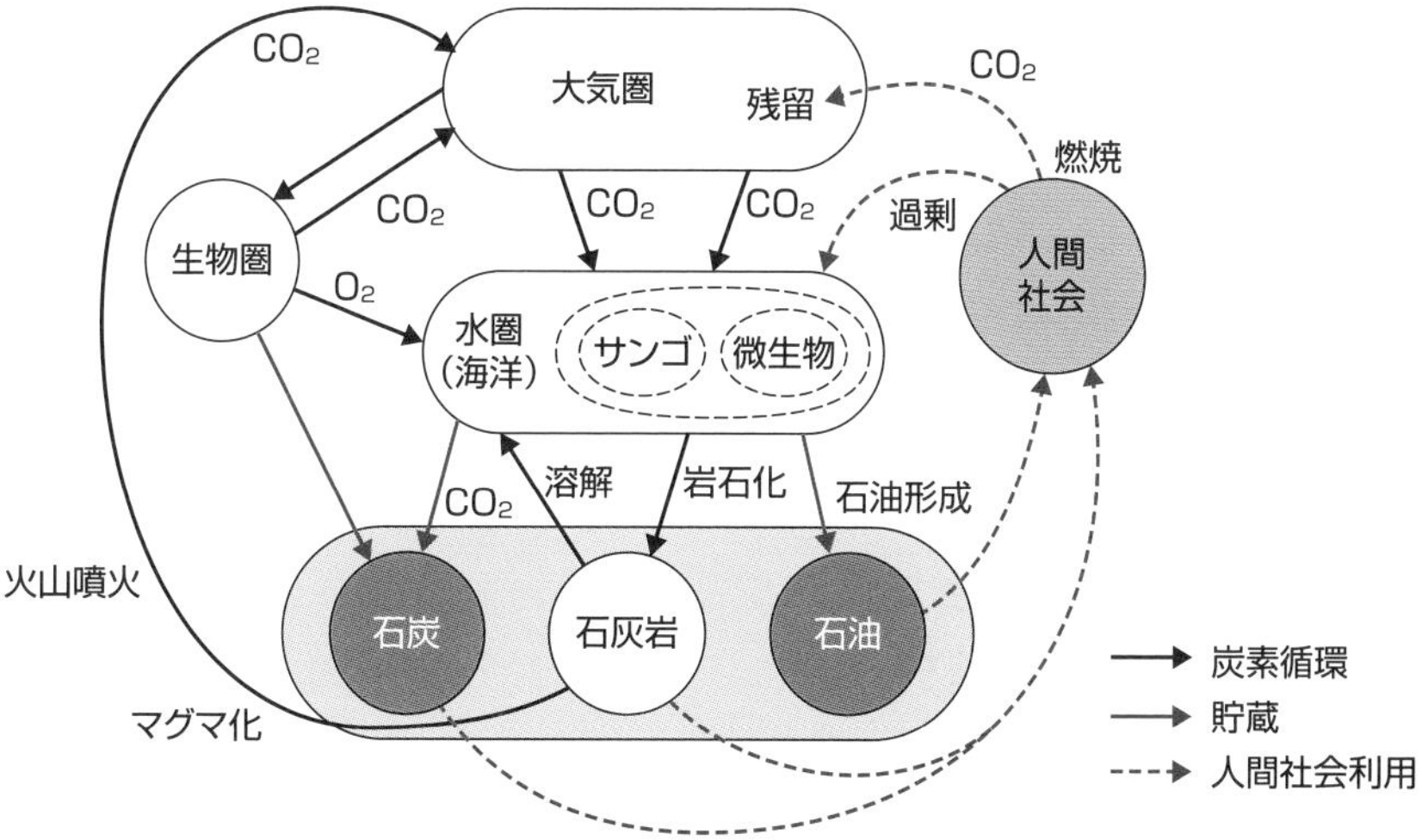

用語解説

化石燃料：石油、石炭、天然ガスなどのこと。微生物の死骸や枯れた植物などが長い時間をかけて化石に、その後石油、石炭、天然ガスを形成。

34 温暖化はどんな現象か

海面上昇、降水量の増大、熱波などの頻発、砂漠化

温暖化による異常気象の影響は、猛暑による農産物の生育不良や豪雨による農地の浸水や作物の水没など社会生活に打撃を与えています。洪水、ハリケーン、竜巻、強風、落雷、豪雪、豪雨、旱魃、酷暑、熱波など異常気象は、様々な現象を起こし、最近では異常ではなく「ふつう」となってきました。

異常気象は、「30年に1回以下の稀な現象」と気象庁によって定義されていますが、比較的頻繁に起こるようになってきたため「異常気象」は「極端気象」ともいわれています。局地的に大きな被害をもたらす気象現象は、極端気象の特徴です。

世界のほとんどの陸域で大雨の頻度が増加しており、局地的に非常に強い雨となる「ゲリラ豪雨」などが増えており、毎年のように極端気象が起き、豪雨、猛暑、豪雪が長引く傾向があります。このように温暖化の影響は気象を極端にしています。また地球温暖化は海面水位の上昇を引き起こしています。水温の上昇に伴う海水の膨張や、山岳氷河・南極・グリーンランドの氷床の融解に伴う海水の増加などが原因です。さらに猛暑により土地が劣化すると砂漠化が起こります。オーストラリア南東部では高温と少雨が続いて、森林火災が発生しています。

異常気象（極端気象）は人々の生活や経済活動に大きな影響を与えます。豪雨の多発化や巨大台風の発生など甚大な農業および都市の災害につながっています。温暖化が深刻になってきました。

温暖化は年々進行しています。大気の二酸化炭素濃度が４００ｐｐｍから４５０ｐｐｍへと進んでいます。温室ガスの増加など人為的影響は人類社会持続の脅威となってきました。人類自身が生み出してしまった脅威です。

世界各地で多大な被害を伴う異常気象による災害が多発しています。最近日本では、とくに豪雨は多大な災害をもたらしています。

要点BOX
●洪水、ハリケーン、竜巻、強風、落雷、豪雪、豪雨、旱魃、酷暑、熱波などが温暖化による異常気象で、甚大な災害につながっていく

進む温暖化

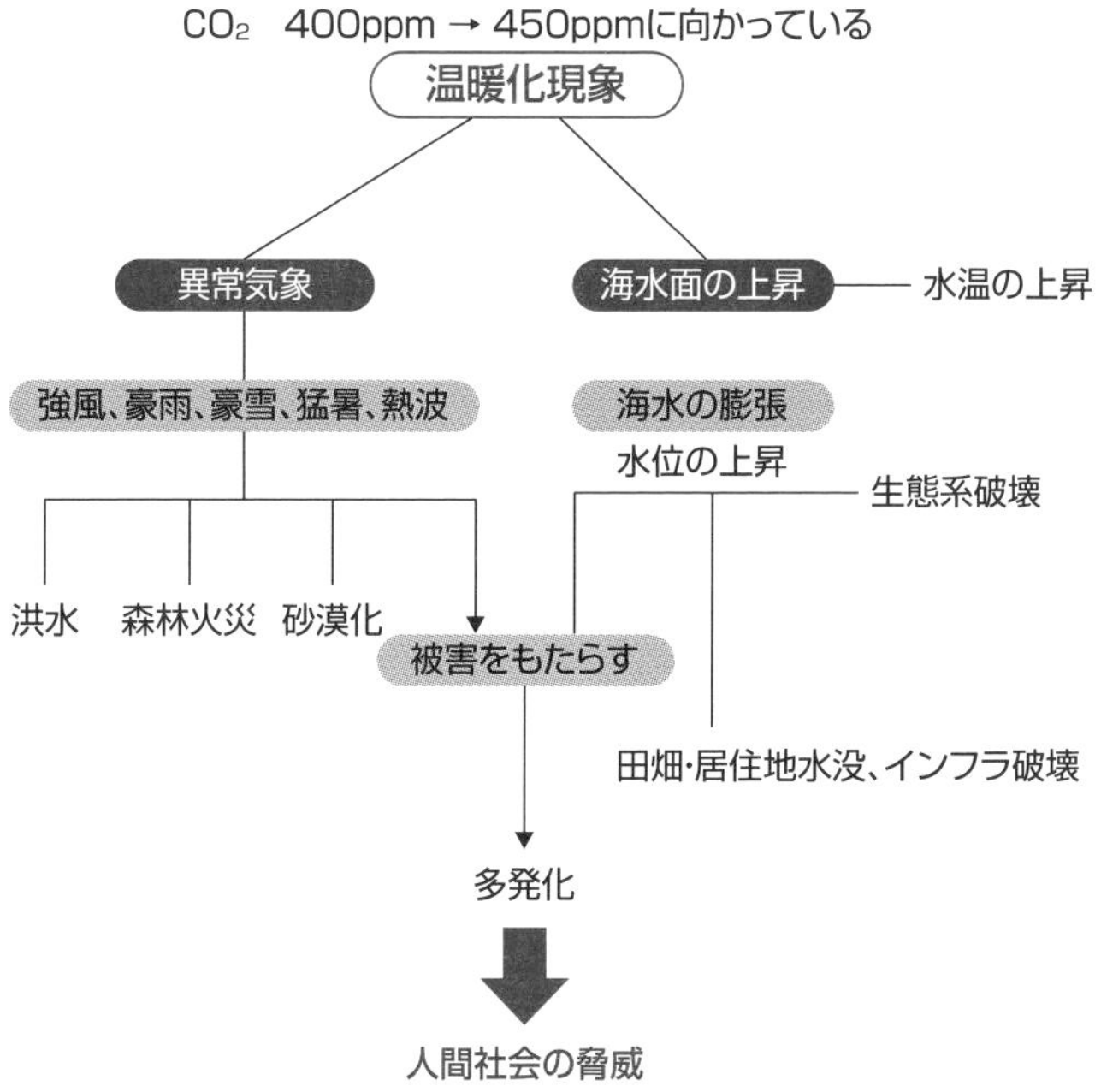

温暖化がすすんで行けば…

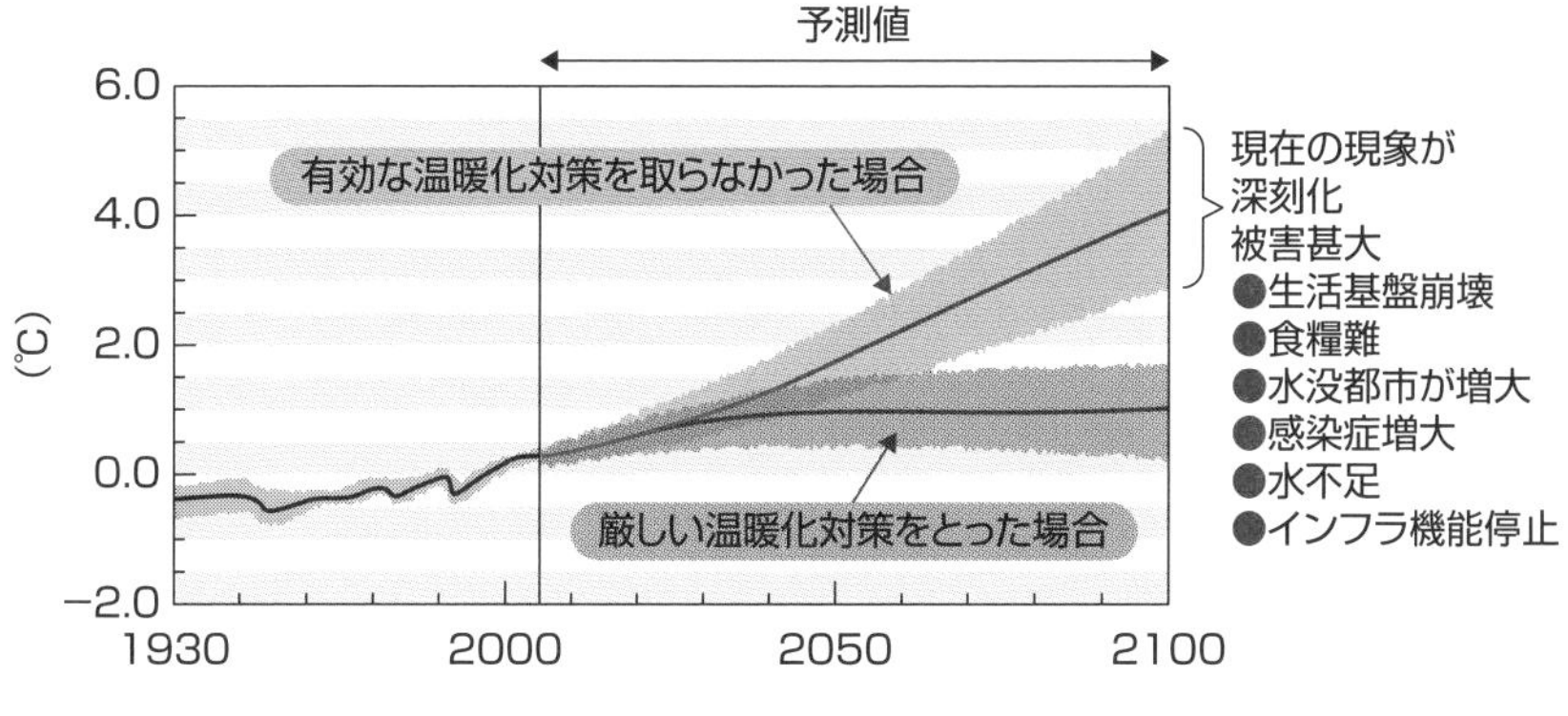

用語解説

氷床の融解：氷河の融解のこと。地球温暖化によって引き起こされる。

35 温暖化はどんなふうに広がるのか

地球規模、世界中どこも

世界の平均気温が過去１００年で７・４℃上昇、温暖化が加速しています。地球温暖化にともなう様々な地球規模の変化が世界各地で観測され、温暖化による被害が多発しています。様々な影響が現れ、その影響は水資源や農業、森林、海洋、都市部など広く及んでいます。大雨や洪水、海面上昇など様々な影響が広く、自然環境と社会を脅かしています。

世界平均の海面水位は上昇しています。世界平均の海面水位は１９０１〜２０１０年の間に19㎝上昇しましたが、原因は海水の熱膨張や南極やグリーンランドの氷河が融けて海に流れ込んだことでした。今世紀末には海面が最大82㎝上昇すると見積もられています。また北半球の積雪面積や北極海の海氷面積が減少しています。このまま地球温暖化が進むと、今世紀末には地球の平均気温が最大で約４・８℃上昇すると予測されます（ＩＰＣＣ第５次評価報告書）。温暖化での降雨は内陸部では乾燥化が進み、熱帯地域では台風、ハリケーン、サイクロンといった熱帯性の低気圧によって各地で洪水や高潮などの被害に見舞われています。海岸地域の海面上昇、沿岸侵食の拡大、土地や財産の損失、人々の移住、高潮リスクの増大、沿岸の自然生態系の減衰、淡水資源への塩水（海水）の浸入など災害に結びつく影響は増しています。温暖化による気候変動は当たり前になってきました。

気候変動の加速による海面上昇に備え、ノルウェーと英国スコットランド間および英国・フランス間のイギリス海峡の南端に地球規模ともいえる堤防をつくるオランダ政府科学学者の計画があります。都市と国土を守るメガ・インフラ計画です。技術的に可能ですが、北海全体が「湖」になり、生態系が大きく変わり、海洋が淡水に、潮流が入って来なくなり、海流の流れを変えてしまう、など問題は多々あり、実現性はまだわかりません。

要点BOX

●地球規模の変化が世界各地で観測され世界の各地で、温暖化による被害が多発

世界各地の異常気象と災害

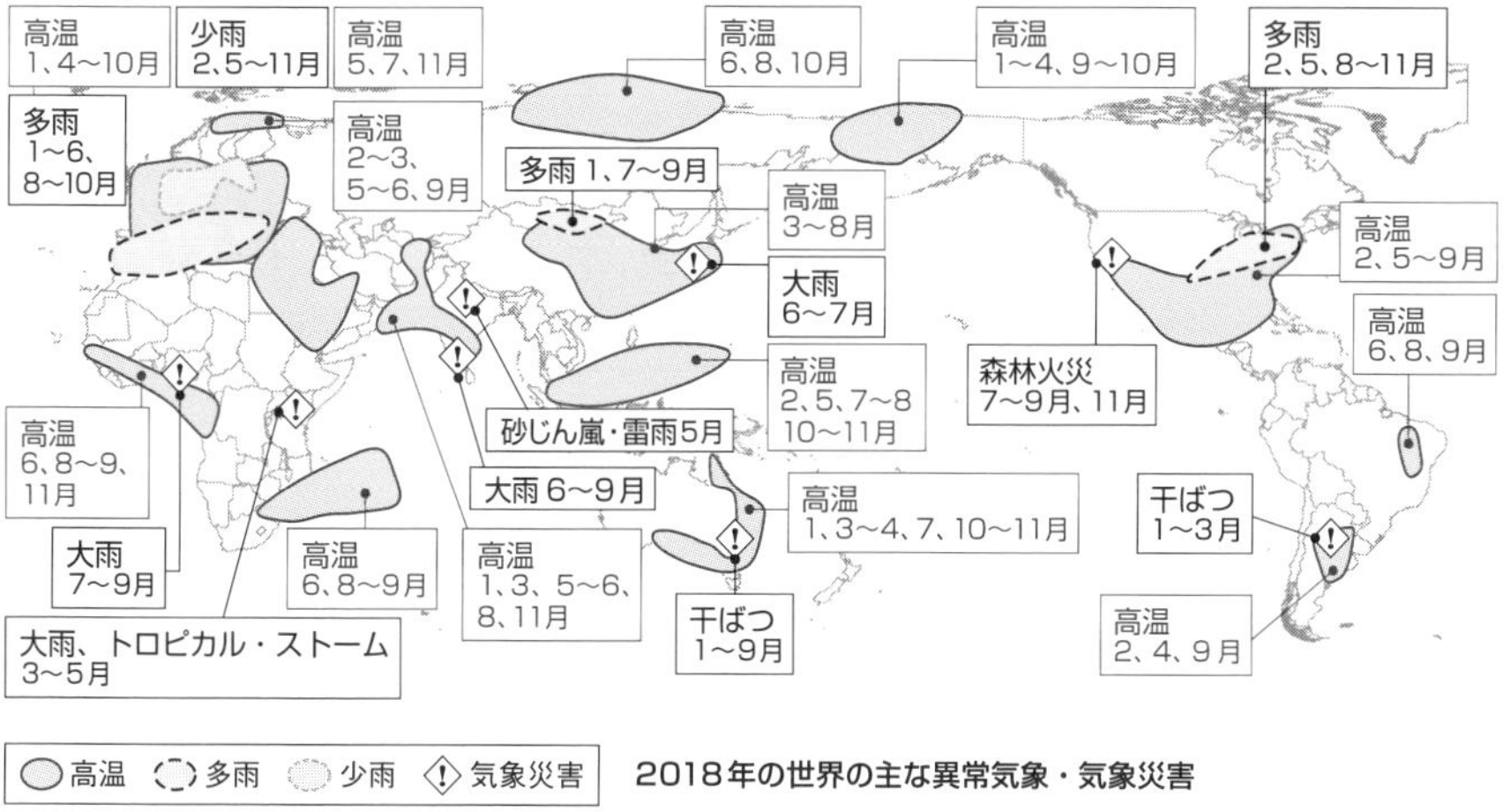

2018年の世界の主な異常気象・気象災害

●温暖化が加速
●世界の平均気温　過去100年で7.4℃上昇

世界各地で被害多発

温暖化にともなう異常気象

内陸部では乾燥化

熱帯地方 — 台風、ハリケーン

沿岸地域 — 海面上昇、沿岸侵食

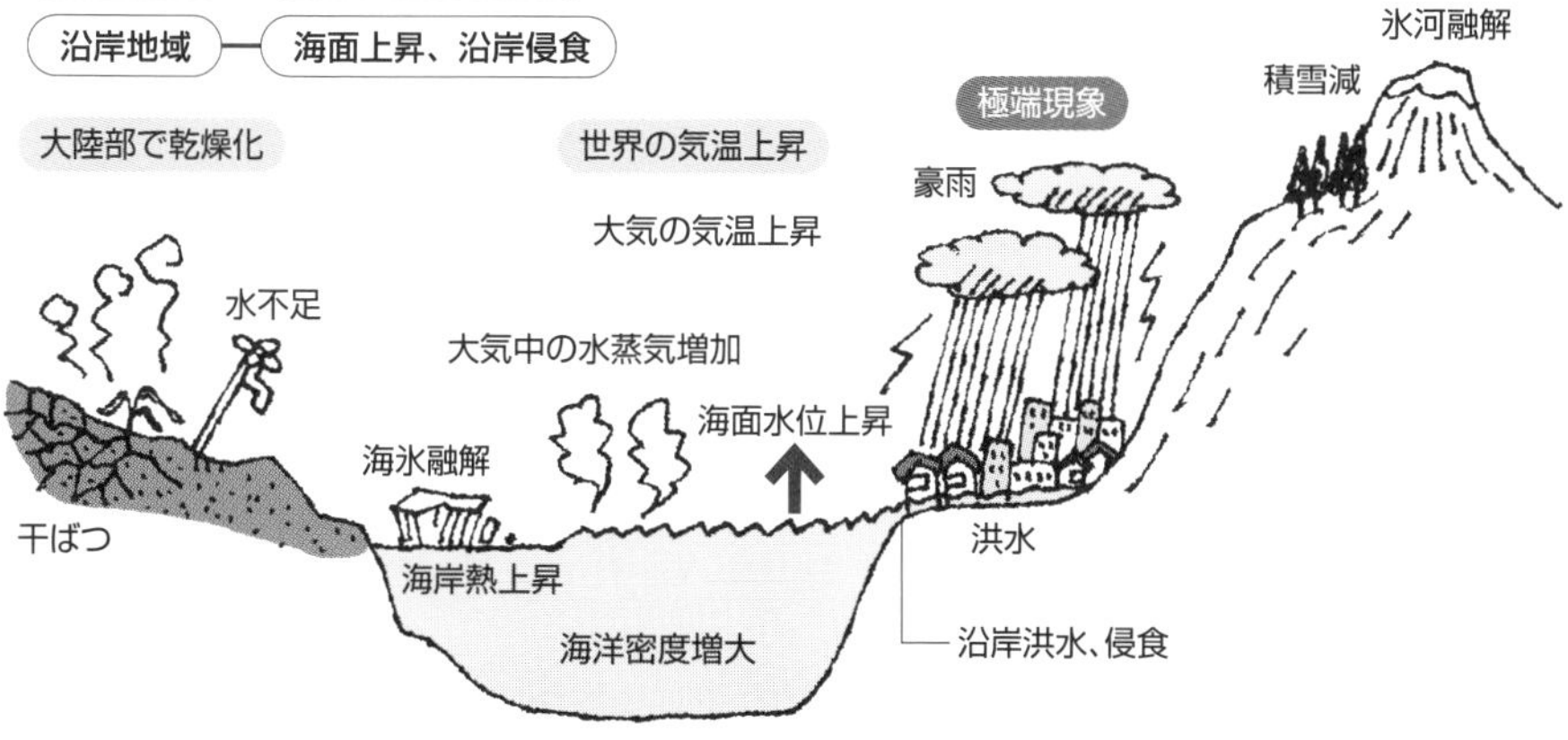

用語解説

サイクロン：インド洋北部・インド洋南部・太平洋南部で発生する熱帯低気圧。

36 気候の変化が極端になってきた

極端な高温／低温や強い雨など

極端現象とは、極端な高温／低温や強い雨など、特定の指標を越える現象のことです。最高気温が35℃以上の猛暑日や1時間降水量が50㎜以上の強い雨などが極端現象です。

熱波から寒波、あるいは干ばつから洪水をもたらす豪雨など極端現象はしばしば破壊的な状況に結びつきます。極端な気候現象について、一貫した定義はありません。極端な気候現象は場所によって異なります。熱帯域で暑い日の気温は、中緯度域の暑い日の気温と異なります。

温暖化によって気温・降水量・海面水位の増加など極端現象は起きやすくなります。

300年に1回程度起きるような豪雨が温暖化により100年に1回の頻度で起きます。暑い日が増え、干ばつや大雨などの極端な気象現象も多くなっています、最近の50年間では、過去100年の2倍の速さで温暖化が進んでいることがわかりました。猛暑をおこす高温や熱波の頻度の増加、山岳の氷河の縮小や後退、永久凍土の融解、植物・動物種の生育数の減少、植物・動物生存域の極方向や高地への移動、植物の開花・紅葉、水位等が変化など様々な温暖化による影響が見られます。日本でもサクランボが北海道で収穫されるようになってきました。魚も海水温の変化で取れる場所が変化してきました。このような温暖化に伴う現象は20世紀後半から顕在化してきています。

地球温暖化に伴って極端な高温現象と降水現象の発生頻度が全球的に上昇し、気候変動によって夏の極端な気候現象の持続性が高まっています。

極端な高温が増加、異常多雨、異常少雨ともに増加傾向にあり、災害にむすびつくような大雨の日数が増加、積雪、都市の気温が上昇してきました。気候の変化が極端になってきています。人類が作り出している異常気象ですが、年々進行しています。

要点BOX
- ●極端現象はしばしば破壊的な状況に結びつく
- ●温暖化よって極端な気候現象の持続性が高まっている

極端現象

極端な気温

降水・極端な降水

乾燥傾向

破壊的な台風、
発生した低気圧

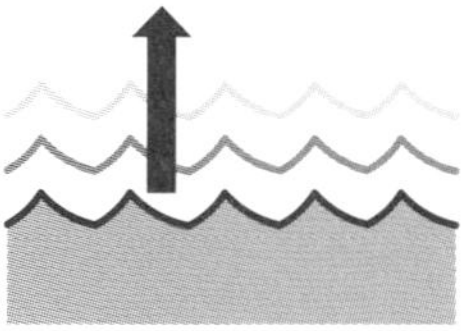

海面上昇

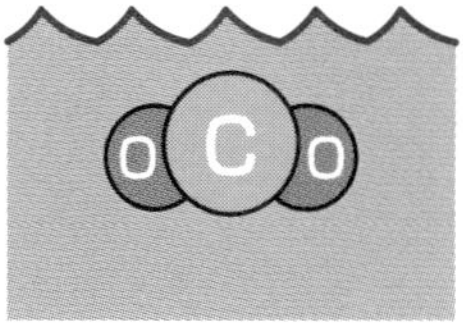

海の酸性化

出展:IPCC AR5 WG2 政策決定者向け要約 Table1より抜粋

極端気象の特徴

現象と傾向	21世紀後半に起こる可能性	人間活動の寄与の可能性	将来の変化の可能性(21世紀末)
寒い日と寒い夜の頻度の減少	可能性が非常に高い	可能性が非常に高い	ほぼ確実
暑い日と暑い夜の頻度の増加	可能性が非常に高い	可能性が非常に高い	ほぼ確実
熱波の頻度の増加	いくつかの地域で可能性が高い	可能性が高い	可能性が非常に高い
大雨の頻度の増加	増加地域が減少地域より多い可能性が高い	確信度が中程度	中緯度と熱帯湿潤地域で可能性が非常に高い
干ばつの強度や持続期間が増加	いくつかの地域で可能性が高い	確信度が低い	地域から世界規模で可能性が高い
強い熱帯低気圧の数が増加	確信度が低い	確信度が低い	北西太平洋と北大西洋でどちらかといえば増加
極端に高い潮位の発生や高さの増加	可能性が高い	可能性が高い	可能性が非常に高い

資料:IPCC第5次評価報告書第1作業部会報告書より環境省作成

37 北極の氷が減少中

海氷の融解、気温上昇、生態系の破壊

地球温暖化の影響で海氷の融解が急激に進んでおり、海氷域面積を20年前の同時期と比べると日本の国土の約8倍の面積に相当する最大で約３００万㎢減少しています。

北極圏にある海氷域は１９７９年頃から徐々に融解し始めたといわれています。年間８・９万㎢という北海道の大きさに匹敵する氷海が失われてしまっています。

気候変動はその象徴でもある北極圏で顕著に現れ、グリーンランドは、厚さ３㎞の氷床が解けだし、崩れ落ち、そのペースは速まっています。

海の酸性化が進むと、炭酸カルシウムでできた殻や骨格を持つ生き物の個体数が減り、それを食べる魚などの生態系上位の生物も減少して、生態系の破壊がすすんでいきます。

そのためセイウチ、アザラシ、イッカククジラ、ホッキョクグマの数が急減しています。ホッキョクグマは、氷がない期間が長くなると、十分な獲物が獲れません。衰弱し繁殖できなくなります。狩猟は冬季に行われますが、氷が薄くなったことで、これまでのように犬《いぬ》橇《そり》で氷の上を安全に移動することができません。氷が溶けている期間が長くなり狩猟のシーズンが短くなるという影響も出ています。主要漁業が成り立たなくなる可能性もあります。

一方、氷が解け、北極圏での天然資源への関心が高まっていて、すでに資源開発は始まっています。

北極圏の永久凍土が解け、メタンハイドレートが気化してメタンガスが大量に排出されます。メタンガスが増加していけば温室効果が加速し、気温がさらに上昇し、一層メタンハイドレートのメタンガス化で、洪水、海面上昇をもたらします。

北極の温暖化が地球全体に与える影響は海面の上昇です。メタンハイドレートも溶けメタンガスの湧出も、世界に影響を及ぼし温暖化を加速させます。

要点BOX

- ●地球温暖化の影響で海面が上昇し、海氷の融解が急激に進んでいる
- ●海の酸性化が進み生態系の破壊が進む

北極の氷が減少中

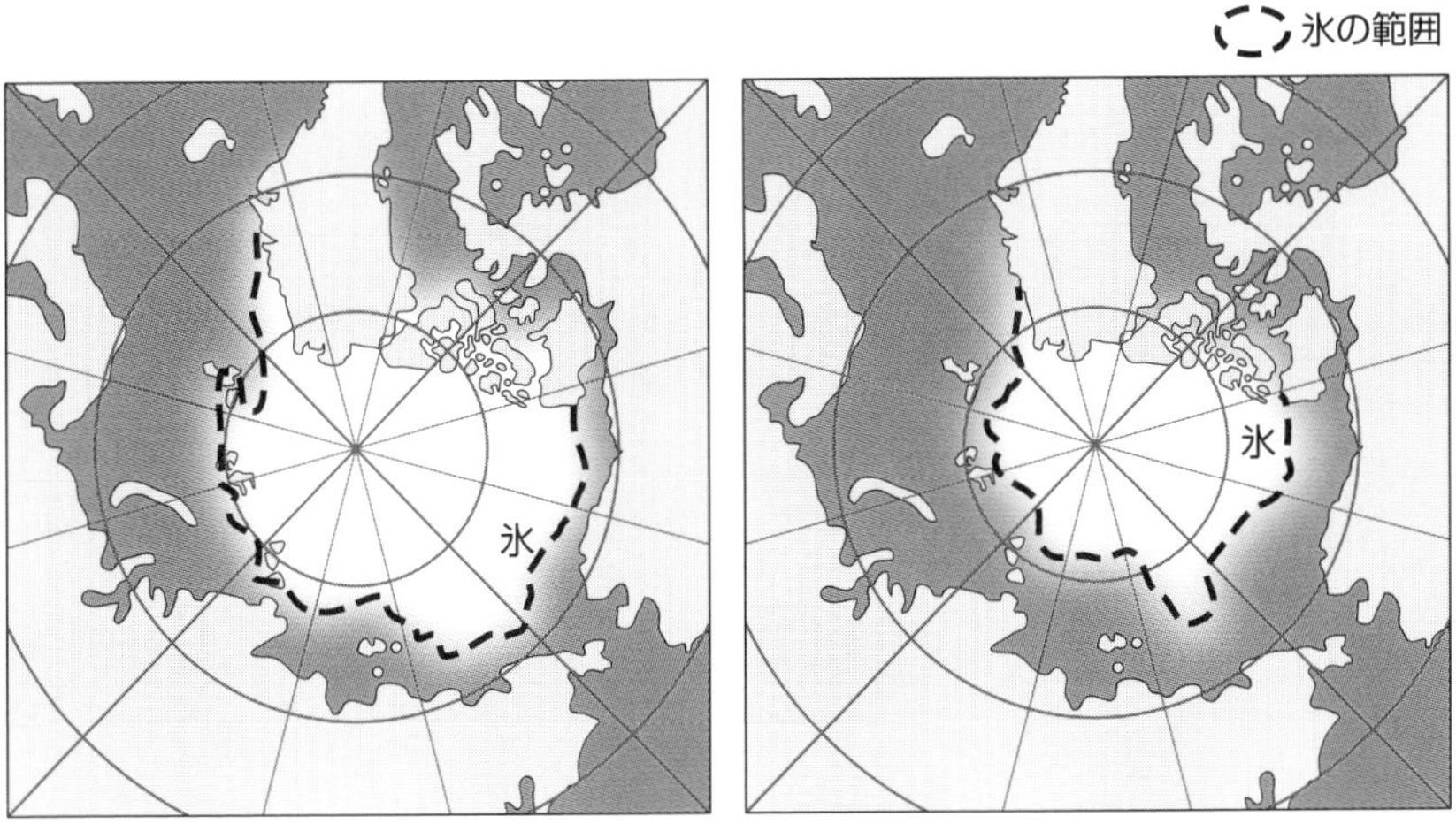

1980年代　　2010年以降

北極の氷が溶けている

用語解説

メタンハイドレート：低温かつ高圧の条件下でメタン分子が水分子に囲まれた、網状の結晶構造をもつ包接水和物の固体。比重は0.9 g/cm^3。

38 南極の温暖化の影響

氷床の融解、南極半島での著しい気温の上昇

北極は大部分海洋ですが、南極は大陸です。南極大陸の97%が氷床で地球の淡水の70%を占めています。2018年には気温がマイナス97・8℃を観測しました。最低気温です。2020年3月には南極で気温20・75℃という最高気温が観測されました。南極では氷床が融解しています。一方、海に浮かぶ氷での〝海氷〟は増加しています。海水面の温度が上昇しないため本来融けるはずの海氷がそのままの状態で残ってしまいます。これは南極大陸の周りを西から東に向かって1周する南極海流が暖流を遮断してしまうためだといわれていますが、温暖化によるとも考えられています。南極大陸で最も氷の融解が見られるのは大陸の西南極に位置する「南極半島」と呼ばれる箇所ですが、南極の氷床が融解して海面が上昇しています。南極の空気も海も温暖化が進んでおり、南極半島では最も急速な温暖化です。南極海の一部地域では水温が3℃も上昇しています。南極半島の気温はこの50年の間に約2・5℃も上昇しており、そのことが棚氷が融解してしまった最大の理由で南極半島域の基地では、年平均でも季節ごとにみても温暖化が明瞭です。なお上空には温暖化の影響でオゾンホールが広がっています。

ペンギンは、この30年〜40年の間に急激にその数を減らし、いくつかの種類は絶滅の危機に瀕しています。主食であるプランクトンの〝オキアミ〟が減少しているのです。食物連鎖の崩壊により他の生物も絶滅してしまう可能性があります。コケや地衣類による緑化が進行しています。山岳氷河や万年雪が融解しています。これらも温暖化が原因です。

温暖化により、南極での氷床の融解が進んでいけば、世界全体の海水面の上昇は避けられず、社会生活の脅威になりかねません。世界で気温上昇が著しい地域はシベリア、アラスカ〜カナダ北西部、南極半島ですが温室効果ガスの増加とみられています。

要点BOX

- 南極半島では最も急な温暖化。南極海の一部地域では水温が3℃も上昇
- 食物連鎖が崩れ生態系の破壊がすすんでいる

南極の温暖化

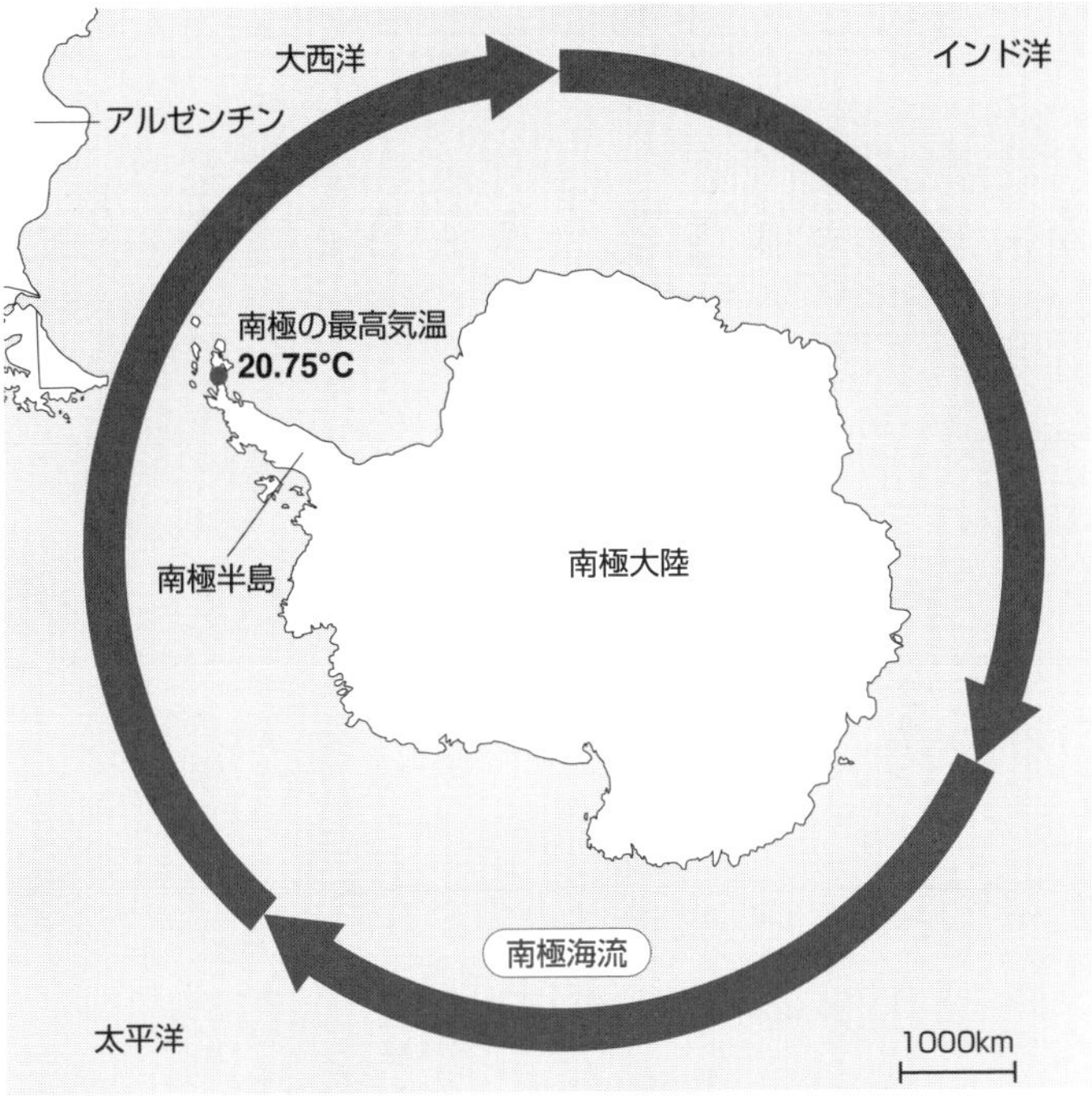

南極海流が南極大陸を取りまくように流れており、暖流を遮断している

オゾンホールの面積が増大している

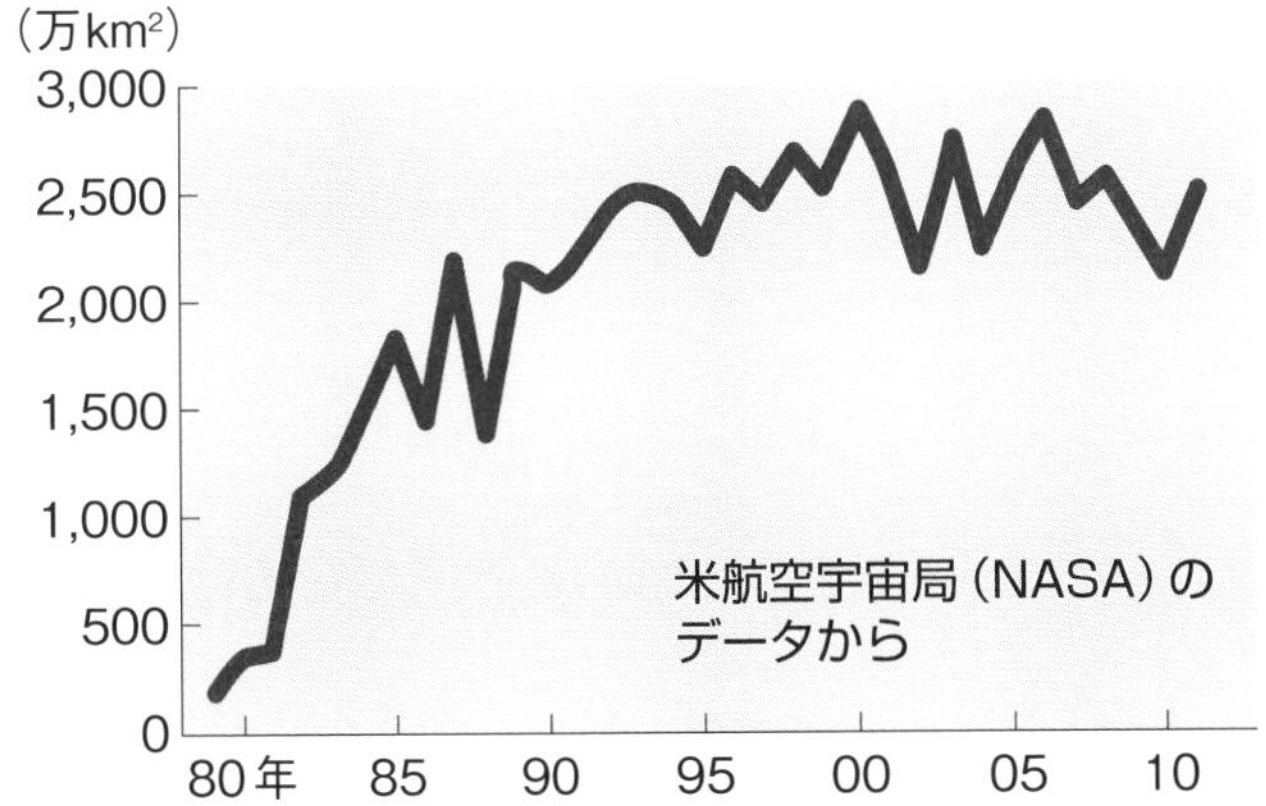

用語解説

食物連鎖：生物には「食べる」「食べられる」の関係があり、この関係は鎖のようにつながっている。

39 生態系の変化

魚の活動域が変化、果物の産地が北上

　地球上には様々な生物が生息しています。気候が変化すれば生息できなくなる生物もいます。地球の気温が1～3℃上昇すれば、生物種20～30％が絶滅の危機に瀕すると予測されています。地球の温度が2℃上昇した場合5・2％の生物種が絶滅の危機に瀕する可能性があると試算されています。

　地球上の生物はこの数十年間で多くの種が絶滅し、今後も現状のままでは、地球温暖化の影響を受け、絶滅危惧種が増え続け、さらに生物多様性を喪失していくでしょう。

　日本でも温暖化の影響を受け、果実が北上しています。リンゴ、カキ、ブドウ、オウトウ、ウンシュウミカンなどでサクランボは北海道でも実ります。ウンシュウミカンの主要生産地は栽培適温となる地域が2010年代には山陰地方や本州の日本海側にも拡大しました。しかし着色不良、果実肥大、休眠不足などのほか害虫も北上しています。落葉広葉樹のブナ林は、日本に広く分布する冷温帯の代表的な樹木です。地球の気温が上昇するとブナ林は減少します。またブリやサワラ等の分布域が北上しています。ブリは、近年、北海道における漁獲量が増加しています。なお植物は、温暖化に適用することができないものがほとんどです。

　気温上昇による植生の衰退や分布の変化などの天候の変化で、オランウータンの食物も減少し、成長や繁殖に影響を及ぼします。乾燥化による水資源の不足は、ゾウにとって深刻な危機です。トナカイも温暖化で十分な食物にありつけず、繁殖もできなくなる恐れがあります。480万頭いましたが、2015年には289万頭と大幅に減少しています。シロザケの分布はオホーツク海の水温8℃前後の水域を生活域とし、水温が5℃になると分布域を移動させます。

　このように世界中で温暖化の影響を受けており生態系が変化し、さらに破壊されてきています。

要点BOX

- 日本も温暖化の影響。果実が北上、魚も分布域が北上
- 世界中で温暖化の影響で生態系が変化、破壊

温暖化の影響

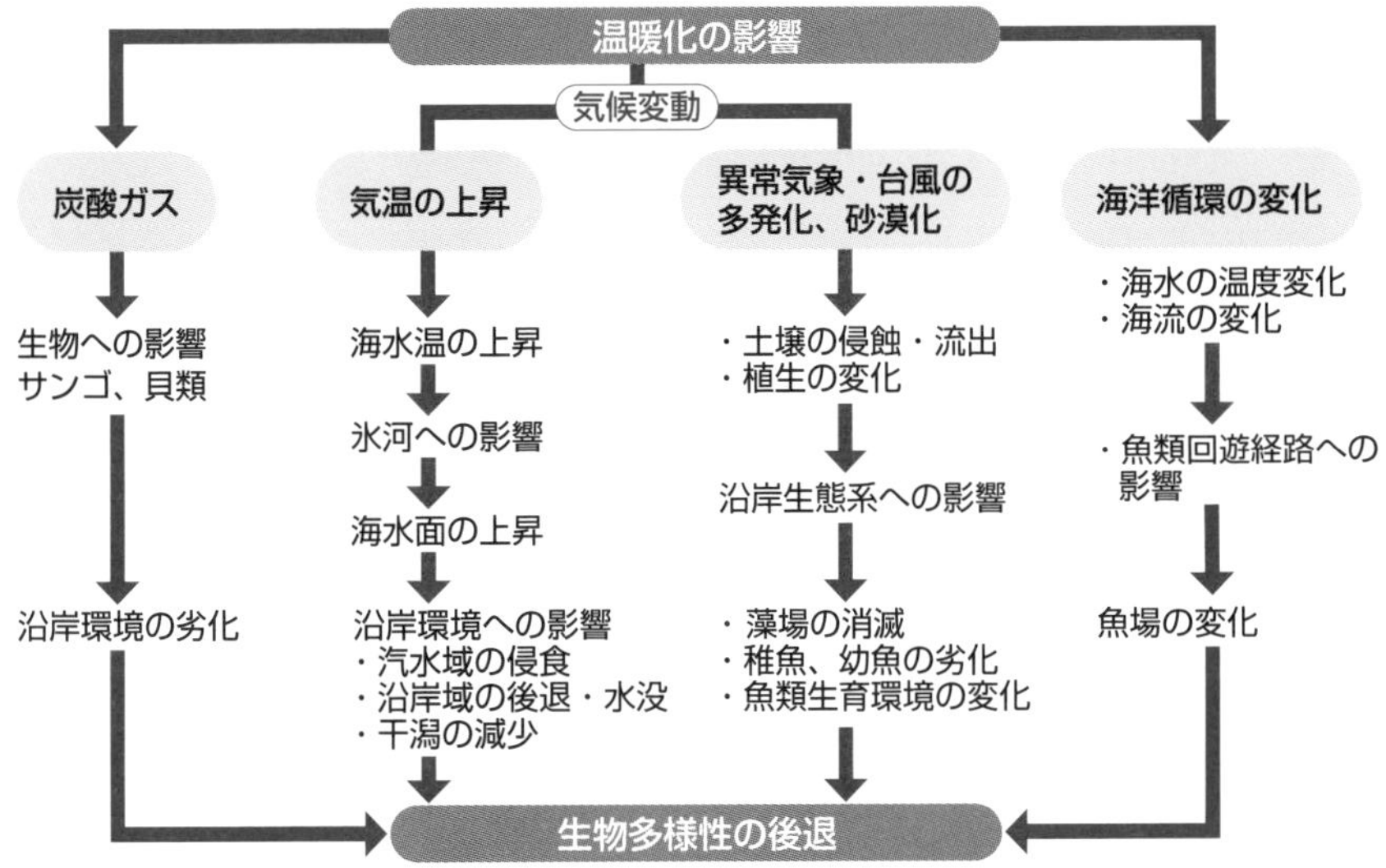

温室効果ガスのガス種別の割合

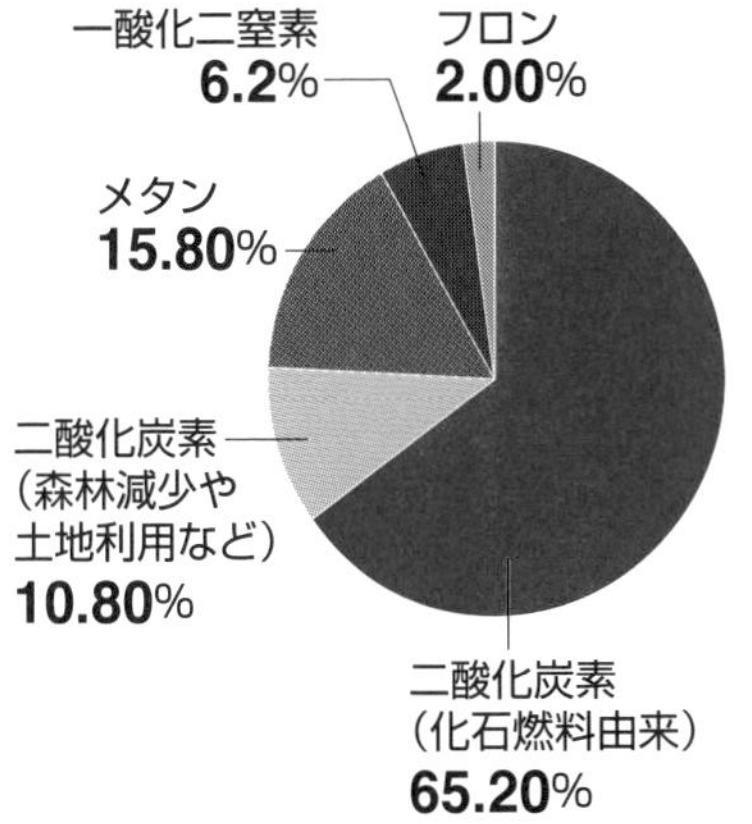

リンゴの適地移動

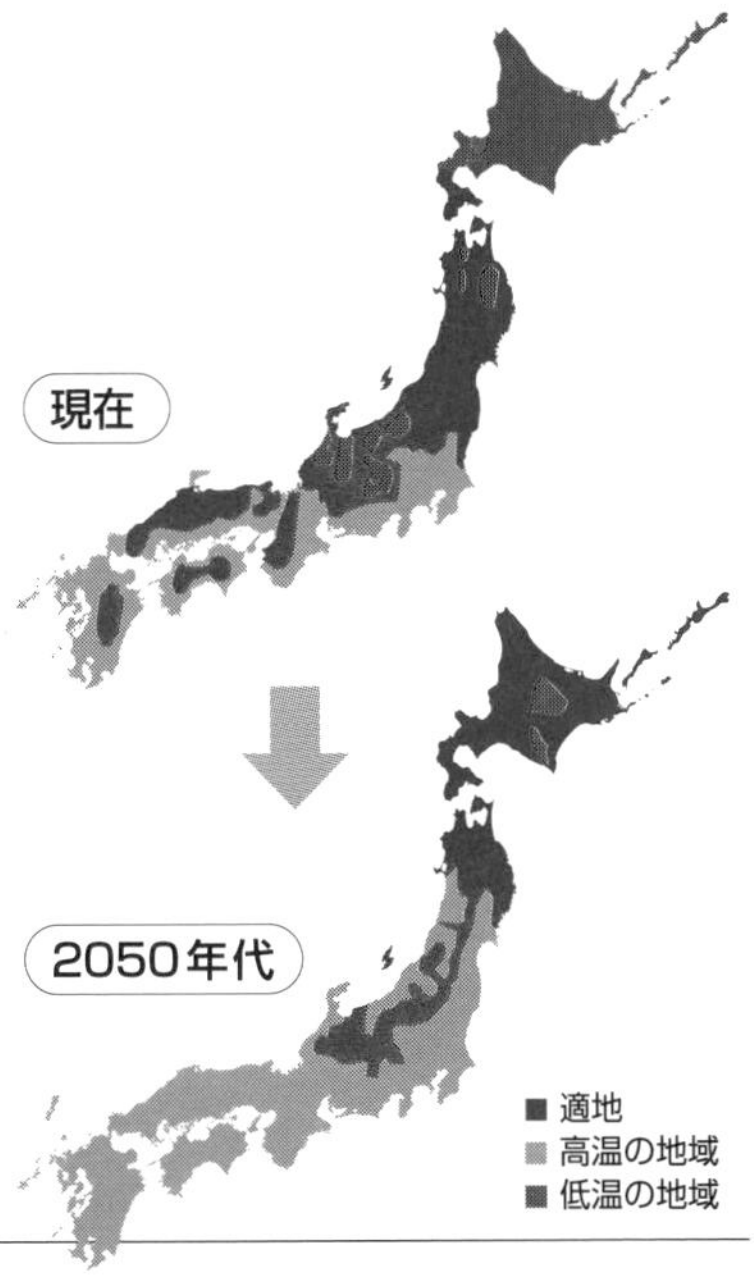

用語解説

絶滅危惧種：絶滅の危機にある生物種。
生物多様性：地球全体に、多様な生物が存在していること。

40 温暖化に起因する災害

乾燥—山火事、豪雨—水害

猛暑や豪雨などが増加し、しばしば災害が発生しています。温暖化が進むと蒸発する水分が大幅に増え、乾燥化が進み干ばつや火災が発生する可能性が高くなります。熱帯の海ではさらに大量の水が蒸発し、大気中に含まれ台風などの暴風雨が発達しやすくなり豪雨をもたらし、洪水や土砂崩れを発生させます。気象災害が深刻化し、停電などインフラの機能停止につながります。

雨が降らないところでは、干ばつが深刻化し水不足を招き、食糧不足に見舞われます。災害に結びつく豪雨と干ばつという両極端な現象が世界中で起こります。

温暖化で異常少雨が多くなり山林での乾燥が進めば、自然発火による森林火災が発生します。落ち葉の水分が失われ、枯れ葉同士が摩擦をすることで火が起き、枯れ葉や木々に燃え移り山林火災（山火事）となります。最近でもカリフォルニアや豪州で大規模森林火災が起きました。豪州では２０１９年９月より多発化し、２０２０年２月まで火災が続き、建物５９００棟が焼失しました。世界的に見ても、干ばつが起こっている地域で森林火災が起こっています。日本でも山火事が発生していますが、焚き火などが原因です。

暑熱や洪水など異常気象による被害が増加していきます。水が不足すれば、社会生活が崩れ大災害に結びつき、農業生産が減少し飢饉になります。

猛暑による熱波も死亡を増加させ、大災害になっていくでしょう。作物の生産高の地域差が拡大していきます。氷床が消失し海面水位が上昇し、沿岸地域での生活が困難になり、海域の生態系、生物多様性への影響が進んでいきます。サンゴ礁や北極の海氷などのシステムが崩れ、種の絶滅も加速していきます。世界中の食糧生産が危険にさらされるリスクが増大していくでしょう。

要点BOX

- ●暴風雨が発達しやすくなり豪雨をもたらし、洪水や土砂崩れを発生させる
- ●干ばつ地域では森林火災が起こりやすい

自然災害(大部分温暖化による)

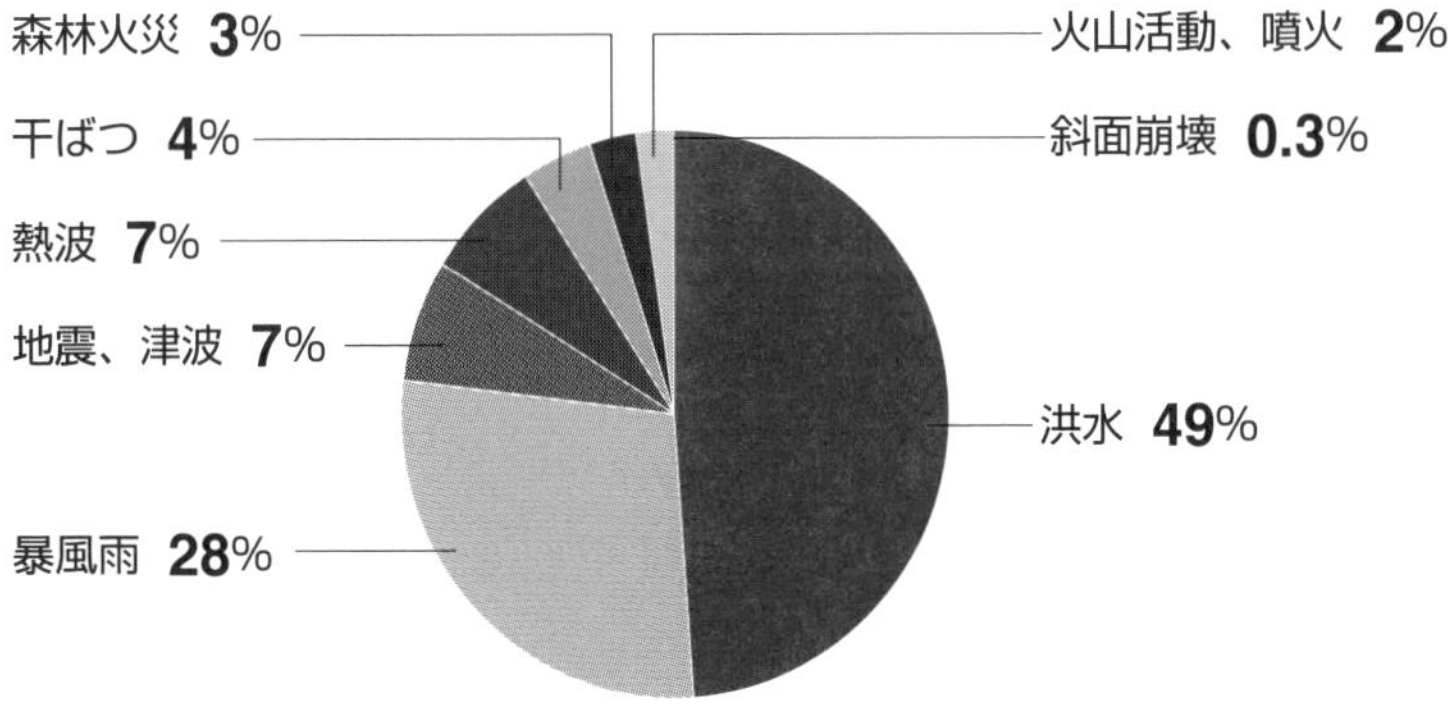

温暖化による気象災害

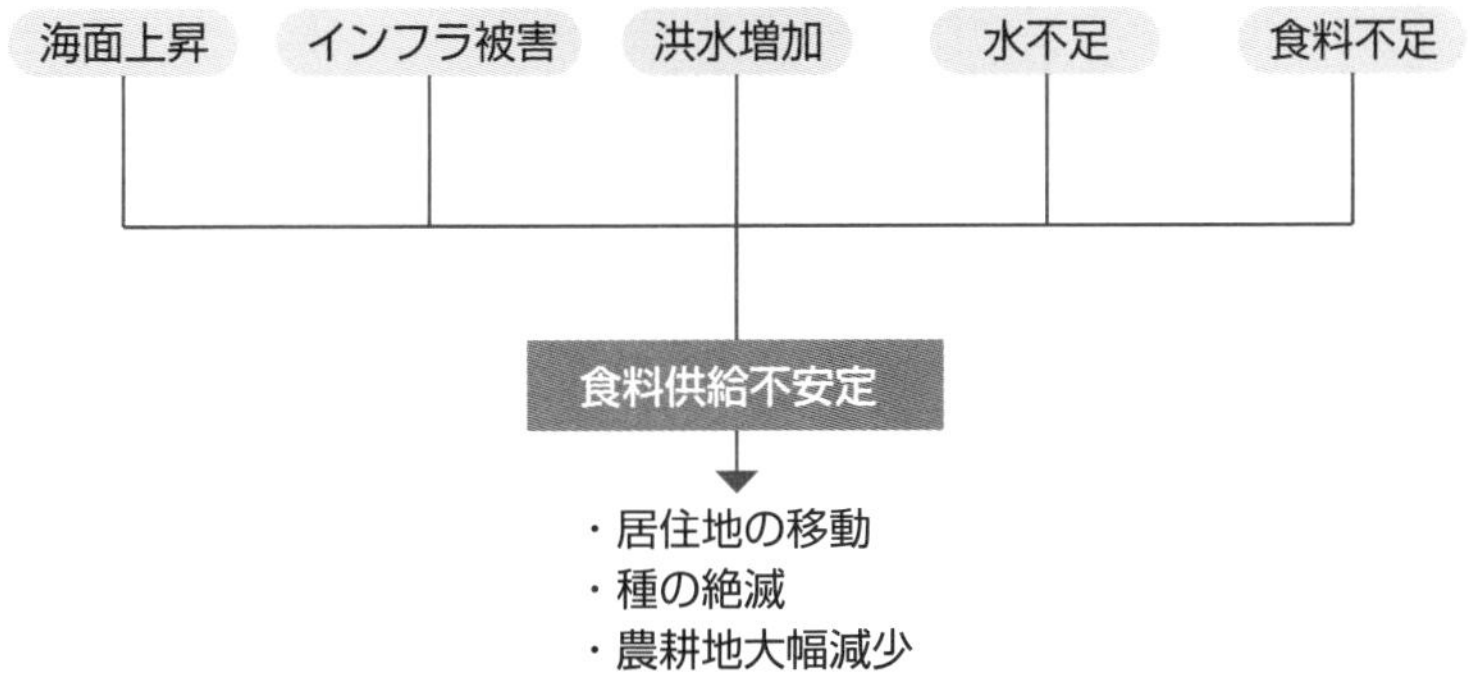

自然災害(温暖化に起因)2018年の例

異常気象による災害	国／地域	発生時期	損害額(億ドル)
2018年に発生した自然災害			2,250
ハリケーン・マイケル	米国	10月10～12日	170
ハリケーン・フローレンス	米国	9月13日～18日	150
カリフォルニア山火事(キャンプ・ファイア)	米国	11月	150
台風21号	日本	9月4～5日	130
7月豪雨	日本	7月2～8日	100
干ばつ	中央・北ヨーロッパ	春・夏	90
台風22号	オセアニア、東アジア	9月10日～18日	60
洪水	中国	7～9月	58
カリフォルニア山火事(ウールジー・ファイア)	米国	11月	58
台風18号	中国	8月16～19日	54

※保険会社ユーオン

41 温暖化の原因と取り組み

世界的な温暖化対策

18世紀半ばの産業革命により化石燃料の使用や森林の減少で大気中の温室効果ガスの濃度は急激に増加し、大気の温室効果が強まり温暖化が顕在化してきました。化石燃料の使用が増え、その結果、大気中の二酸化炭素の濃度も増加しました。産業革命前、１７５０年は２８０ｐｐｍでしたが、２０１３年には４００ｐｐｍを超え２０２１年１月４１２・１ｐｐｍ、と増加の一途です。

地球の平均気温は14℃前後ですが、もし大気中に水蒸気、二酸化炭素、メタンなどの温室効果ガスがなければ、マイナス19℃くらいになります。世界平均気温は０・８５℃上昇しています。１９０１〜２０００年の１００年当たり０・６℃の上昇傾向よりも大きくなっています。

化石燃料の利用を減らさないとこの傾向は続きます。２０１６年の一年間に、世界約１９０カ国から排出された二酸化炭素の総量は、およそ３２３億ｔ（二酸化炭素換算）ですが、そのうち、70％近くは、日本を含めたほんの十数カ国からの排出が占めていました。

省エネを急速に進めなければなりません。エネルギー消費量の削減が不可欠です。太陽光発電や太陽熱温水器などの再生可能エネルギーの導入を拡大しなければなりません。世界では二酸化炭素排出量は増加の一途をたどり、その排出量は50年前に比べると、実に３倍以上、１００年前に比べると約12倍にまで増えています。

国際的取り組みは１９９２年にブラジルのリオデジャネイロで開かれた地球サミットからです。気候変動枠組条約は、温室効果ガスの大気中濃度を安定化し、温暖化がもたらすさまざまな悪影響を防ぐための国際的な枠組みを定めたもので、１９９７年温暖化対策の国別目標と手法が「京都議定書」として合意されました。ＣＯＰ21です。各国の削減・抑制目標を自主的に策定することをパリ協定で合意しました。

要点BOX

- 大気中の温室効果ガスの濃度は急激に増加
- 温暖化がもたらすさまざまな悪影響を防ぐための国際的な枠組みを定めた

CO_2排出量の推移

**世界の石油・石炭などからの
二酸化炭素排出量の推移**

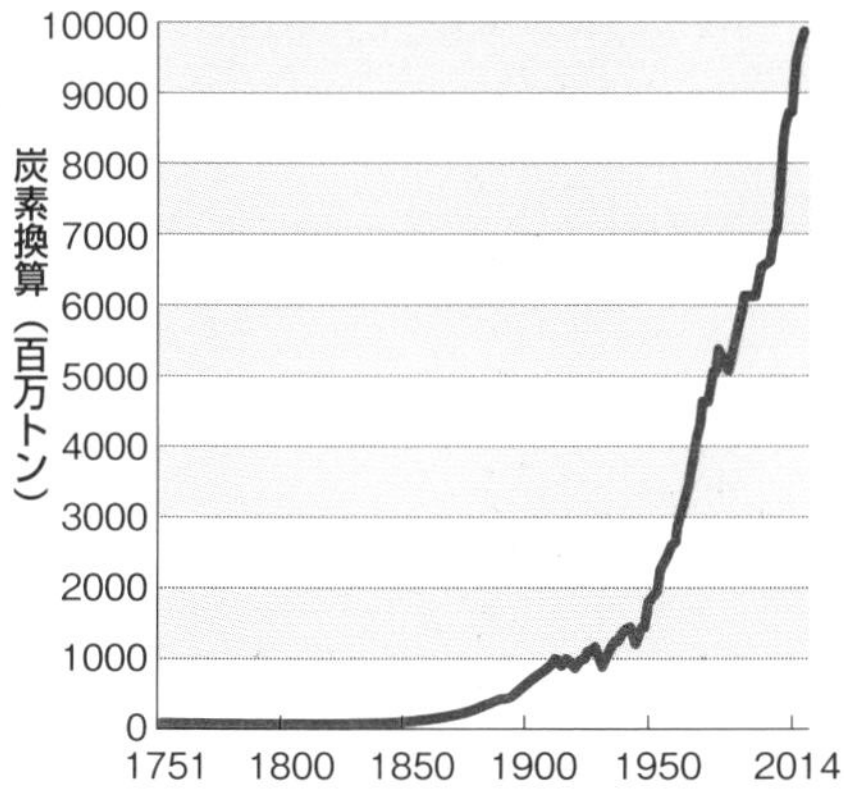

出典：米国オークリッジ研究所

世界のCO_2排出量

世界の二酸化炭素排出量

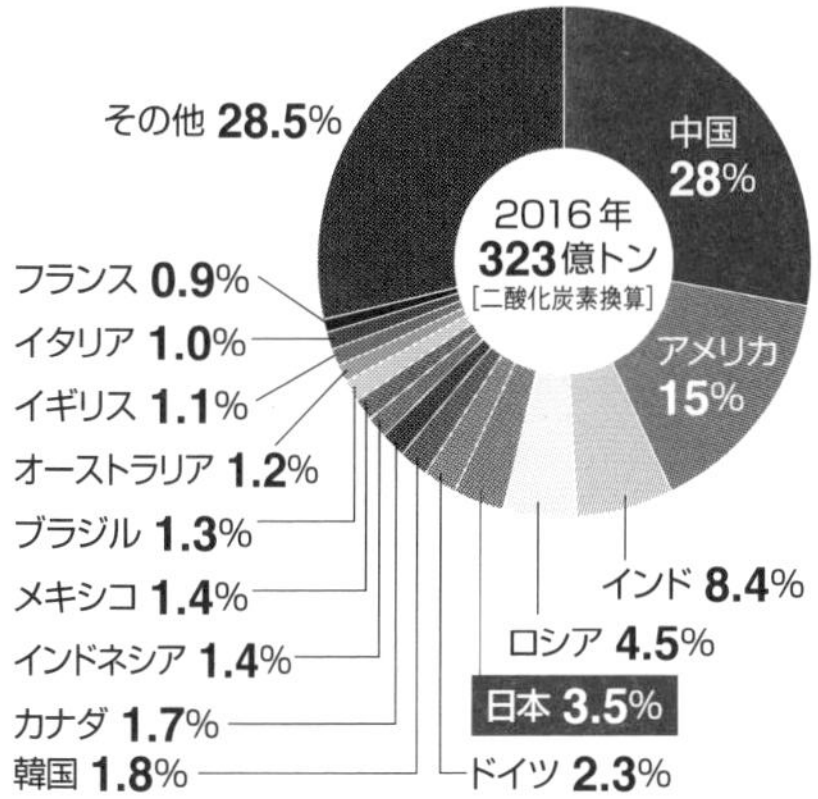

出典：JCCCA

パリ協定の概要

目的	世界共通の長期目標として、産業革命前からの平均気温を2℃より十分下方に保持。1.5℃に抑える努力を追求。
目標	上記の目的を達するため、今世紀後半に温室効果ガスの人為的な排出と吸収のバランスを達成できるよう、排出ピークをできるだけ早期に抑え、最新の科学に従って急激に削減。
各国の目標	各国は、貢献（削減目標）を作成・提出・維持する。各国の貢献（削減目標）の目的を達成するための国内対策をとる。 各国の貢献（削減目標）は、5年ごとに提出・更新し、従来より前進を示す。
長期低排出発展戦略	全ての国が長期低排出発展戦略を策定・提出するよう努めるべき。（COP決定で、2020年までの提出を要請）
グローバル・ストックテイク（世界全体での棚おろし）	5年ごとに全体進捗を評価するため、協定の実施状況を定期的に検討する。世界全体としての実施状況の検討結果は、各国が行動及び支援を更新する際の情報となる。

出典:環境省平成29年度　環境・循環型社会・生物多様性白書

用語解説

IPCC（気候変動に関する政府間パネル）：IPCCIntergovernmental Panel on Climate Change 人間活動に起因する気候変化、影響、適応及び緩和方策に関して、科学的、技術的、社会経済学的な見地から評価を行うことを目的に、国連環境計画（UNEP）と世界気象機関（WMO）が共同で1988年（昭和63年）に設立した機関。
気候変動枠組条約：1992年リオ・デ・ジャネイロでの地球温暖化問題に関する国際的な枠組みを設定した環境条約。
COP：Conference of Partiesの略。

Column

メタンハイドレートは温暖化に関係　石油時代の終焉

数年前までメタンハイドレーは「夢の資源」として開発への期待が高まっていました。しかし、ここ数年温暖化の影響が大きくなり、化石燃料に対する世界の空気が変わりました。

メタンハイドレートは世界中に分布しています。メタンハイドレートは、比重は0・9g/㎤であり水より軽く、メタンと水が低温・高圧の環境で氷になった状態でメタン分子が水分子に囲まれて結晶化した物質です。いわばメタンガスの〝凍り漬け〟で、化石燃料の一種です。深海の海底面下の堆積物の砂粒の間隙を埋めるように氷のようなメタンハイドレートが存在しています。また極地の凍土層にも存在しています。

「水温が1℃上昇しただけで、メタンハイドレードは一気に不安定になる」という微妙なバランスで存在しています。

魅力的資源として日本政府は早期開発に向けて邁進しています。『燃える氷』を採掘する海底のメタンの産出試験を愛知・三重県沖東部、南海トラフで実施しました。掘削のボーリングのパイプからメタンガスが吹き出、噴出試験は成功したかにTV報道がなされました。しかし、パイプが砂でつまり、すぐ試験は中止となりました。

未固結の堆積物にメタンハイドレートが固着して海底に大量に埋蔵されています。水深数100m~1000mの海底から数100mの地層中に「メタンハイドレート層」として賦存しています。有機物を含んだ堆積物からメタンハイドレートが形成されます。

メタンハイドレートはこのような「砂層型」に加え、もう1つ「表層型」があります。地下深部から円筒状の割れ目をメタンガスが上昇し冷たい深海の水と結合して氷に、すなわちメタンハイドレートになり、塊状メタンハイドレートとして形成されています。その規模は直径数100mです。地中深くなれば地温が高くなるため、メタンガスとして存在します。

地震で地割れができ、水が融け、メタンが大量に吹き出し、メタンハイドレート層上部の層が沈没・崩壊し、海底地滑りとなり、大津波が発生することもあり得、危険です。

メタンハイドレート開発への魅力がなくなってきました。メタンハイドレートの利用は温暖化に加担します。

石油時代はもう終わりです。

第5章

地球でおこっている異変の顕在化

42 人類を取り巻く異変

温暖化、氷河の融解、生物絶滅種の増大

地震、豪雨、熱波などで、人類を取り巻く環境が激変しています。異変ともいう状況が私たちを取り巻いています。人口の増加、経済成長、エネルギー使用量、技術の発展などで生活が便利になりましたが、一方で異変が多発し、異変が日常化しつつあります。豪雨、熱波は温暖化に起因します。地震はプレートの動きに関係する地殻変動の異変です。温室効果ガスの量も増え、世界中で異変が現れています。温暖化は生物にも大きな影響を与えています。地震は地球の内部からの熱の放出に関係します。

東日本大震災は2011年3月、東北地方太平洋沖地震による大災害およびこれに伴う福島第一原子力発電所の事故で東日本に地震と津波、放射能で壊滅的破壊をもたらしました。大異変です。

40億年におよぶ進化の過程で生物は多様に分化しました。温暖化は生物にとっても異変の元凶です。870万種の多様な生物のうち、現在、年間4万種が絶滅しているといわれています。

生物絶滅種が増大し、絶滅スピードは速まっています。温暖化は人類が招いた生物および環境破壊です。氷河の融解も海水面の上昇により、海岸付近の人々や生物に打撃を与え、生活、生存への脅威となります。

人間社会は、多様な生物とともに地球の生態系をつくっています。しかし温暖化でこの生態系が崩れ始め、炭素循環や窒素循環も破壊に結びついていくなど異変に取り囲まれる、という事態になってきています。

上述の東北大震災も10年たっても災害をもたらす余震（2021年1月）によっても不安定な環境に私たちは生きていることを実感しています。

地震は自然災害ですが、温暖化による災害は人類がつくり出した災害で、人為的災害です。温暖化を緩和するような社会・生活を改善する必要があります。石油の利用量を少しでも減らすなど負荷を取り除く努力が不可欠です。

要点BOX

- ●人類を取り巻く環境が激変している。異変も日常化といえる状況だ
- ●地震は自然災害、温暖化は人災である

人類を取り巻く異変

用語解説

窒素循環:生物地球化学的循環の一部。

43 人類がつくり出した脅威

砂漠化、天候異変、CO_2増大

温暖化はこれまで述べてきたように人類がつくり出した異変で、今や脅威となってきました。

乾燥地帯が移動して気候が変化するという自然現象としての砂漠化がありますが、今日問題となっている人類活動によって引き起こされた温暖化による災害の一つは砂漠化です。農地が砂漠化すれば、気候の変化により土壌流出などで植生の復活が困難になります。食糧難になりかねません。

雨が極端に多いために表面土壌が流されて植物が育たなくなったりすると、砂漠化に結びつきます。森林の伐採によって上流に降った雨が一気に河に流れ込むことにより洪水が発生し、下流の表土を流せばこれも、砂漠化に結びつきます。モザンビークでは、砂嵐などによる砂丘の移動や温暖化による気候変動などにより、砂漠化が加速しています。農耕地帯では大規模な農地開発によっても砂漠化を招きます。

異常気象の多くは、地球規模の気象擾乱です。冷夏猛暑（酷暑、暑夏）、暖冬、熱波、寒波、大雪日照過多（日照不足など異常気象）などの異常はしばしば起こります。人為的な気候変動です。

CO_2の濃度は２００年前は０・０２８％でしたが、現在は０・０４０％を超えています。右肩上がりです。動物・植物・プランクトンは、空気中の二酸化炭素や有機物を吸収し、これを体内の有機物として蓄えています。数億年前、これらの生物の死がい（有機物）が地中に堆積しました。そして長い年月をかけて、化石燃料となり地中に蓄えられました。人間による大量の森林伐採によって森林が減少し、光合成の量が減り、大気からの二酸化炭素の吸収量が少なくなってきています。植林から40年経った杉の人工林１ha当たり約79tの炭素（二酸化炭素換算で約２９０t）を蓄えます。人間活動によって放出される二酸化炭素のうち、森林減少により二酸化炭素の２割が吸収できなくなっています。

要点BOX

- ●温暖化は人類がつくり出した異変で、今や脅威
- ●動物・植物・プランクトン体内に有機物として蓄える

温暖化と砂漠化

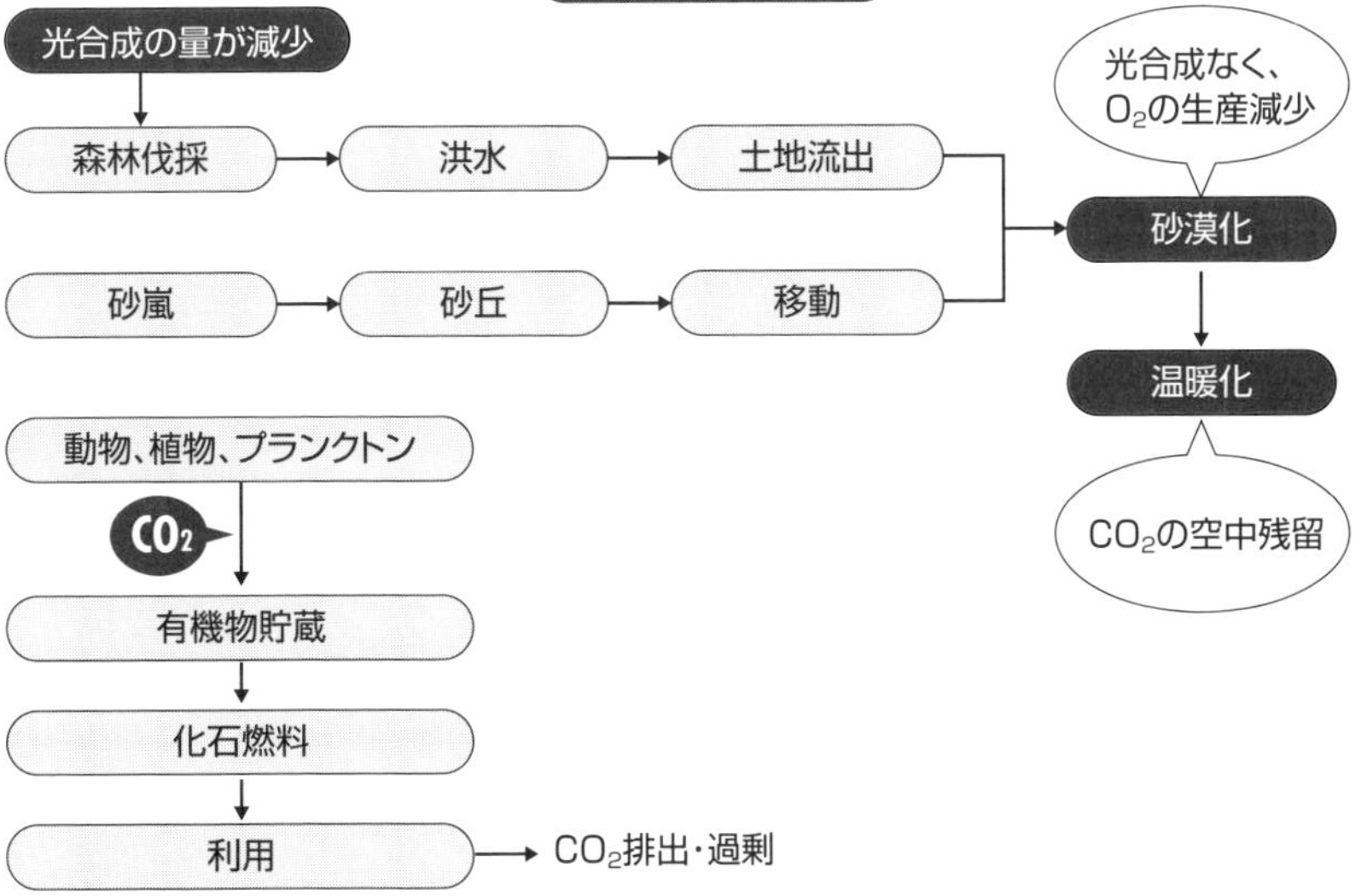

世界の砂漠化の実情

砂漠化の影響を受けている土地の面積

砂漠化の影響を受けている人口

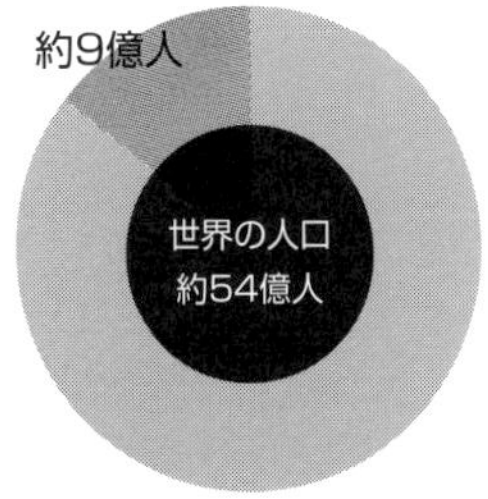

CO_2濃度の推移200年間

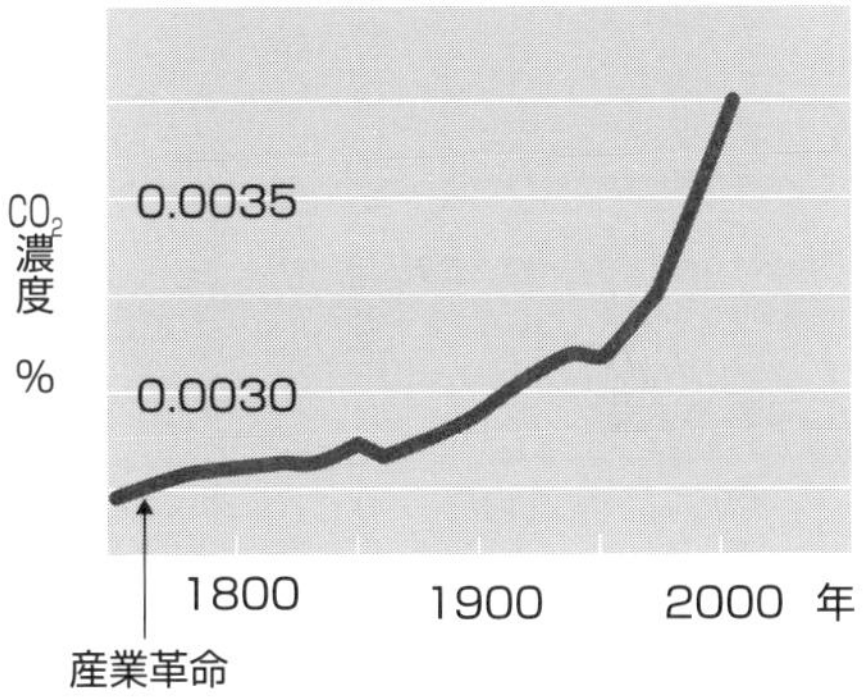

自然災害と人為的災害

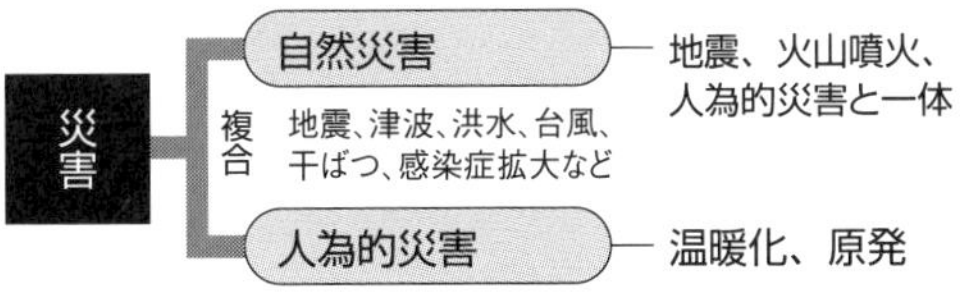

用語解説

気象擾乱(じょうらん):大気が乱れる現象。

44 地球内部からの脅威

破局噴火イエローストーン、地震

地球規模の環境変化や大量絶滅の原因となる噴火のことを「破滅的噴火」、とか「壊滅的な噴火」とか「破局噴火」といいます。地下のマグマが一気に地上に噴出する超巨大噴火です。

日本では阿蘇カルデラ、姶良カルデラ（鹿児島湾北部）、摩周カルデラ、鬼界カルデラなどでいずれも巨大噴火です。

米国中西部、アイダホ州、モンタナ州、ワイオミング州にまたがるイエローストーン国立公園はかつて巨大な火山があった地域です。直径60㎞という超巨大なマグマ溜まりが存在することが確認されています。公園とほぼ同じ広さです。公園の地下一帯にはマグマが広がっています。公園内には1万以上の温泉が湧出し、3000の源泉があります。これまで3回の噴火が起こっています。220万年前、130万年前、64万年前です。70万年に1回という確率で噴火してきました。21世紀初頭の10年間で公園全体が10㎝以上隆起しました。池が干上がったり、噴気が活発化しています。公園内の湖では、湖底が直径600m以上、高さ30m以上にわたって大きく隆起しているのが発見されています。

現在、貯留している10420㎦ほどのマグマ溜まりが噴出すれば、人類の存亡の危機となる、と予想され3～4日内に大量の火山灰がヨーロッパ大陸に着き、米国の75％の土地の環境が変わり、火山から半径1000㎞以内に住む90％の人が火山灰で窒息死し、地球の年平均気温は最大10℃低く寒冷気候が10年間続くと考えられています。

1960年5月南米チリで発生したM9・5の超巨大地震、チリ地震は、東日本大震災と比較しても約5倍のエネルギーで、地球上での観測史上最大となる地震でした。平均時速750㎞という超高速で太平洋を横断し、太平洋全域、日本を襲いました。各地で甚大な被害をだしました。

要点BOX

●もしイエローストーンで噴火がおこれば、地球規模の環境変化や大量絶滅の原因となる噴火で破局噴火となる

米国イエローストーン火山噴火可能性

前兆現象

- 湖底隆起(30m)
- 地震多発（1900回2014年）
- 公園の隆起
- 毎日45000トンのCO_2排出

1回／70万年噴火、64万年前に噴火
人類存続の危機

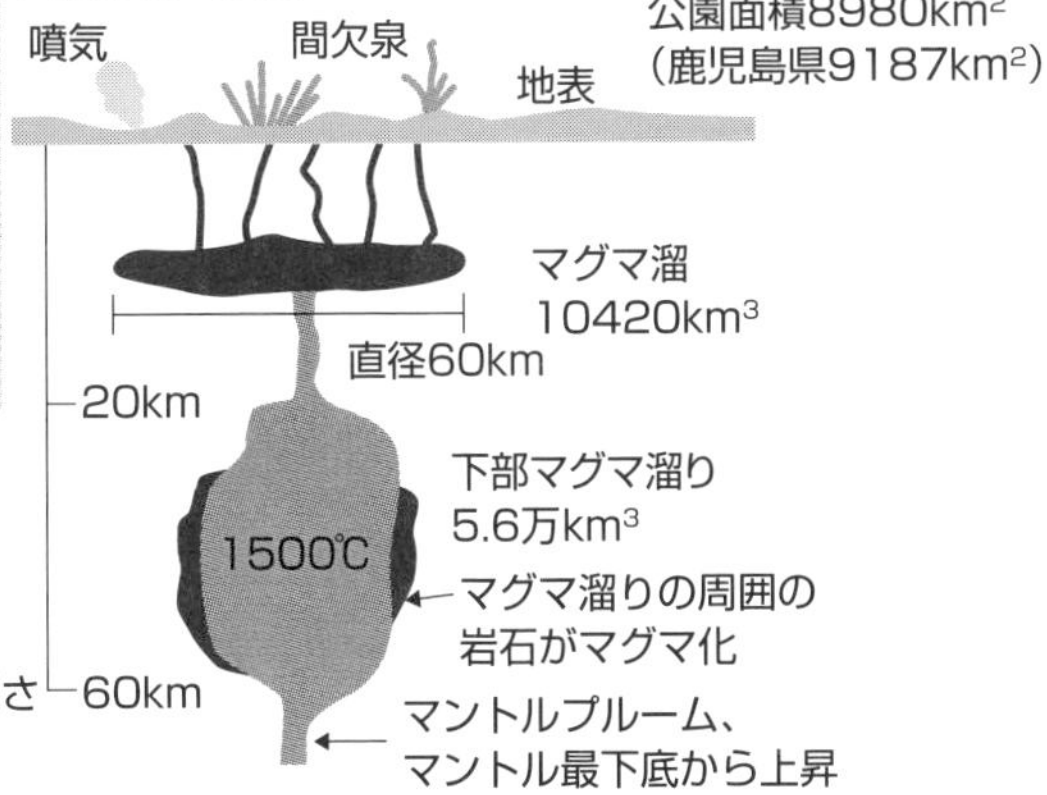

噴火すれば

- 地球規模の気候変動。異常気象
- 火山灰1600kmの範囲に降下、堆積
- 米国の75%が火山灰で覆われる。火砕流発生
- 噴火とともに火山灰が大気に残留し気温低下

破局噴火（ウルトラプリーニ）

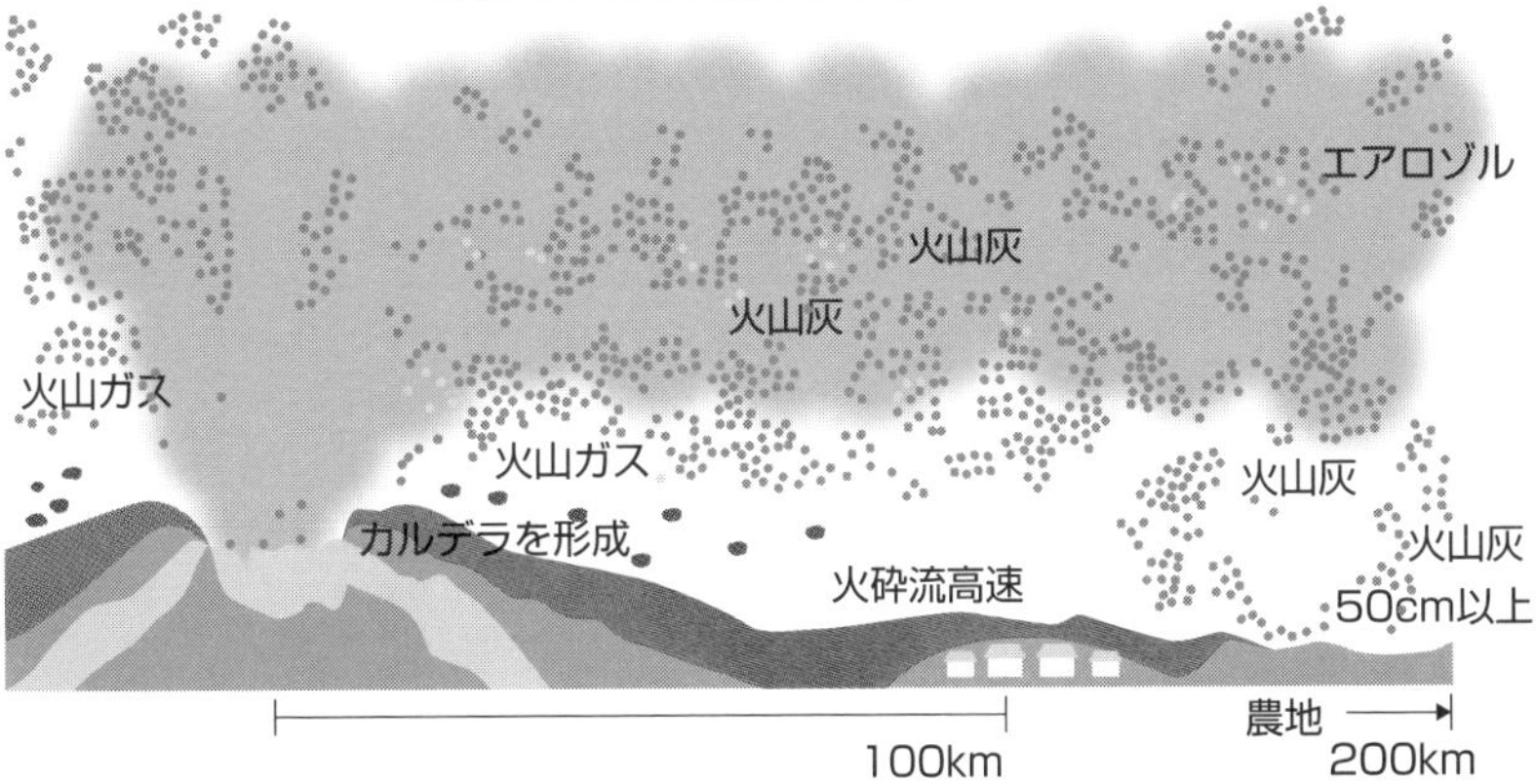

超巨大噴火 → 火砕流・火山灰大量噴出 → 町・村、農地埋没 → 天変地異
町・村、農地埋没 → 気候変動

- マグマが一気に噴き出す。火砕流
- 珪長質マグマ・地殻表部を吹き飛ばすような噴火
- 地表陥没しカルデラ形成。地球環境悪化
- 阿蘇カルデラ（噴出量400km³）。姶良カルデラなど

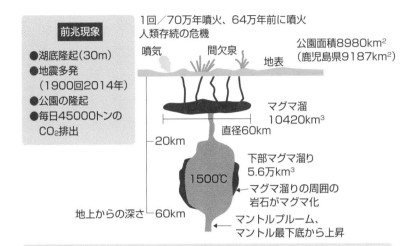

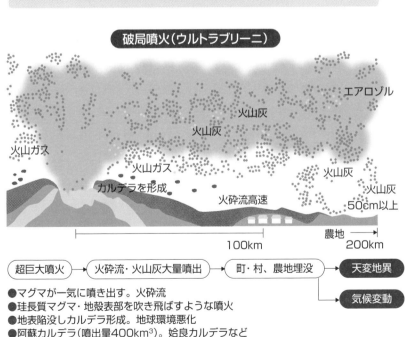

45 巨大地震の脅威

日本は地震大国、巨大地震にたびたび襲われる

日本列島は、4つのプレートによって形成されていて、地震活動、火山活動が活発です。

２０１１年の東日本大震災は、巨大地震でした。未曽有の大災害となり、たくさんの犠牲者を出し、地震による大津波で多くの市町村が壊滅しました。

これまで日本は、多くの巨大地震に見舞われてきました。阪神淡路大震災（１９９５年1月）の発生以降を見てもたくさん発生しています。鳥取県西部地震（２０００年10月）十勝沖地震（２００３年９月）、新潟県中越地震（２００４年10月）、福岡県西方沖地震（２００５年3月）、能登半島沖地震（２００７年3月）、新潟県中越沖地震（３００７年6月）岩手県内陸南部地震（２００８年6月）熊本地震（２０１６年4月）北海道胆振東部地震（２０１８年9月）などが挙げられます。

東日本大地震では、震源から数１００km と遠く離れた地域でも超高層建築物の高層階が大きく揺れ、巨大地震に伴う長周期地震動が発生しました。

南海トラフ沿いの巨大地震は静岡県の駿河湾沖から四国南岸、九州沖に至る約７００kmの大きさの船底形の海底が震源になると予知され、M９級の巨大地震により富士山の噴火などの巨大自然災害が引き起こされる可能性があると予知されています。南海トラフ地震の被害想定としては、避難者９５０万人、経済的損害２２０兆円、死者数32万人におよび、津波の到達時間が極めて短く、最高34メートルの巨大津波が襲ってくるとされています。また南海トラフ沿いの巨大地震による長周期地震動が発生します。

南海トラフ地震は、プレートの間で滑る現象が起きることで地震が発生します。東日本大震災の場合と同じ発生原因です。巨大地震は、多数の犠牲者をだし、住居を壊し、道路を寸断し、橋を破壊するなど社会生活の基礎を崩壊させ、多大な被害をもたらします。

要点BOX

- ●2011年の東日本大地震をはじめ巨大地震の脅威、恐ろしさは身をもって経験
- ●巨大地震は、犠牲者をだし、社会生活を寸断

日本の巨大地震

2000年以降に起きた震度6以上の地震

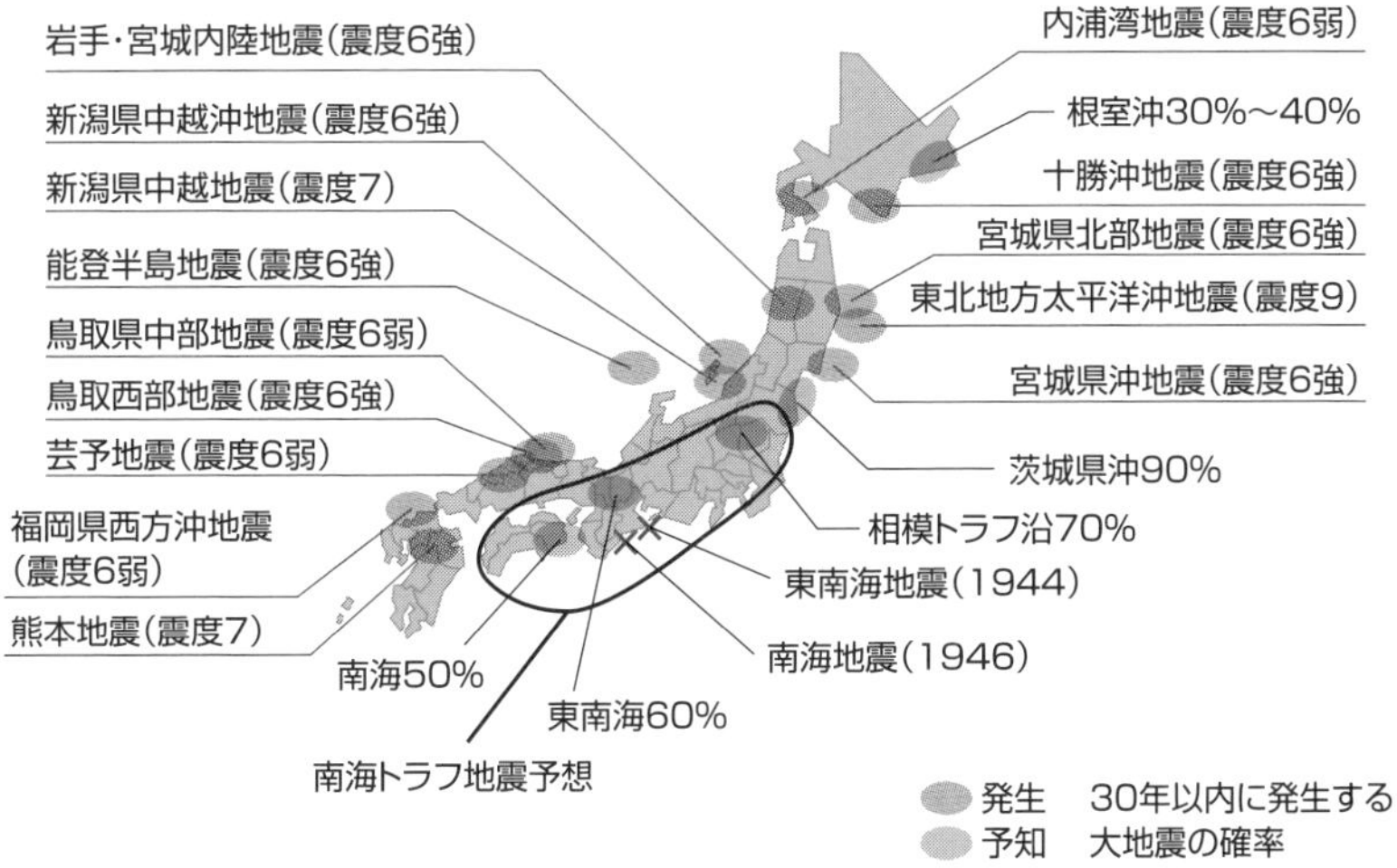

世界の中の日本の巨大地震(震度6以上)

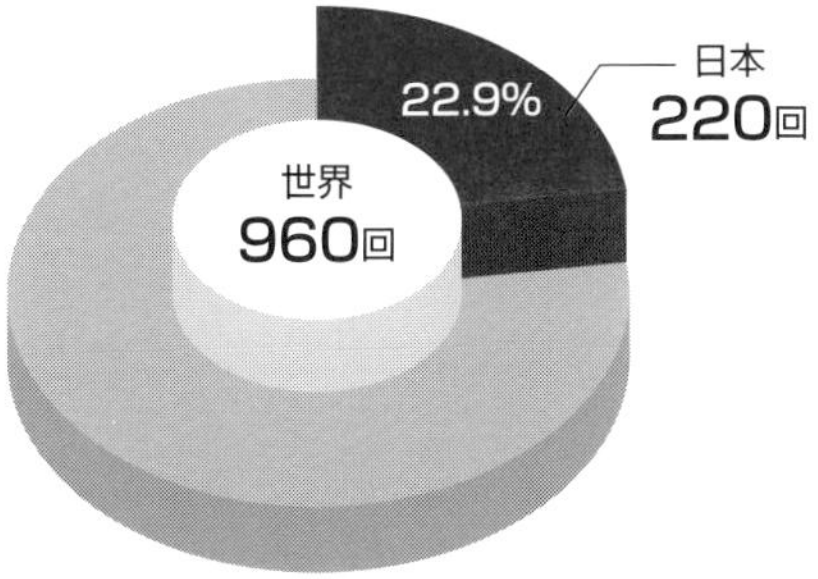

●世界中のM6.0以上の地震の2割が日本で発生

用語解説

長周期地震動：地震で発生する約2、- 20秒の長い周期で揺れる地震動のこと。

46 人類は今、脅威に曝されている

殺人熱波、飢餓、感染症

カリフォルニア州に位置するデスバレー国立公園では、過去に世界最高気温56・7℃を記録しました。温暖化により、各地で50℃を超えるほど気温が上昇しています。

中東やアジア、北米で気温が50℃を突破し、森林火災や熱中症による死者が相次ぎました。世界各地が「殺人的な熱波」に見舞われ、熱波の深刻化が珍しくなくなってきています。世界各地のトウモロコシ栽培が打撃を受け、食料供給がひっ迫してきていて、農作物にまで影響が広がってきています。夏になると殺人熱波が増えてきました。

温暖化ガスを大幅に削減していかないと、2100年には世界人口の最大4分の3が熱波による死の脅威に曝され、飢餓が深刻な懸念になってきています。今後これが拡大し世界全体を襲うようになるでしょう。

温暖化による気候変動で、主食となる穀類の栽培は、気温が1℃上昇すると収穫量は10％減少するとされています。気温が2℃上昇すると、地中海地域とかインド地域の多くで農業は苦しい状態になり食料供給が逼迫していきます。2・5℃上昇だと世界的な食料不足となるので、2℃までに気温上昇を抑えないと、食料の生産や水資源の確保ができなくなると予測されています。

感染症とは、病原体（＝病気を起こす小さな生物）が体に侵入して、症状が出る病気のことです。病原体の大きさや構造によっては細菌、ウイルス、真菌、寄生虫などに分類されます。感染症は温暖化（とくに気温や降雨量の変化）との関連が示唆されています。蚊に媒介されるマラリア、デング熱、ウエストナイル熱、日本脳炎などの感染症は、温暖化とともに増加するといわれています。記録的な気温の上昇と新型コロナウイルス感染症など、自然とのバランスや、気候危機に対処しなければ、より深刻なパンデミックや災害に直面する恐れがあるといわれます。

要点BOX

- ●温暖化による各地で50℃を超えるほど気温が上昇
- ●感染症は、温暖化とともに増加

殺人熱波

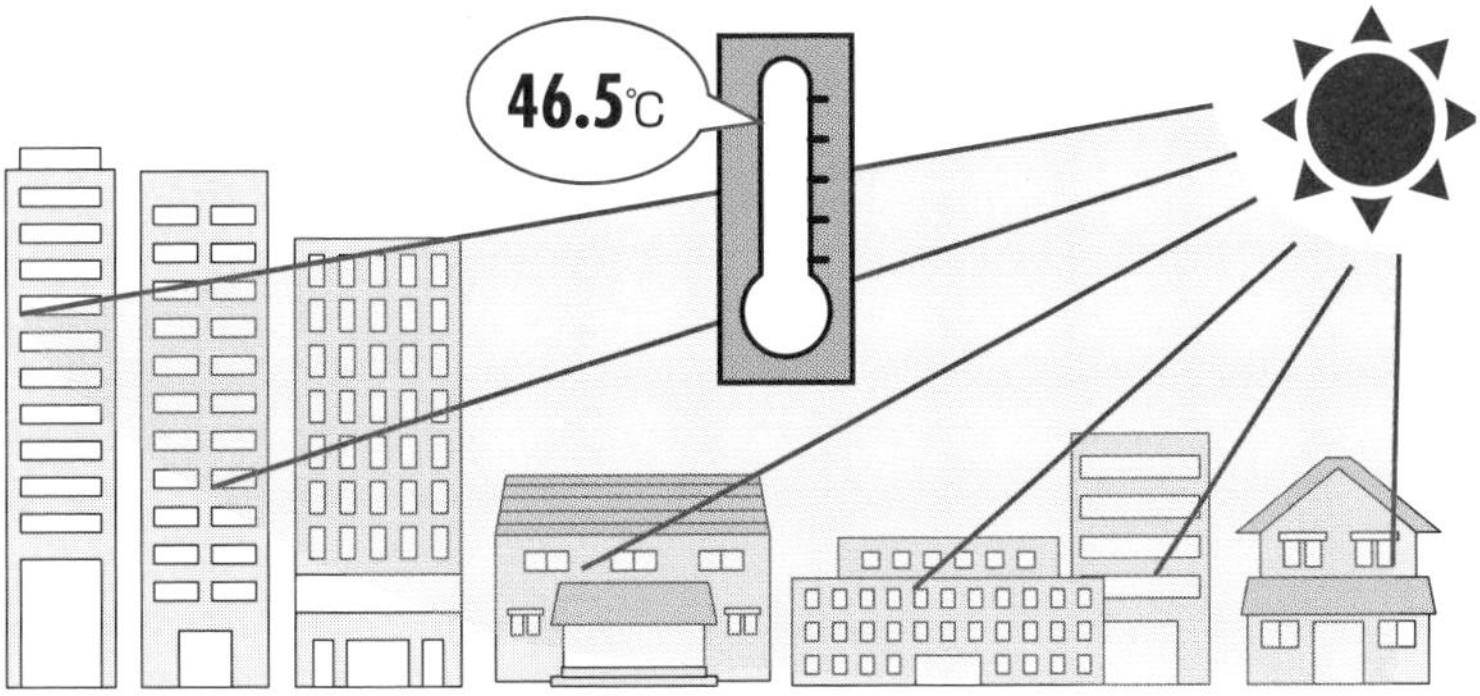

各地で40℃を超え、脅威となってきた

太平洋からの熱波

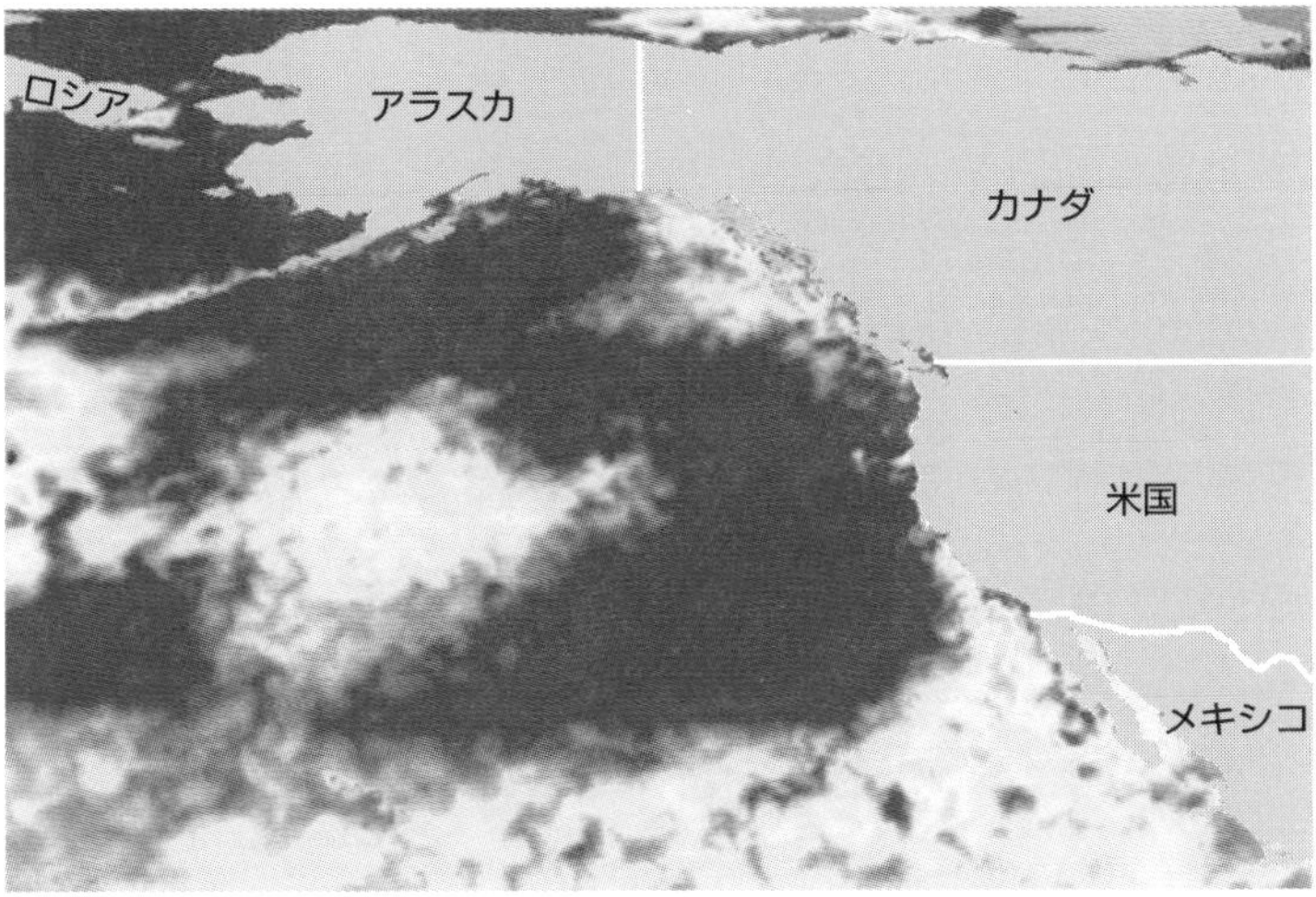

太平洋から北米大陸への熱波、50℃を超えた。殺人熱波が増大　熱波

感染症

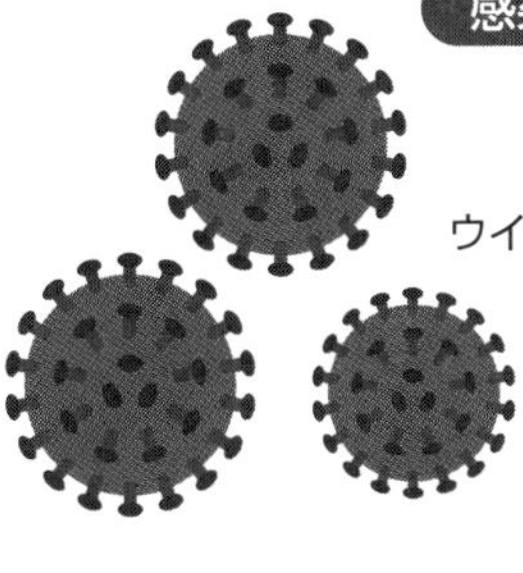

温暖化により感染症が拡大

47 海の無酸素化拡大

海の生物の消失

世界中で海に異変が起きています。日本では日本海などで、過去100年の間に0・7℃〜1・7℃水温が上昇しています。本州からその南でよく獲れるブリは、北海道の海で大量に水揚げされ、2011年頃から増大しています。ブリは水温23℃が限界といわれており、魚は生息に適した水温があり、水温の変化で、生息域が変わってきました。水温が1℃上昇すれば魚に大きな影響を与えます。温暖化の影響で水温が上昇しています。

大気の二酸化炭素の濃度を調節するため、海はその約3割を吸収しています。ところが人間活動から排出されている二酸化炭素は、海洋が吸収する限界を超えてきており、二酸化炭素の増大で海は酸性化が進んでいます。海は熱も吸収しています。海洋自身の温暖化です。二酸化炭素（CO_2）は水に溶けると酸性となり生物の殻や骨格になっている炭酸カルシウムの生成を妨害します。海水に溶けたCO_2は炭酸水素イオン（HCO_3^-）や炭酸イオン（CO_3^{2-}）のようなイオンになり、大半が炭酸水素イオンとして存在しています。CO_2濃度が増えると、イオンが海水に溶けきれなくなって過飽和の状況となり、固体の炭酸カルシウム（$CaCO_3$）を形成しやすい状態にします。二酸化炭素は海水中の炭化カルシウム（CaC_2）を分解させるとともに、酸素を吸収して炭酸を生成し、酸素欠乏でプランクトンが生きられなくなります。ニシクロカジキは淀んだ深海には潜りません。巨大な低酸素海域があるからです。

海洋無酸素事変は海水中の酸素欠乏状態が広範囲に拡大し、海洋環境を一変させ、生物の大量絶滅につながります。

海底付近は無酸素（または極度の低酸素）状態となり、酸素不足の海は、生命が住めない環境となり、酸欠海域（死海）となっていきます。温暖化で酸素欠乏の海が拡大しています。海の生物が消えていきます。

要点BOX

- 大気の二酸化炭素の濃度を調節し、海はその約3割を吸収している
- 温暖化の影響で酸素欠乏の海が拡大している

海の温暖化の脅威

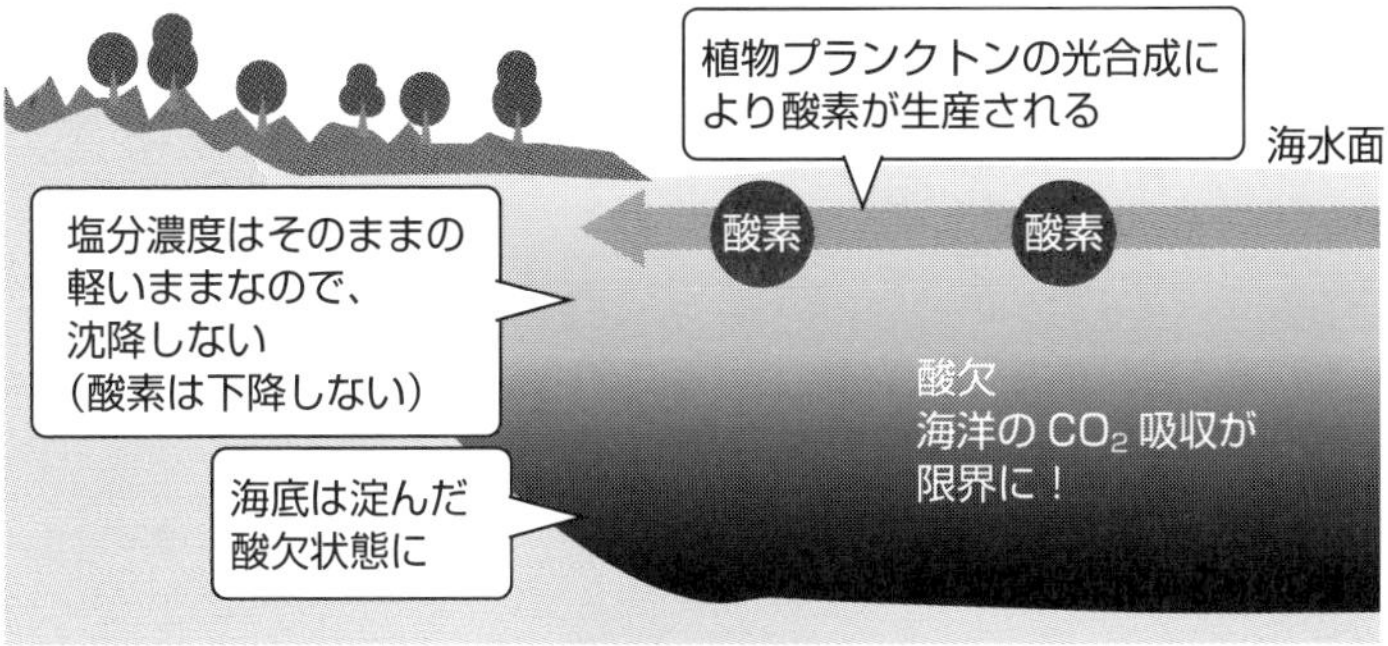

海の異変

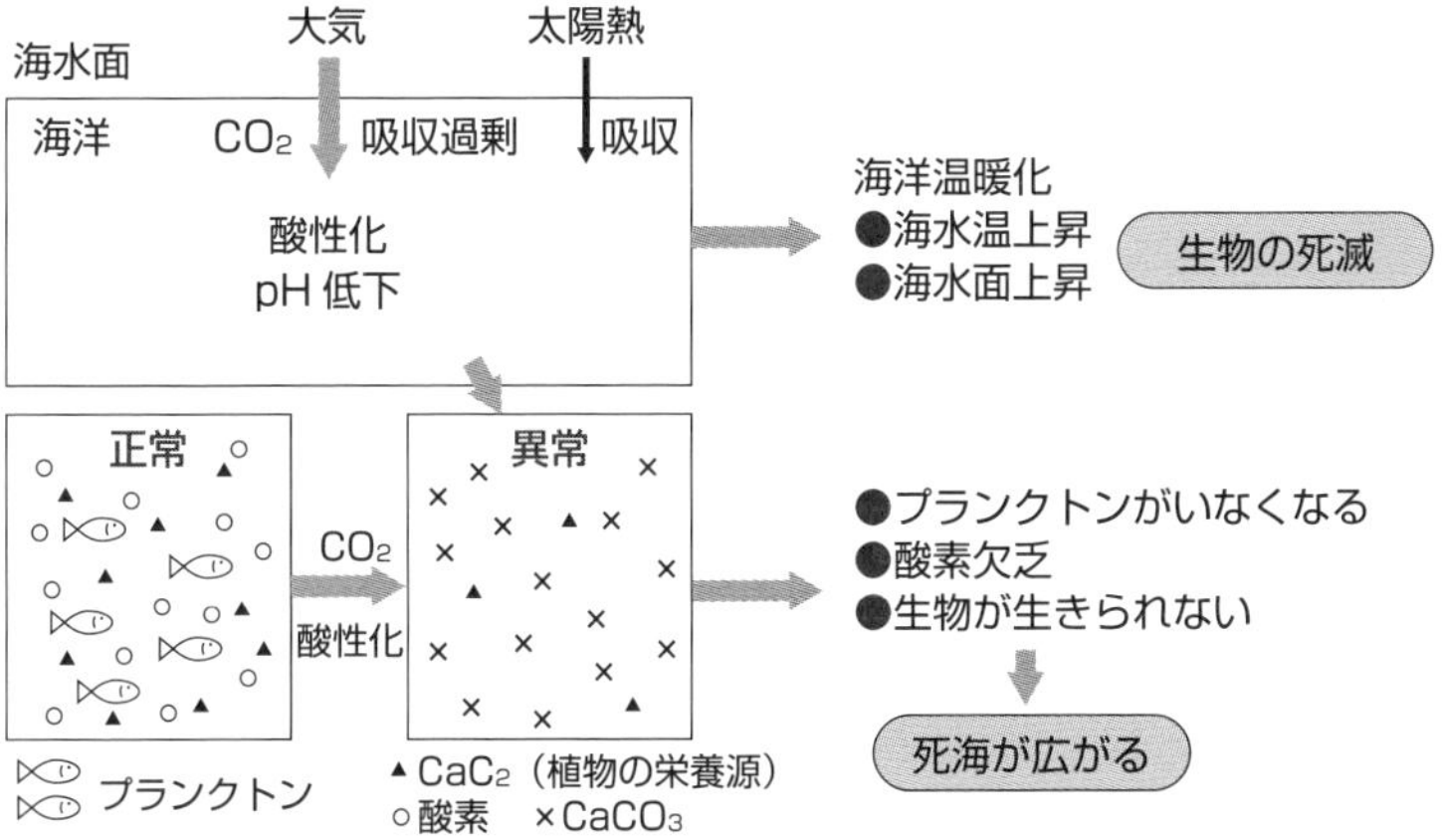

海の酸性化

海洋が酸性化すると ⇒ サンゴ、貝類、ウニ、フジツボなど炭酸カルシウム骨格を有する生物⇨骨格形成が困難

サンゴ・サンゴ礁の役割 ⇒
- ●多くの海洋生物の住み家、産卵場所、餌場（海の熱帯雨林）
- ●世界の海に暮らす 50 万種類の生物の 1/4 が暮らす
- ●海の二酸化炭素濃度の調整役
- ●防波堤、波消しブロック機能

サンゴ・サンゴ礁が死滅すると ⇒
- ●多くの海洋生物が住み家、餌場を失う
- ●海洋の二酸化炭素濃度の調整機能消失
- ●海洋の二酸化炭素吸収能力の低下
- ●大気中二酸化炭素濃度増加の加速

用語解説

イオン：電子の過剰あるいは欠損により電荷を帯びた原子または原子団のこと。

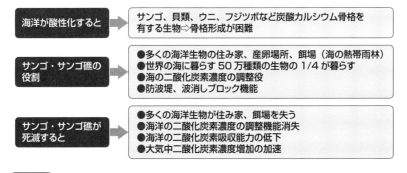

48 宇宙からの地球への脅威

隕石の衝突、オゾン層の破壊

惑星や隕石の衝突で月面には無数のクレーターが見られます。地球も同様にたくさんのクレーターがあったと考えられますが、大気の影響や水の作用で、風化し、削剥されたため、クレーターの多くは存在自体が確認できなくなってしまっています。しかし地形からクレーターではないか、と推測されているところは、少なくありません。隕石の落下で生じた大きな穴はカナダに多数発見されています。クリアウォーター湖は２つの円形のクレーターです。直径は20kmと、30kmで、衝突起源です。

ロシアのチェリャビンスク州で２０１３年２月15日に小惑星の一部である隕石が、超音速で地球の大気圏に突入後、分裂しチェバルクリ湖に落下しました。10%の金属鉄を含む隕石は、直径50〜90cm、重量約６００kgと推定されています。周辺に人的被害と自然災害を及ぼし、爆発の威力は広島型原爆の30倍以上であったとされています。分裂せず地表に落下すれば、直径１００mのクレーターが生じ、壊滅的な被害になったと推定されました。メキシコのユカタン半島北部に６６０４万年前、小惑星が衝突しました。直径は約１６０km。恐竜をはじめとする多くの生物が大量に絶滅しました。衝突した小惑星（チクシュルーブ衝突体）の大きさは直径10-15km、衝突時のエネルギーは広島型原子爆弾の約10億倍、衝突地点付近で発生した地震の規模はＭ11以上、生じた津波は高さ約３００メートルと恐るべき破壊力です。隕石が１kmの大きさだと、地球を滅亡させるでしょう。まさに人類滅亡の脅威です。年間５００個程度の隕石が落ち隕石衝突の危険を監視していても衝突はおき、オゾン層の破壊をもたらします。

そしてこのオゾン層破壊は、地上に降り注ぐ紫外線量を増やし、人間に皮膚がんや白内障といった病気を発症させ、免疫機能を低下させ、生態系に悪影響を及ぼします。

要点BOX
- ●惑星や隕石の衝突で地球に無数のクレーターがあったようだ
- ●紫外線量が増え、人体や動植物に影響を及ぼす

宇宙からの脅威

小惑星が地球に飛来

カナダの小惑星衝突のクレータ

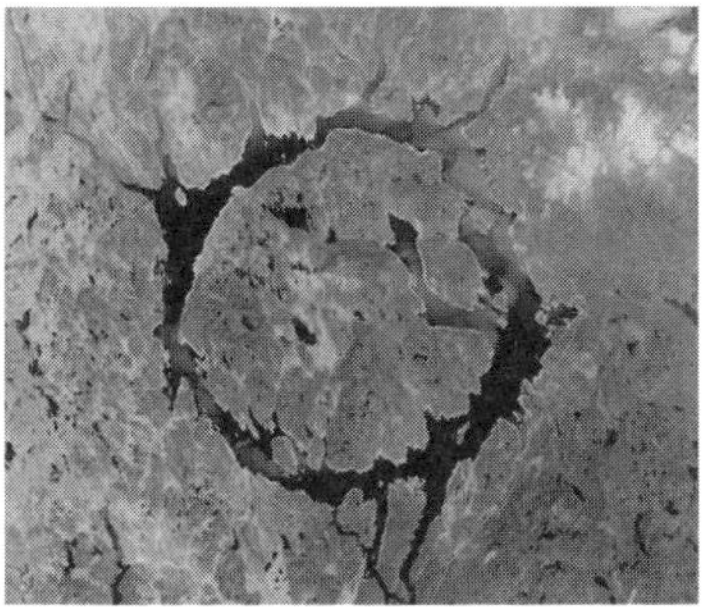

ケベック州マニクワオン　クレーター
直径100km　2億1400万年前

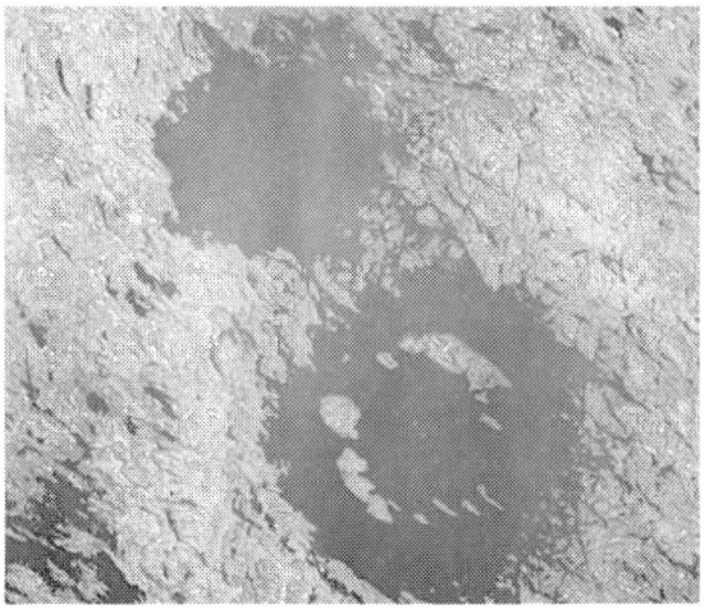

カナダ　クリアウォーター　クレーター
直径20km（上）　36km（下）

オゾンホール

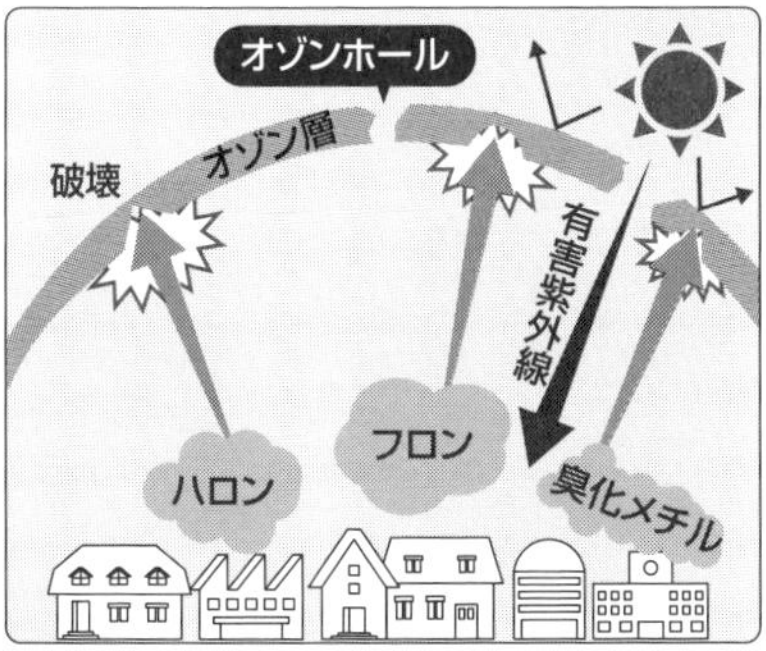

これから脅威が増していく
フロンはスプレー、冷蔵庫
エアコンなどに使用

用語解説

紫外線：可視光線より短く軟Ｘ線より長い不可視光線の電磁波。可視光線の紫色の外側。
免疫機能：身体を若々しく健康に保つ力。

49 地磁気の逆転の恐怖

いつ逆転してもいい時期、ナビゲーションシステム破壊

もう地磁気が逆転する時期に入っています。いつ起こるかわかりません。

すでに3章28項目「気象変化と地磁気の影響は」で説明しましたように、地磁気の前回の逆転が77万年前でチバニアンの時代です。人類は誰も経験してないため、何が起こるか誰にもわかりません。地球の46億年の歴史の中で、地磁気の向きは何度も逆転し、北磁極と南磁極が入れ替わってきました。

地磁気の変化は世界のいたる所で、岩石の中に記録されています。ここ数十年の間、地球の磁力は10年で5%の割合で弱まっていることも、逆転の時期が近づいていると考えられています。

地磁気がなくなれば、宇宙線を保護する壁の役割が失われます。すなわち放射線帯であるヴァン・アレン帯を形成し、宇宙線、太陽風、紫外線から、生命を守っているのです。一方、地球の大気〈窒素、酸素、水蒸気〉の宇宙空間への流出をふせいでいます。

地磁気の逆転に伴い世界中のナビゲーションシステムは破壊されます。通信機能などに深刻な影響を与え社会生活への打撃となります。太陽からの有害な放射線によって、地球上の生命は絶滅の危険にさらされることになります。大気中の微粒子がイオン化され、オゾン層を破壊し、世界中で気候変動が起こります。

また、地磁気の逆転によって地殻のプレートの動きが活発になり、プレート境界に位置する火山の爆発がおこり、地震と津波が多発します。人類は地磁気の逆転によって壊滅的な事態に襲われるかもしれません。

地磁気の逆転にとって起こり得る自然災害や異常気候評価ため、磁場の逆転の影響をシミュレートする研究などが必要です。磁極の逆転は酸欠状態にもなりかねず、人類の未知であり、「いつおこるかわからない」だけに、恐怖です。

要点BOX

- 地磁気の向きは何度も逆転し、北磁極と南磁極が入れ替わってきた
- 地磁気の逆転で人類、社会が破壊されるかも

1900年以降の北磁極の動き

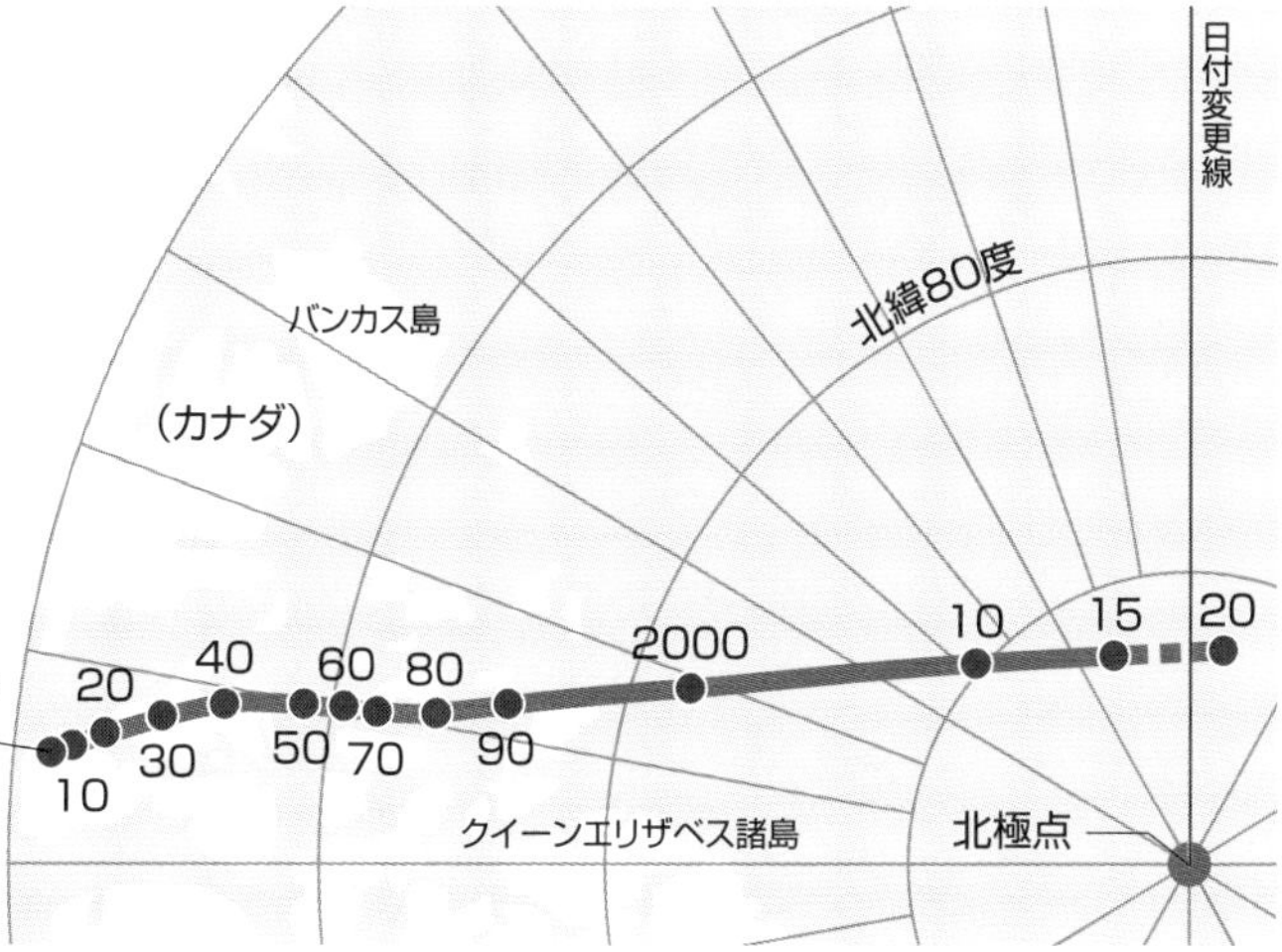

京都大学磁気世界資料解析センター

磁極と地軸

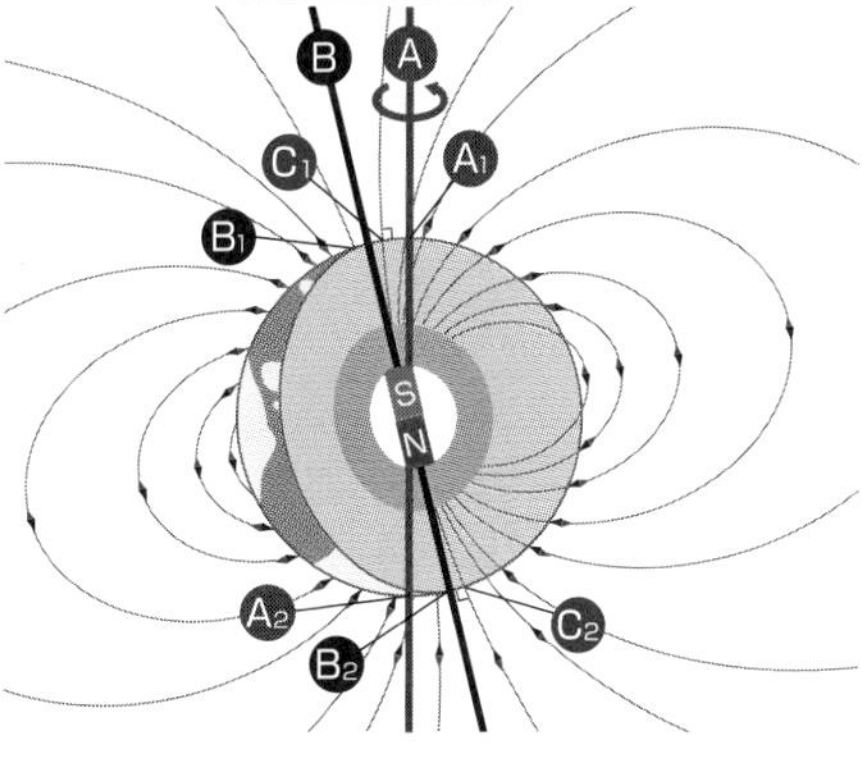

C1が北磁極、C2が南磁極。Aは地軸でA1が北極、A2が南極。Bは地磁気の軸で、B1が地磁気北極、B2が地磁気南極。

ヴァン・アレン帯

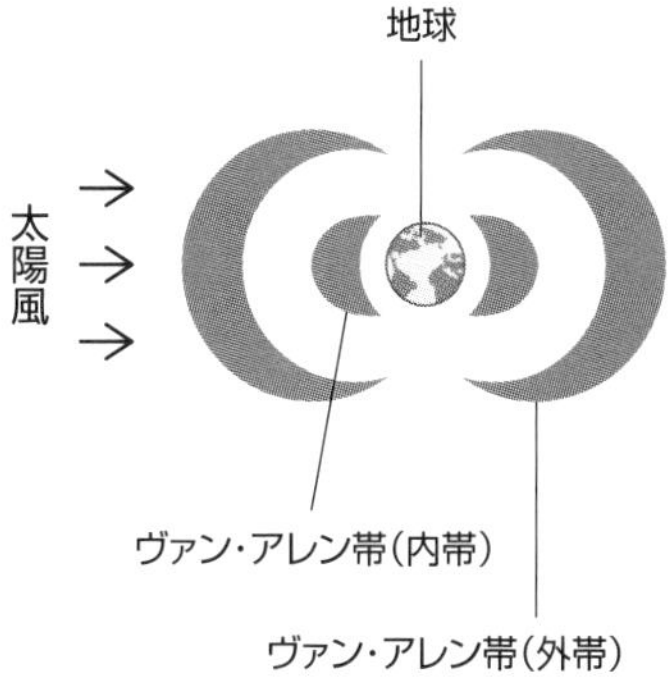

用語解説

ヴァン・アレン帯：地球の磁場にとらえられた、陽子、電子からなる放射線帯。有害な宇宙放射線を遮るバリアーの役割を果たしている。

50 気候変動の脅威

水没、洪水、豪雨の日常化、日照り

毎年のよう、ゲリラ豪雨に見舞われ、スーパー台風が上陸し、生活が脅かされています。気候変動の極端気候の危険性をひしひしと感じています。豪雨が続けば地滑りの危険性が高まり、山間部住民への大きな脅威となります。洪水や水没は平野部住民を脅かします。

地球温暖化がもたらす気候変動は、極端な気象現象、氷河の融解、海面上昇、豪雪、寒波など災害に結びついています。温暖化が進行していけば、さらに災害が増加していくでしょう。熱波の増大や熱帯病の拡散、水資源、食料生産が減少していく事態となっていきます。

活発な梅雨前線による九州の2020年7月の豪雨で洪水、水没の被害が広がりました。同じ場所で次々に積乱雲ができて列をなす線状降水帯が原因でした。

岐阜や長野の雨は太平洋からの暖かく湿った風が山にぶつかり、発達した雨雲がもたらした豪雨が続きました。豪雨の「常態化」がさらに進めば、社会経済基盤にも被害が及ぶでしょう。

日本、インド、フィリピンなどでも豪雨・洪水で被害があり、フランスのモンペリエでも数時間で半年分の雨が降りました。地域によっては日照り続きで水不足が心配される旱魃に見舞われ、田植え後、ほとんど雨が降りませんでした。そのため、稲は育たず、地面は割れてしまい、この農地の稲はすべて枯れてしまいました。農地がすべて浸水して収穫ができなくなった野菜農家もありました。温暖化によって水不足の危機にさらされる人は、世界の人口の6分の1にのぼります。気候変動が日本でも世界でも大変な状態になっています。異常な気候はもう新たな日常です。「観測史上最高気温、雨量」といわれても頻繁に記録が更新されています。このように地球温暖化は、生活を脅かし、まさに私たち人類自身の問題です、人類の生存にとって大きな脅威となってきています。

要点BOX

- **地球温暖化がもたらす気候変動が世界各地で様々な影響を及ぼす**
- **地球温暖化は、人類の生存にとって大きな脅威**

線状降水帯

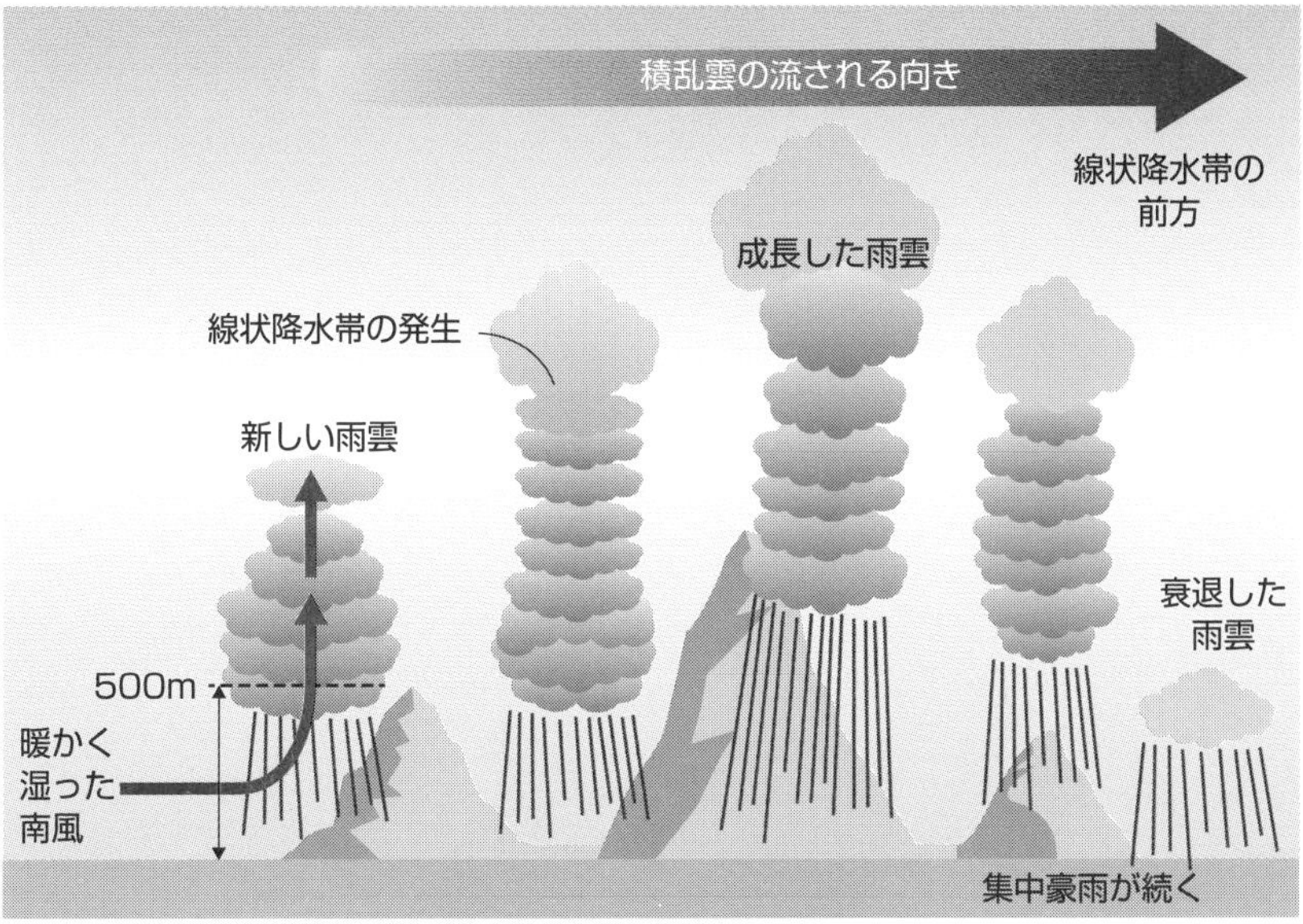

線状降水帯の発生の条件

- ●水害に結びつく
- ●積乱雲が線状に並び、規模は幅 10～50km、長さ 50～200km
- ●同じ場所で数時間激しい雨が続く、まさに集中豪雨

用語解説

線状降水帯：次々と発生する発達した雨雲が列をなした積乱雲群によって、数時間ほぼ同じ場所を通過または停滞することで作り出される、線状に伸びる長さ50 - 300 km程度の降水帯。

福島の廃炉には何年かかるのか?―放射能の処理の限界

「燃料デブリの取り出し」「汚染水の処理」「地層処分」「廃炉処分」などと福島原発の問題はどれも解決の見通しが見えてきません。

政府は、福島第一原発1～3号機の原子炉の冷却に排出されている放射性物質を含む100万トン以上の処理済みの汚染水を、福島県沖の太平洋に放出する計画を承認しました。

福島第一原発で増え続ける汚染水は、タンクに溜めています。すでに水は約120万tと莫大です。1日140tの汚染水が発生します。福島の廃炉作業は「汚染水対策」「燃料取り出し」「解体・片付け」の順で進められる計画ですが、福島第一原発1～3号機の原子炉の冷却には1時間あたり合計15㎥の水が必要であり、汚染水対策で精一杯、という実態のようです。溶けて塊になり分散して破損した格納器設備にへばりつく「燃料デブリ」の取り出しができるのかどうか、まったくわからない、たいへん厳しい状況にあります。

溶融燃料を除去するのは事実上不可能です。炉心溶融物は、至る所に広がり散らばって、機材にへばりついています。廃炉への道も定まるどころか、まだ一歩も前に進まない状況にあります。300年はかかるだろうともいわれています。

廃炉に対して政府は、「核燃料デブリの取り出し」さらに「2051年までに、処分・解体」を行っていくという計画ですが、「絵に描いた餅」であり、しかも放射性物質に汚染された原子炉や建屋の処分も、「いつ」「どのように」行えるのかまったく不明です。

米国の1979年のスリーマイル島炉心溶融事故は、圧力容器の底に存在していたため、事故から11年目の1990年までに取り出しができました。福島は四方八方に散乱しています。パイプなどにへばりついたデブリは人間が近づけない非常に強烈な放射能を放っています。

原子力発電事業は、使用済み燃料の危険な放射性廃棄物を地中深くに一万年以上にわたり、安全に保管しなければなりません。日本のような地殻変動帯では安全な処分場所はありません。

溶融燃料を除去するのは事実上不可能で石棺のように粘土を大量に使って埋めることです。なお粘土は放射線を遮蔽し水も遮断する特徴があります。

第6章

地球の異変はくいとめられるのか

51 プレートの動き

造山運動、火山、断層、地震等の様々の地殻変動の発生

　プレートの動きはしばしば災害、異変と結びつきます。東北地方太平洋沖地震は日本の三陸沖の太平洋を震源として発生した超巨大地震でした。プレートが日本海溝に沈みながら地震が発生し、震源がプレートの中でした。地震の規模はM9・0で津波が押し寄せ、大災害となりました。日本の観測史上最大規模の地震でした。宮城県栗原市で最大震度7が観測され、東北地方太平洋岸では多くの町が壊滅し、三陸海岸をはじめたくさんの人が犠牲になりました。さらに津波によって原子炉の電源が破壊されました。原子炉建屋が水素爆発し、メルトダウンを起こしました。その後も余震が発生し、10年が経過しても、復興にはまだまだ時間がかかりそうです。

　このようにプレートの動きによって大惨事となってしまいました。造山運動、火山、断層等など地殻変動はプレートの動きによって発生します。プレートは年間数㎝の速さで動いています。

　日本列島は、地球を覆っている十数枚のプレートのうち4枚のプレートの衝突部にあって、世界的にも活発な沈み込み帯（サブダクションゾーン）のフロントに位置しています。

　日本列島は北米プレートとユーラシアプレートの2つの大陸地殻にまたがり、さらに太平洋プレートあるいはフィリピン海プレートの沈み込みによって2方向から強く圧縮されています。プレートの周辺部には圧縮されたり、引っ張られたりする力が働き、このプレート運動が生み出す巨大な力が、地震を引き起こすのです。

　マントルの対流によってプレートは動き、プレートが動くことによって、断層が生じ、地層が褶曲し、ゆがみ地殻変動を起こし、造山運動となり、火山が爆発し、時に大異変を引き起こし、大災害になります。この動きは止められません。人類の力を遥かに越えた力が働いているからです。自然の猛威です。

要点BOX

●プレートの動きはしばしば災害、異変と結びつき、造山運動、火山、断層等など地殻変動はプレートの動きによって発生する

プレートと地震

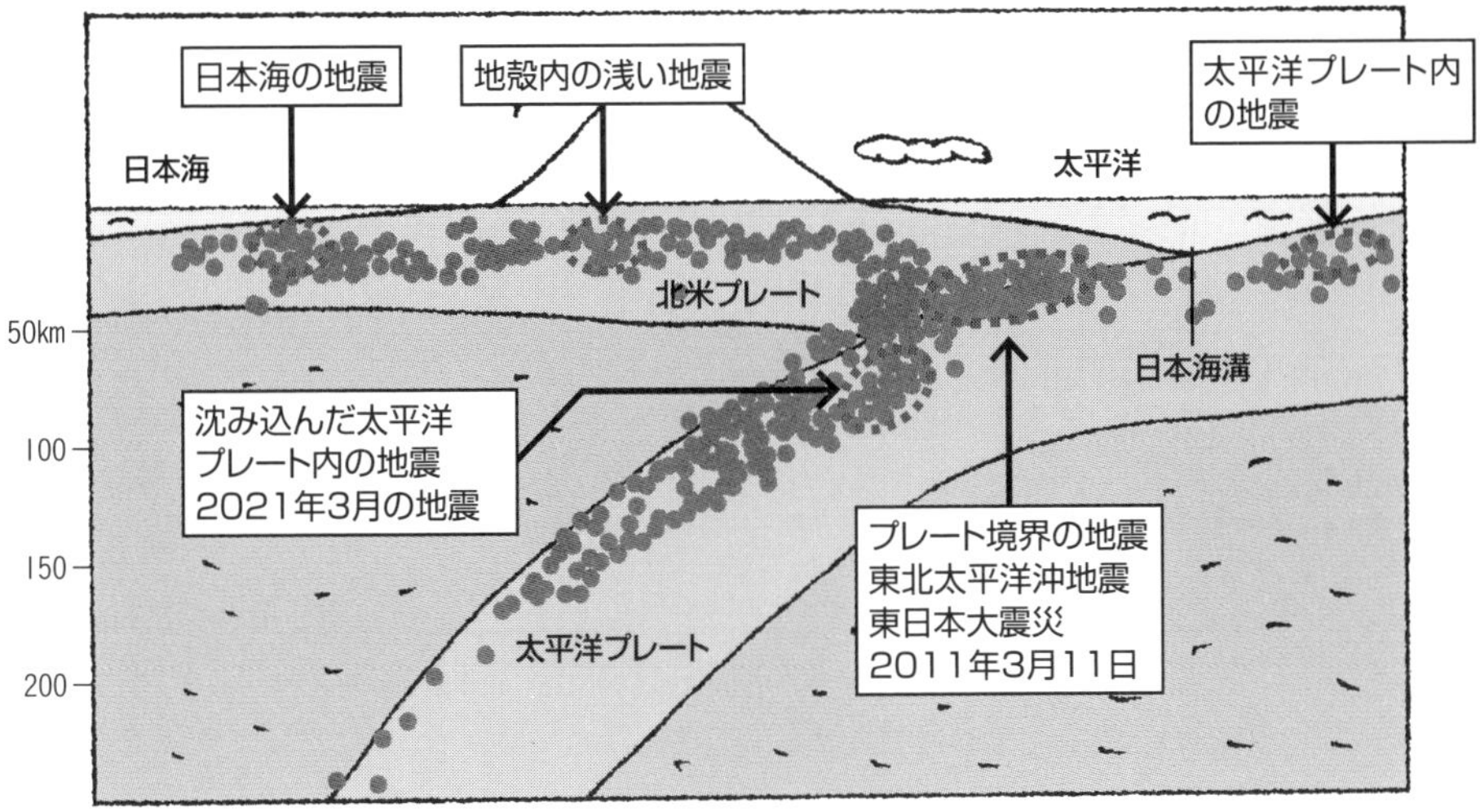

●震源

日本周辺のプレート

● 4 つのプレートがぶつかるところに日本がある

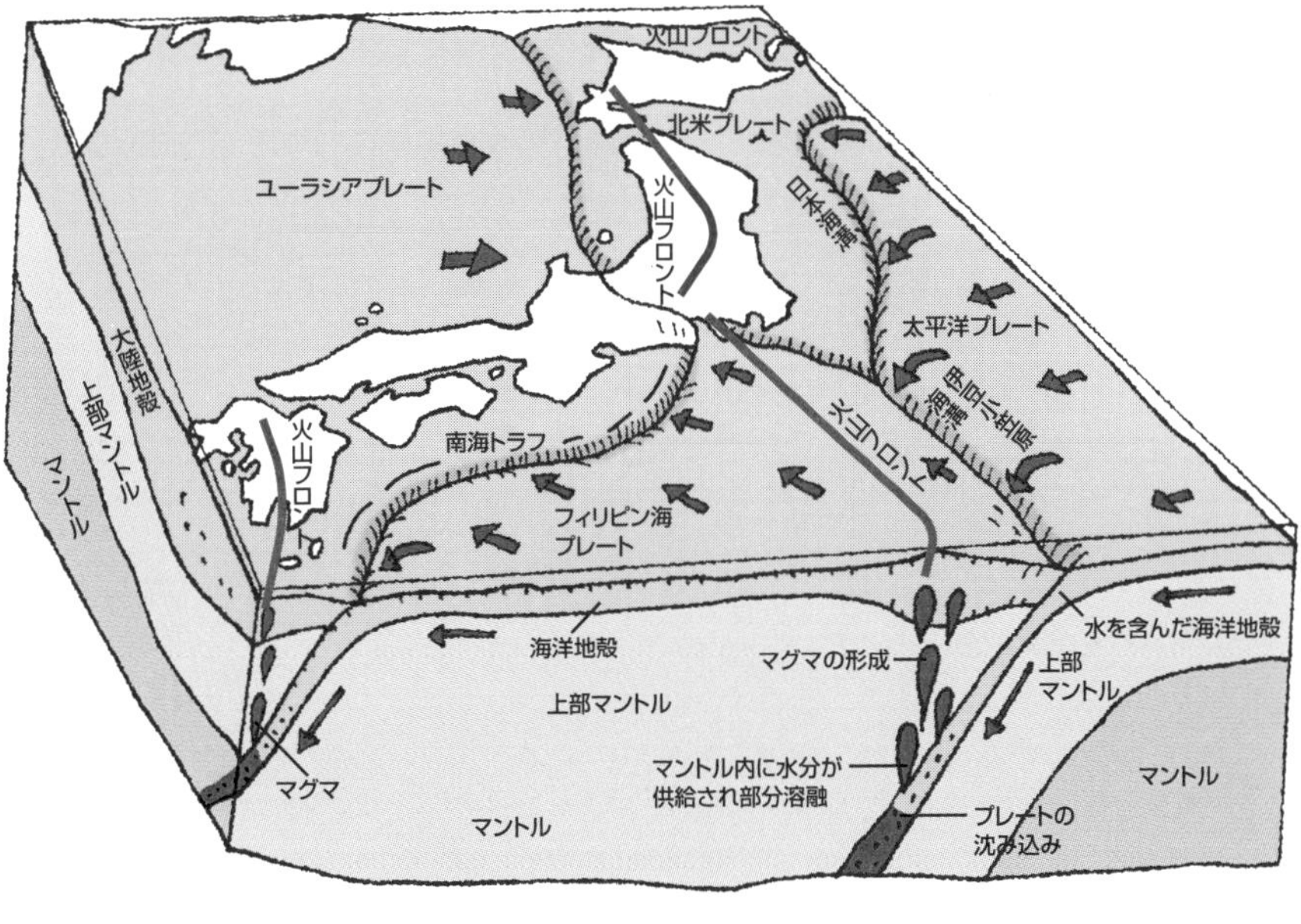

52 気候変動への対処

化石燃料の利用停止

温暖化による豪雨、災害、洪水などの気象災害が世界中で多発しています。化石燃料の利用で空中での二酸化炭素の濃度が高まり、その濃度は高まる一方です。

化石燃料は石油、石炭、天然ガスなどで、微生物の死骸や枯れた植物などが数千万年から何億年という時間をかけて化石になり、さらに埋没過程で地圧・地熱などにより変成されて石油や石炭、天然ガスになりました。これらは人間の経済活動で燃料として用いられ、産業革命以後、工業化の進展とともにエネルギー資源として使用してきました。しかし、化石燃料を燃焼させれば、二酸化炭素（炭酸ガス）を排出します。

化石燃料はエネルギー源全体の大半を占めています。石油はガソリンや灯油、そしてプラスチックの原料として使われ、石炭は発電などに使われています。天然ガスは発電に使われ、また、家庭用のガスとして使われています。

その結果これまで述べてきたように（4章）地球温暖化の主因となっています。化石資源は、エネルギー源全体の80％近くを占めていて、今や私たちの生活に欠かせないものです。しかし、このまま使い続ければ、ますます環境を悪化させてしまいます。私たちの生活ばかりでなく、生存への脅威となり、社会の維持を困難にさせるでしょう。豪雨、砂漠化など異常気象が頻繁になり、日常化していきます。化石燃料の利用を停止しないと、猛暑、豪雨など過酷な環境の中で、社会も生活も破綻に繋がります。

このように化石燃料を使うと二酸化炭素がどんどん増えていき、温暖化は進みます。化石燃料に代わるエネルギー源として自然エネルギーなどの開発が進められていますが、社会、生活を変えていかなければなりません。自然エネルギーを増やしそれを中心とする社会を築かなければならないでしょう。

要点BOX

●化石燃料を使い続ければ、猛暑、豪雨など過酷な環境の中で、社会も生活も破綻に繋がる

日本の化石燃料の利用依存度

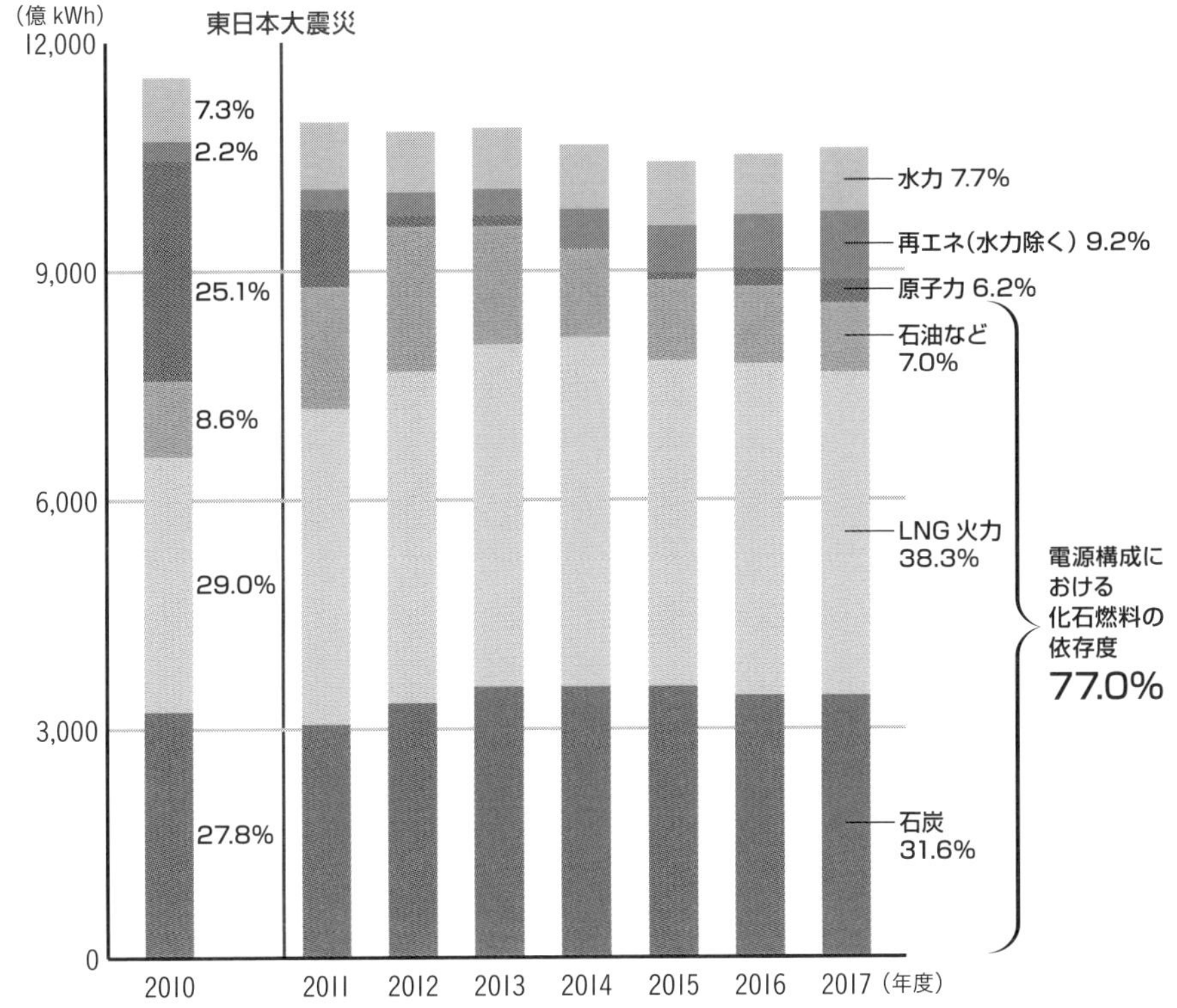

●化石燃料は減少していない

化石燃料の利用と温暖化の進行

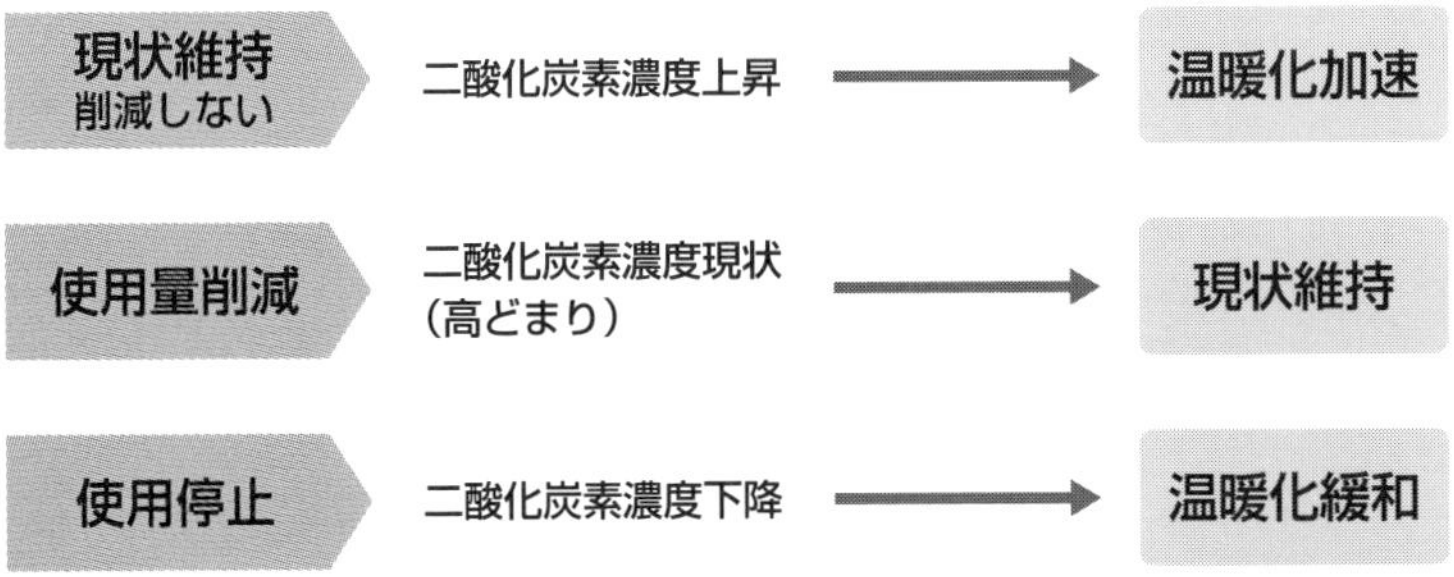

用語解説

天然ガス：天然ガスとは、天然に産する化石燃料、液化天然ガス(LNG)、都市ガスの主原料。
自然エネルギー：太陽光や熱、風力、潮力、地熱など自然現象から得られるエネルギー。

53 放射能はどうなるのか

処理困難、廃棄、汚染、人類への脅威

福島原発事故で放射能の恐ろしさをまざまざと感じました。原発は人類に脅威を与えるかもしれませんが、一方でウランやプルトニウムなどの元素に核分裂反応を起こさせ、莫大なエネルギーを発生させます。

現在原子力発電に使用されている燃料は、ウラン235を濃縮させ3～5%にします。核分裂する元素は、自分で放射線を出し壊変して別の元素に変化します。半数が壊変する時間を半減期といいます。

20億年前の出来事、アフリカのガボン共和国のオクロ鉱床は、自然界が生み出した原子炉で「オクロの天然原子炉」といわれています。現在の原子力発電の炉で起こっていることが、オクロの天然原子炉は30万年間という長期間、自律的な核分裂反応が自然状態で起こっていました。自然の核分裂反応で生産されたエネルギーは100kWと推定されました。水が減速材で「軽水炉」と同じように機能していました。ウラン鉱床の温度が低くなると再び地下水が流入して核分裂反応が起こる、というサイクルを繰り返しました。このオクロ以後、自然状態での天然原子炉は発生していません。

原子力発電事業は、使用済み燃料の危険な放射性廃棄物を地中深くに一万年以上にわたり、安全に保管しなくてはなりません。しかし、福島の放射性廃棄物のデブリが炉心溶融のメルトダウンおよび原子炉建屋の水素爆発で飛び散り、廃炉への方法、完了時期をいっそう困難にさせています。さらに冷却水の放射性物質の除去も十分ではなく、貯蔵タンクの置き場所も無くなってきています。

原発は無理に人工的に核反応を起こしています。人類は放射能汚染、飛散、拡散を食い止め、放射能を無害化する技術は持っていません。地球の自然のシステムに逆行して原子力発電が存在しています。放射能が拡散しないよう冷却水を管理し炉心溶融がおこらないようにする必要があります。

要点BOX

- ●ウランやプルトニウムなどの元素に核分裂反応を起こさせ,莫大なエネルギーを発生させる
- ●地球の自然のシステムに逆行する原子力発電

原発事故による放射性物質の拡散と被ばく

スギ林内放射性セシウムの割合

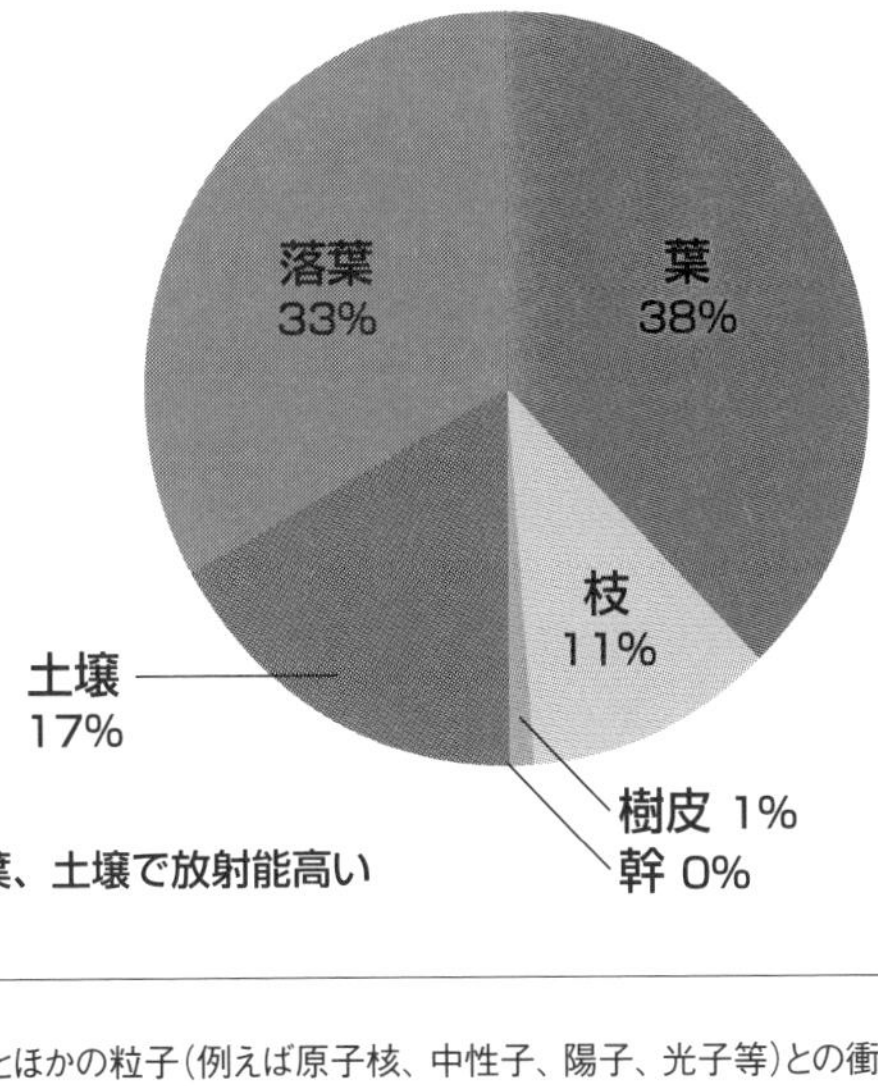

●葉、落葉、土壌で放射能高い

用語解説

核分裂反応:原子核とほかの粒子(例えば原子核、中性子、陽子、光子等)との衝突によって起こる原子核反応(散乱、吸収、分裂等)の1つが核分裂反応。
デブリ:フランス語で残骸とかゴミという意味の言葉、原発の放射性廃棄物のこと。
半減期:ある放射性核種の数が半分に減るのに要する時間のこと。

54 微細プラスチックによる脅威

プラスチック製品の使用制限

プラスチックは身近なものです。どこにでもあり、よく見ると身に着けているものにもプラスチックはあります。プラスチックは「安価」で「安全」で「加工しやすい」というメリットが多い素材です。

マイクロプラスチックとは一般的に直径５㎜以下の小さなプラスチックのことをいいます。目に見えない微細なものです。

プラスチックごみともいい、海中で有害物質を吸着しやすく、プランクトンや魚などの体に蓄積されるため生態系への影響が懸念されています。海洋ゴミなどの大きなプラスチック材料が壊れて段々と細かい断片になり波などの機械的な力と太陽光、特に紫外線（ＵＶＢ）が引き起こす光化学的プロセスでマイクロプラスチックが形成されます。

ごみとして捨てられたり、ごみ処理施設へ輸送される過程で、風や雨で流され、下水を通って海に流れ着きます。マイクロプラスチックは、環境中に存在する微小なプラスチック粒子であり、海洋環境において極めて大きな問題です。化粧品や衣服などにも微細なプラスチックが使用されており、口紅やマスカラなど化粧品には、つや出しなどの目的で、０・００１～０・１㎜ほどのマイクロプラスチックが多く使用されています。化粧を落とし、洗濯機で衣服を洗えば、マイクロプラスチックが下水道から川を通り、海に流れ出てしまいます。世界の水道水の８割、北海道釧路市などの水道からもマイクロプラスチックが検出されています。これは海の生態系や人類にとって脅威です。

毎年少なくとも８００万トンに及ぶ量が新たに流出しており世界でプラスチック削減の動きが広がってきています。政府や企業は代替素材の開発や量産、使用制限に乗り出したり、代替素材への転換を始めています。日本はマイクロプラスチックの世界平均の２倍以上摂取しています。

要点BOX

●プラスチックは、廃棄されゴミとなって海洋に運ばれ砕かれ、細かくなって海の生物の体に取り込まれ、生態系への影響が懸念される

世界の海に流出するマイクロプラスチック

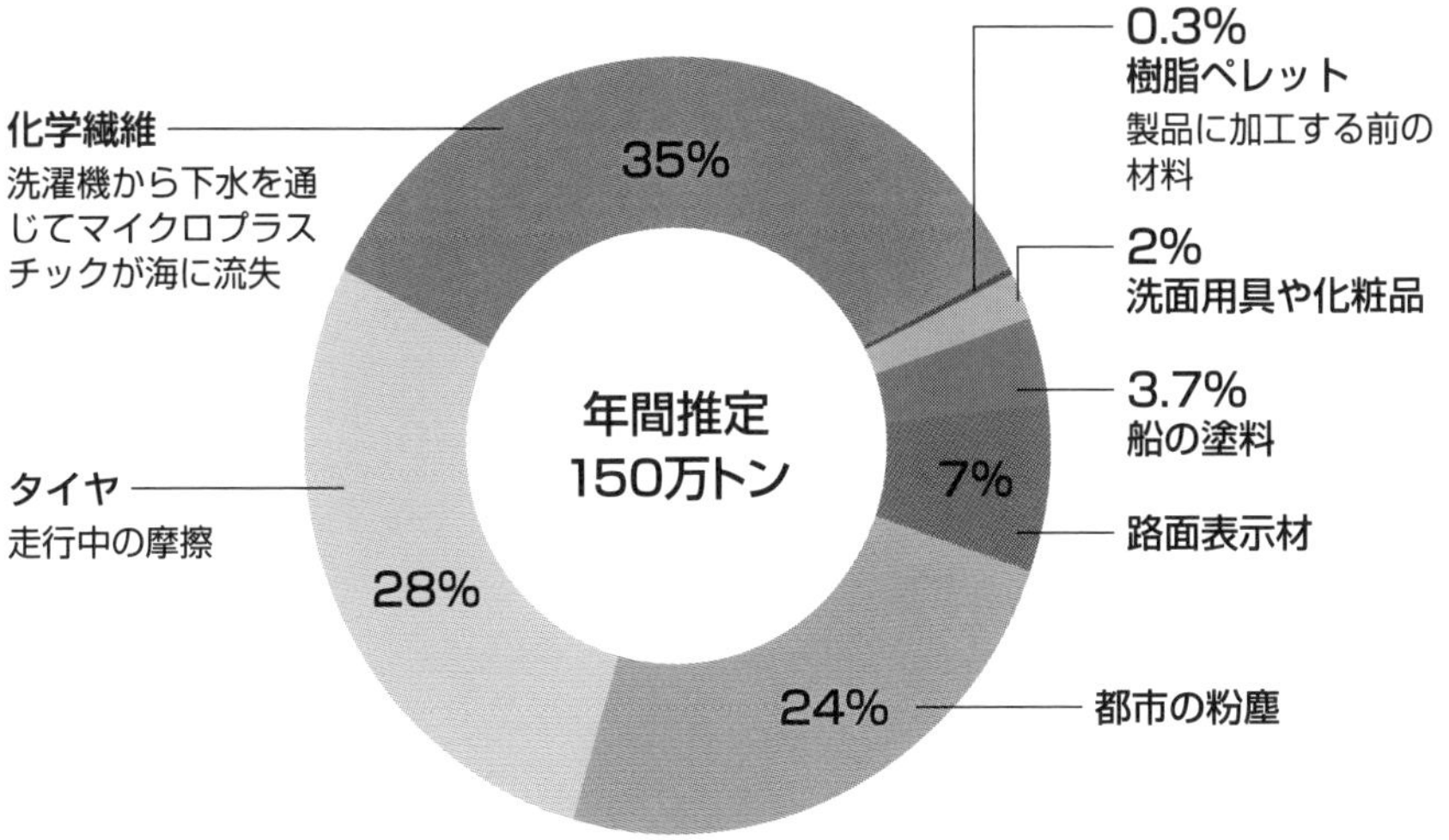

出典:国際自然保護連合(IUCN.org)

製品・廃棄物—マイクロプラスチックから体内へ

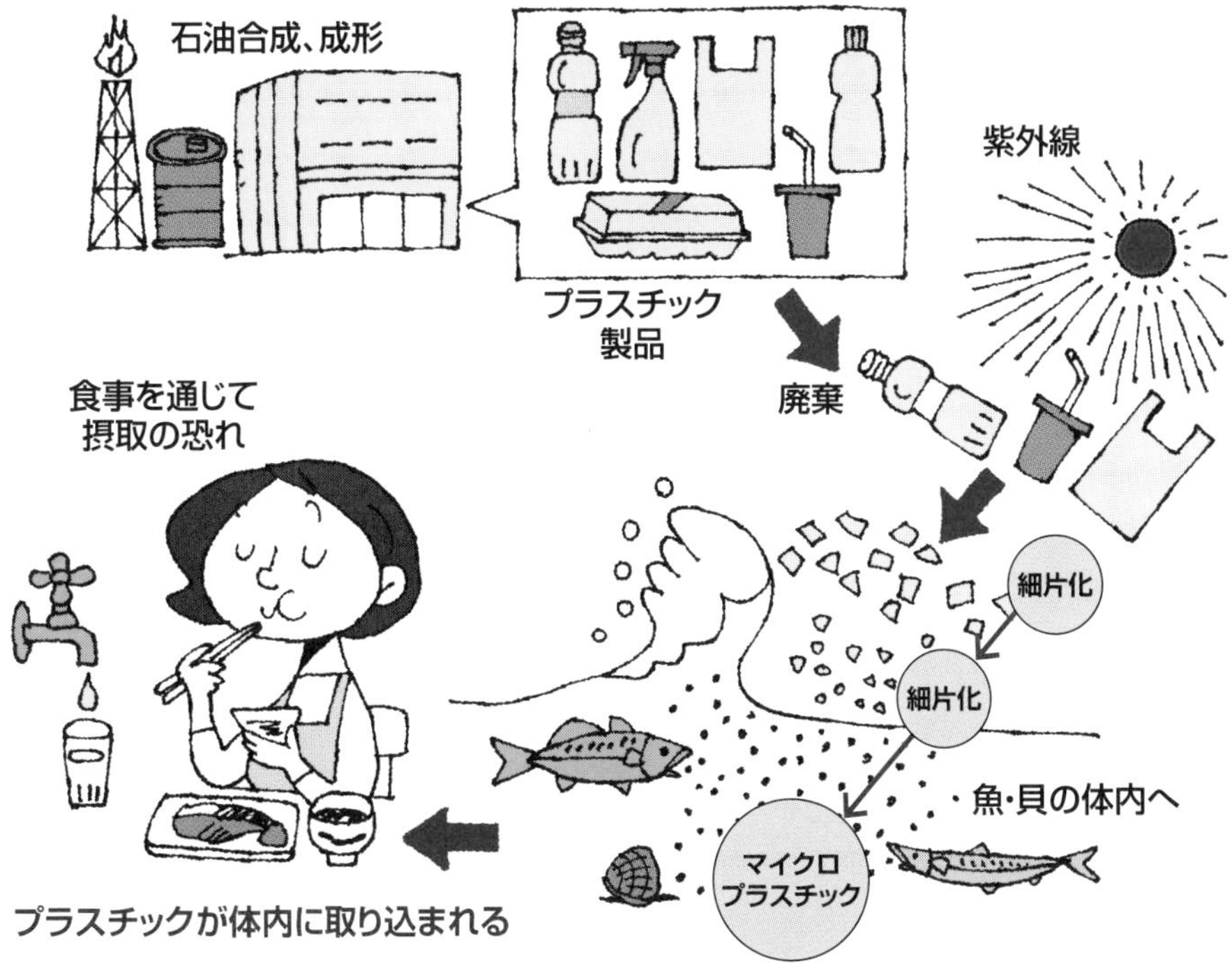

55 大陸移動の停止

超大陸の形成、分裂、移動、14・5億年後に終了説

大陸が、もう40億年もの間マントル対流によって動いています。動きながら地球に山と海があり、山を壊し山をつくり、地震を起こし、火山を噴火させ、新しい陸地をつくり、海洋を拡大させ、大陸を分裂させ、プレート運動がずっと続いています。地球の中心にある熱の放出です。

マントル対流により地球の表面では超大陸がつくられ、分裂し、移動し、地球の営みが続いてきています。

初期の地球は微惑星の衝突によって非常な高温になっていましたが、時間がたちながら地球は冷えてきました。しかし冷え切らずに地球の内部に高温の塊が残っています。コアです。ウラン、トリウム、およびカリウム40などの放射性物質から発生する放射線のエネルギーが熱に変わっているためです。これらは半減期が長いため、地球が誕生してから46億年経った現在でもコアに残っていると考えられます。プレートを動かし、造山運動を起こす熱源になっています。

コアの温度が冷えていけば、コアからマントルへの熱の輸送がなくなっていき、冷却に伴う粘性率が上昇し、マントルが冷えて溶岩が地殻の下を移動できなくなるため、マントルの対流も徐々になくなっていきます。大陸の移動も停止し、火山噴火も無くなり、地殻の変形も地震も減っていきます。生物進化の原動力となってきた環境変化も終息していき、生命活動が消滅に向かいます。生物も気温の低下などで、生息地も狭まり、次第に生物はいなくなっていきます。

この時期が約14億５０００万年後にやってくる、といわれています。太陽が膨張して赤色巨星になり、地球を飲み込むのは今から約54億年後と考えられていますので、それよりもだいぶ前になります。

火星には10億年以上前に活動をやめた死火山があります。今では火山活動はありません。地球の大陸移動停止後の姿に類似します。大陸の移動停止は想像を超えた世界になります。

要点BOX

●マントル対流が地球に地震を起こし、火山を噴火させ、山と海や新しい陸地をつくり、海洋を拡大させ、大陸を分裂させる

大陸移動の停止

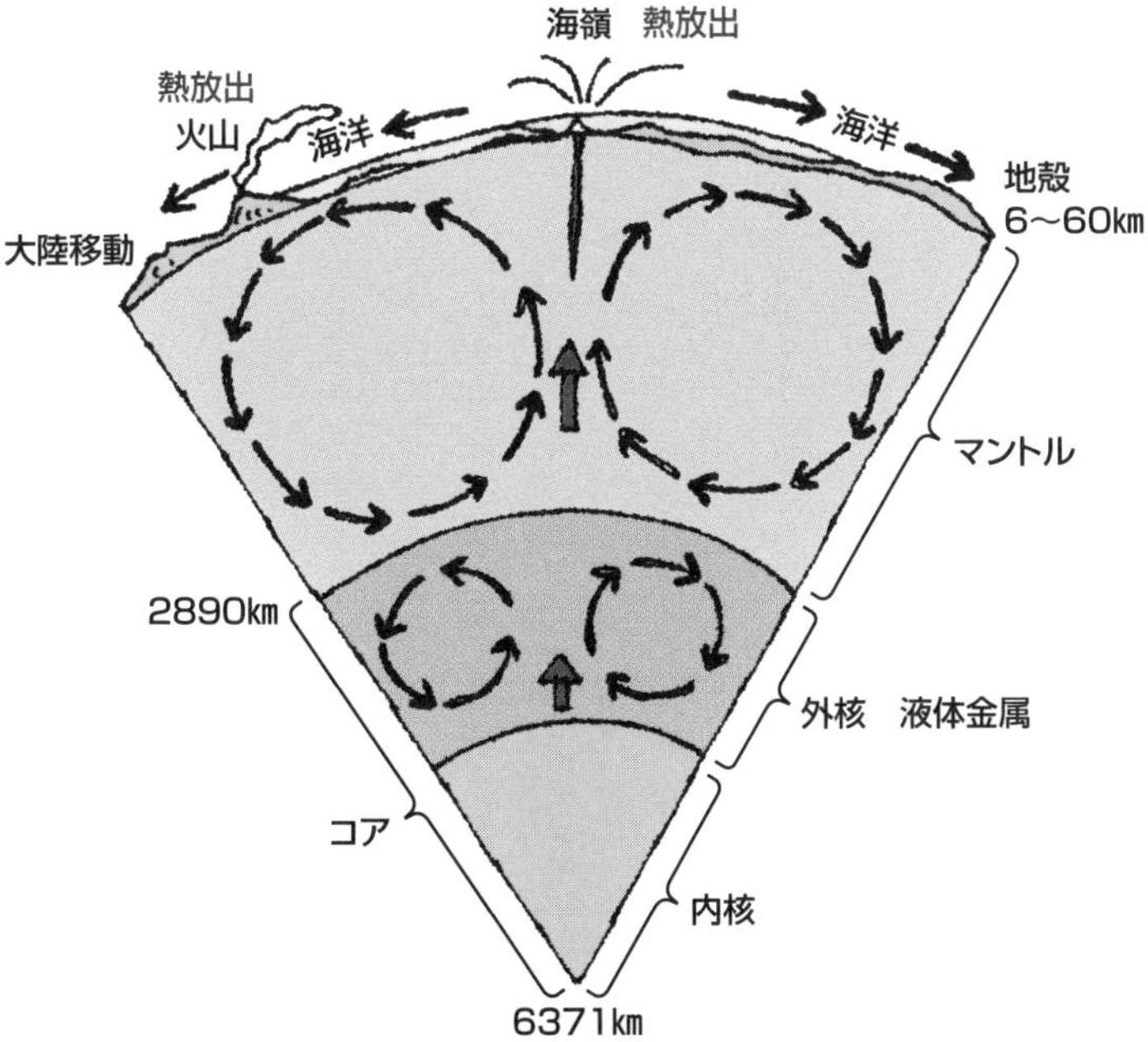

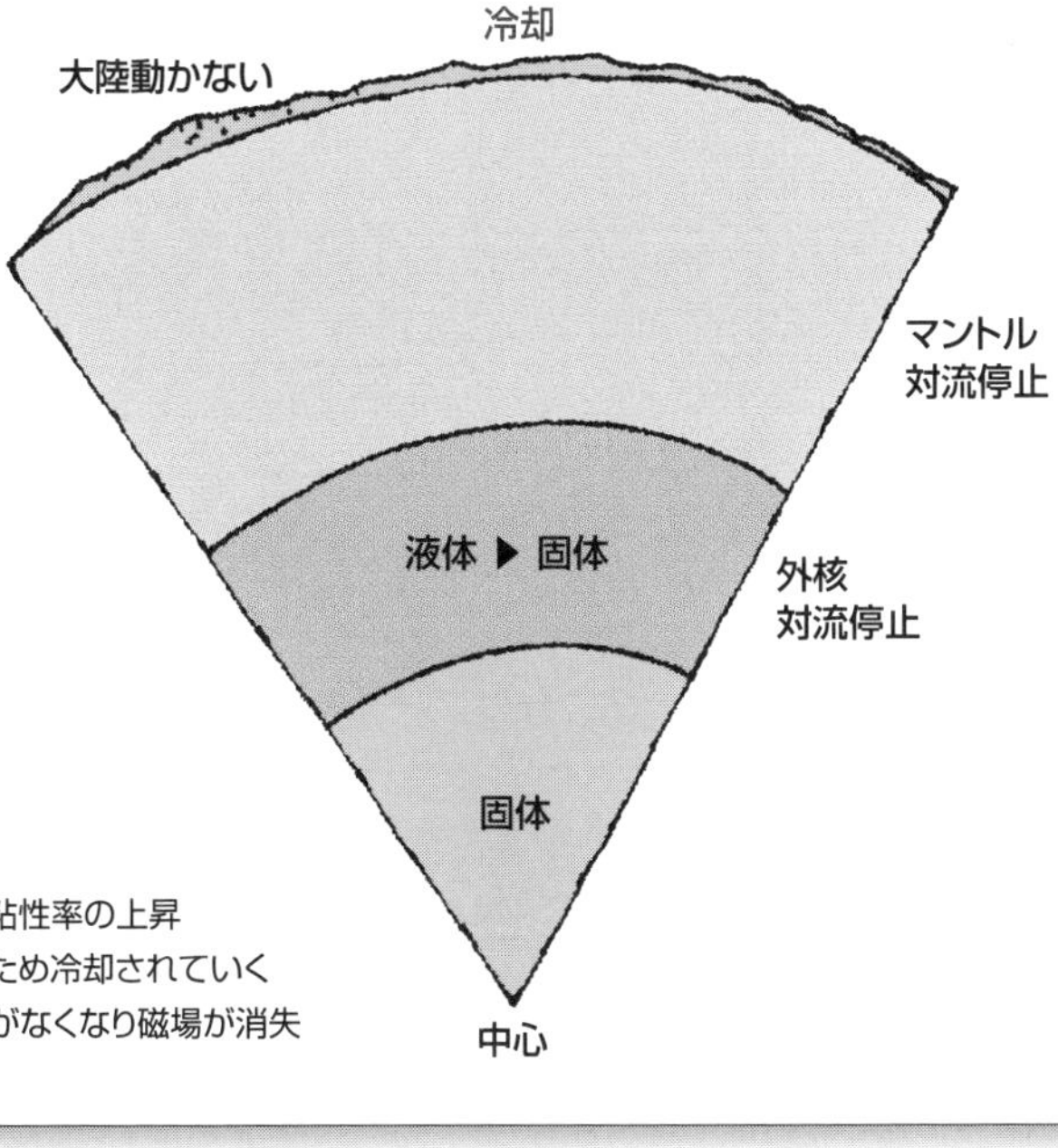

●冷却に伴い粘性率の上昇
●熱源がないため冷却されていく
●外核の対流がなくなり磁場が消失

56 冷えていく地球

寒冷化、温暖化による海流の変化

地球はこれまでの46億年の歴史を通し、マグマの海の灼熱の惑星が、温度が下がり、生物が住める惑星になってきました。現在は、温暖化で気温が上がってきているものの長い歴史の中では〝冷えていく地球〟です。氷河期があり、間氷期があり、暑くなったり、寒くなったりの繰り返しです。温暖化の中で気候変動もあり、間氷期はおそらく数万年間続くと予想されています。そのような中で地球温暖化が進行しています。

１９００年以降は、火山の噴火や太陽からの輻射といった自然のサイクルによる気温の変化よりも、人為的要因での気温上昇幅の方が大きく世界の平均気温は上昇を続けています。

また地球温暖化による海流の変化が原因で急速な寒冷化も起こっています。氷河の融解と海水温上昇が熱塩循環を弱めています。弱まると熱帯地方の海水が北上せず、北大西洋は冷やされます。欧州はより寒く、乾燥した気候になり、熱帯地方はより強いハリケーンに見舞われる可能性がでてきます。さらに頻繁に世界各地で大規模な「異常低温」が発生します。

暖かな海流が英国付近に到達すると、冷やされグリーンランド海、アイスランド海、ノルウェー海の底に沈み、冷やされた海流は海底を蛇行しながら南極海へと向かいます。

地球温暖化は地球全体の平均気温が均等に数度上がることではなく、平均気温の上昇で従来の気候システムが変化し、予期せぬ異常気象が増える可能性が大きくなる現象です。したがって局地的な寒冷化の頻繁な発生は、これからますます増えていくとみられています。さらに対流圏の上空にマイナス１１０℃の雲が発生するようになりました。この雲が対流圏へと下がってくれば、極低温が頻繁にみられるようになります。冷えていく地球のなかで、熱塩循環が弱まれば、脅威となります。

要点BOX

●地球温暖化による海流の変化が原因で急速な寒冷化が起こり、冷えていく地球のなかで、熱塩循環が弱まれば、脅威となる

地球の低温化

	どんな現象が起こるのか	人類への影響
将来	●大陸移動の停止―マントル対流終息（14.5 億年後） 地球中心（コア）からの熱の放出はなくなる ●磁場の変化（逆転）N 極→S 極　雲が多くなり太陽光を遮断	人類、生物の絶滅の可能性 存続困難
	●熱圏の縮小（薄くなる）―太陽の活動減少	まだよくわかっていない
	●間氷期から氷河期へ（数万年以内）	人類の生存懸念
現在	●温暖化による海流の変化―熱塩循環が弱まる 局所的に異常低温となる ●偏西風の蛇行―寒冷化を発生、常態化していく可能性 ●火山噴火によるエアロゾルが地球を覆う　太陽光が遮られる―低温化 ●太陽の活動減少―黒点の減少―低温化	●食料飢饉 ●異常気象となり季節感が乏しくなる

偏西風の蛇行―常態化

●温暖化の影響―異常低温発生
●寒気の中心から寒波が次々と流入

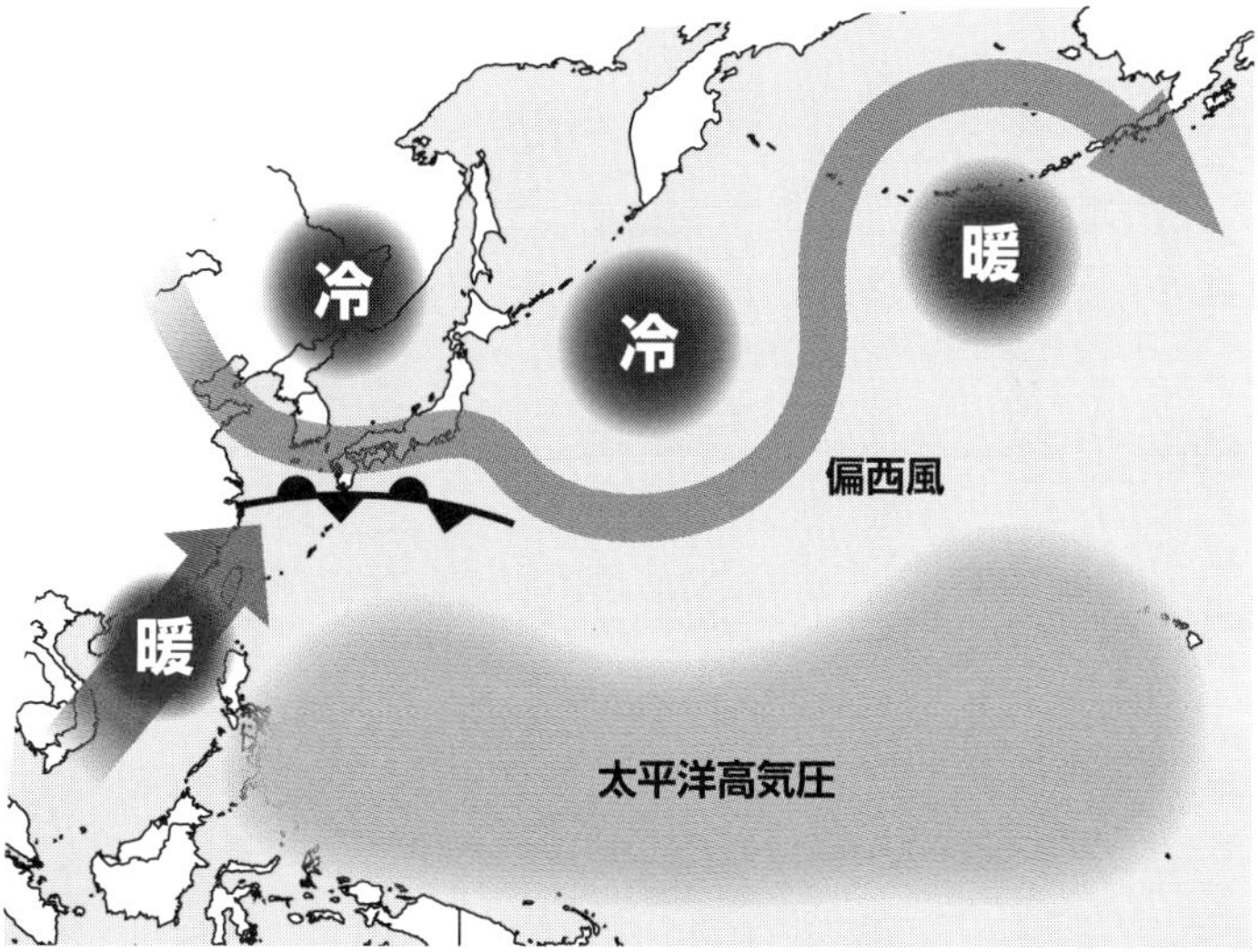

用語解説

熱塩循環：熱塩循環は、地球規模の海洋循環を指し、海水の密度は熱と塩分により決定される。表層海流が、冷却され、高緯度で沈み込み、また温められれば循環していく。

熱圏：大気上層部分の、高度90kmから約500kmまでの、気温が高度とともに上昇する部分。この気温上昇は太陽極紫外線（太陽極紫外光）による加熱作用の結果で、高度90kmの気温は絶対温度で190K（零下約80℃）ほど。

57 環境問題を考える

温暖化からの災害、汚染、酸性雨、森林破壊、自然災害

地球温暖化は高潮や沿岸部の洪水、海面上昇を発生させ、都市部への内水氾濫による家屋の崩壊や生計崩壊をもたらします。さらに極端な気象現象によってインフラが機能停止に追い込まれます。また熱波による死亡や疾病が多発し、気温上昇や干ばつで食料不足になり、水資源不足にもなります。農業生産は減少し生態系、生物多様性への影響が大きくなります。暑熱や洪水など異常気象による被害が増加し、サンゴ礁や北極の海氷が融解し、熱塩循環など海洋システムが狂い、マラリアなど熱帯の感染症が拡大していきます。大規模氷床が消失し海面水位がさらに上昇していき、温暖化が加速し、異常気象は日常となり、気象災害が増加します。

世界的に工業化が拡大し、交通需要は増大し、窒素酸化物（ＮＯｘ）や二酸化炭素（ＣＯ^{2}）等の大気汚染物質の排出量が増大しています。

酸性雨は、大気汚染によって降る酸性の雨（pHの低い雨）ですが、二酸化硫黄や窒素酸化物の濃度が高い雨です。酸性の雪は酸性雪です。森林破壊、野生生物の減少といった問題を引き起こしています。森林破壊によって、森林面積が世界的に減少しています。森林の保水力が失われる結果、土壌栄養分の流出や洪水、土砂崩れを引き起こします。森林面積の変化は地域の差がありますが、熱帯雨林の森林減少が地球規模で進行しています。また水質・大気浄化能力を低下させ、さらに、二酸化炭素の固定機能の低下や生態系の基盤となる森林を失い、生物の絶滅種は増加していきます。

環境問題は年々深刻になっていきます。インフラが破壊され、生活基盤が崩壊し、私たちの生存への脅威となっていきます。温暖化からの災害、汚染、酸性雨、森林破壊、自然災害は複合して大災害につながっていきます。化石燃料の使用を世界規模で禁止すれば、災害は多少緩和されるでしょう。

要点BOX

- ●温暖化が加速し、異常気象は日常となり、環境問題は深刻さを増す
- ●温暖化は複合して大災害につながっていく

環境問題の数々

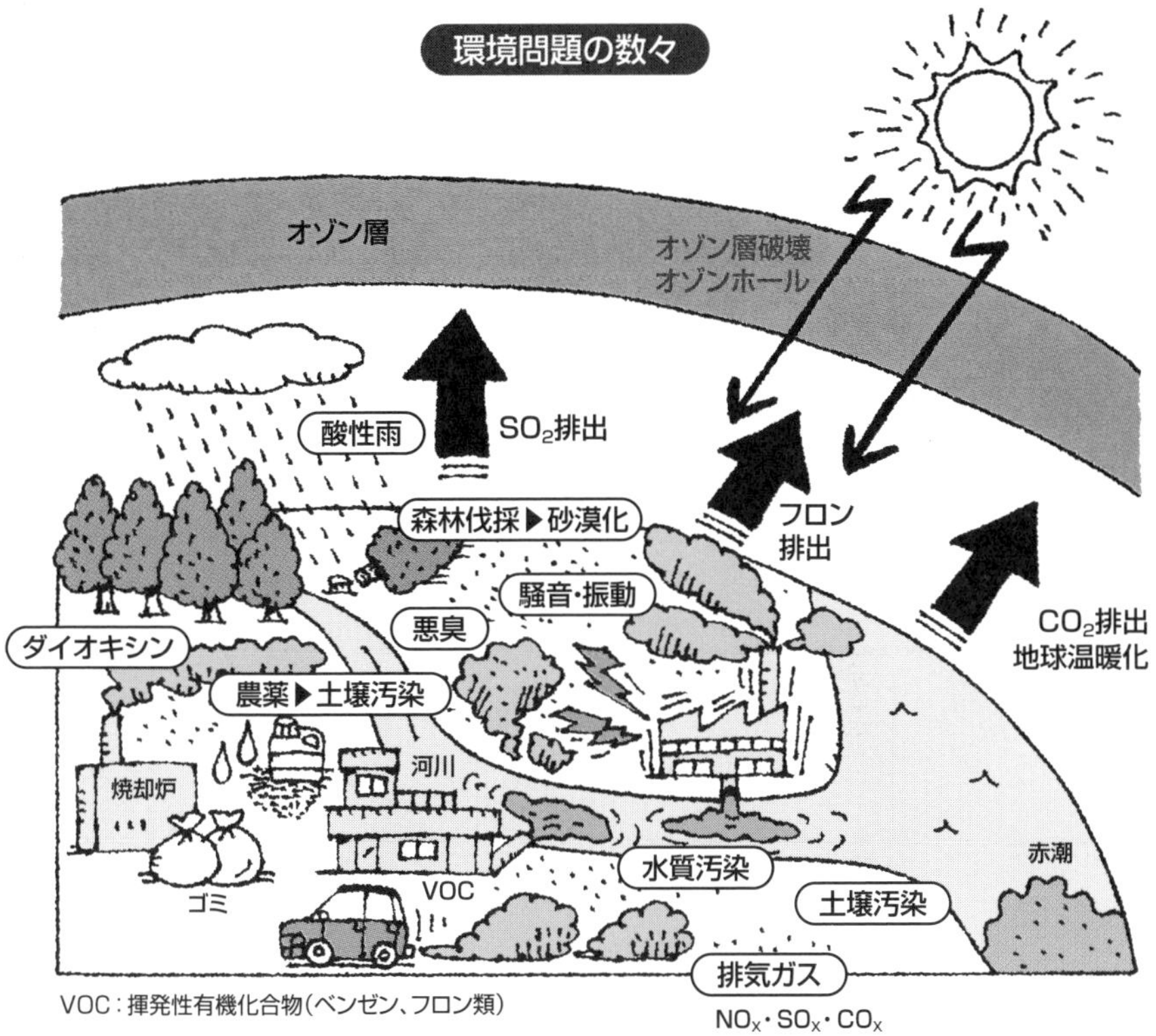

VOC：揮発性有機化合物（ベンゼン、フロン類）

年間の二酸化炭素排出量と吸収量

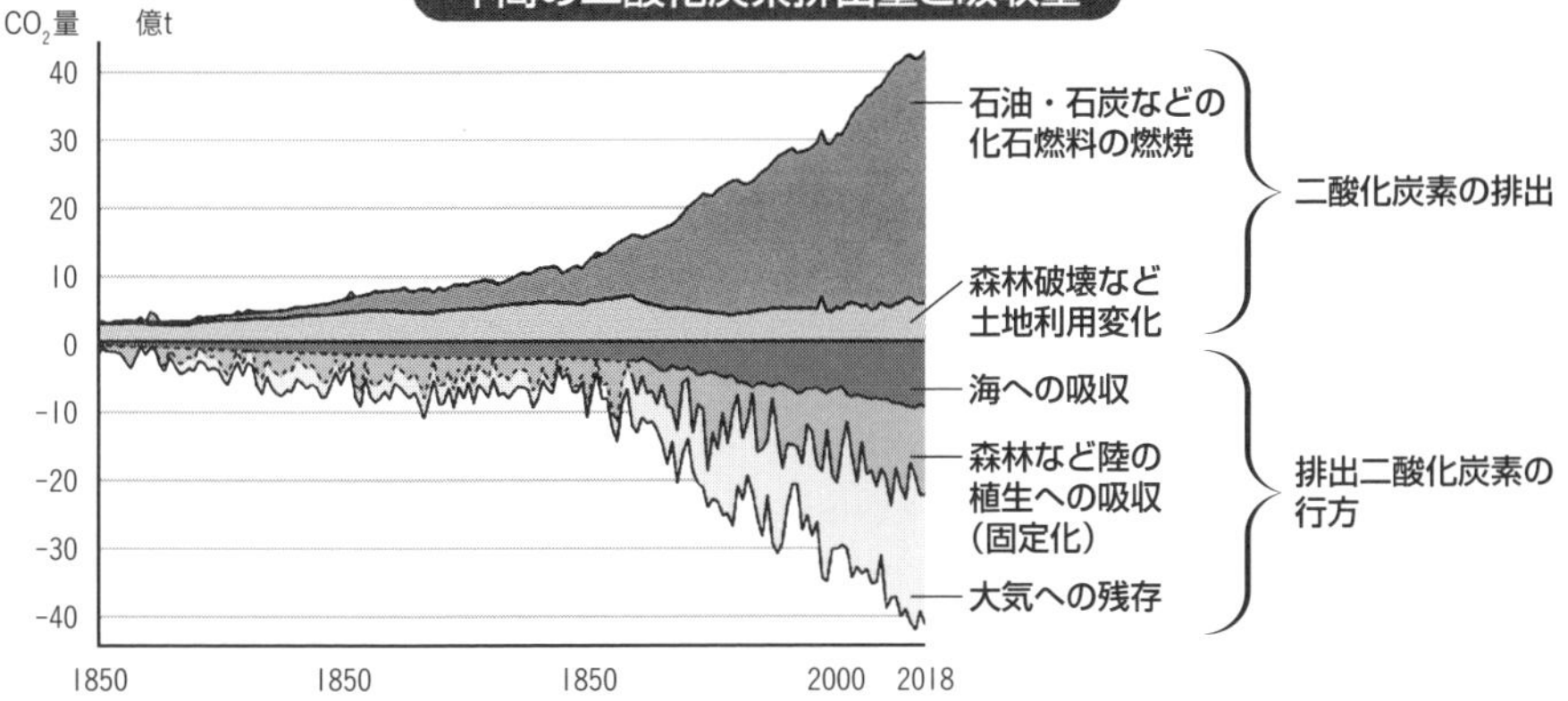

●大気への残存量が増加　●海への吸収が飽和状態

Column

魚が食べられなくなる日

マイクロプラスチックが人間の健康にどのような影響を与えるかについての研究は始まったばかりですが、毒性の高くなったマイクロプラスチックを動物プランクトンや魚が餌と間違えて食べ、魚や貝を通してすべての人の体内に知らないうちに侵入しています。今後の人類の脅威になりそうです。

また温暖化の影響で海水温が上昇し、魚介類が、日本の海に生息できなくなるかもしれません。このまま地球温暖化が進めば、海水温の上昇や海水の酸性化が起こり、日本の海には魚が住めなくなる可能性が見えてきました。日本海などの海域では過去100年の間に0・7℃〜1・7℃水温が上昇しています

海に異変が起きています。世界中で起こっています。酸素が少なくなった海水が拡がっていくかもしれません。本州からその南でよく獲れるブリは、水温23℃が限界といわれており、北海道の海で大量に水揚げされるようになりました。北海道で大量に取れていたサケは水温が最大で4℃も上がったため漁獲量が激減しました。

魚は生息に適した水温があり、水温の変化で、生息域が変わってきました。水温が1℃上昇すると魚に大きな影響を与えます。温暖化の影響で水温が上昇しています。海は二酸化炭素を吸収して酸性化するため、貝殻を作るエネルギーが多く必要となり、成育が悪くなったり、養殖が困難になったりすることが考えられます。

北海では、海水が温かくなり、これまで取れなかったタコ、イカがたくさんとれるようになりました。日本と同様、水温上昇による魚の分布の変化です。地球規模で起こっています。

人類は地球環境を変えてきています。22世紀が近づくころになると、魚が食べられない日がくるかもしれません。温暖化は食生活の脅威です。またまだ実態がわからないにしてもマイクロプラスチックを体内に入れた魚も今後食べられなくなるかもしれません。これも今後の食生活を変えるかもしれません。

いずれにしても私たちが生み出したものです。自業自得とはいえ、化石燃料を使わないように、プラスチックを代替にしていかなければならないでしょう。プラスチックの代替として麦わら、紙、石灰石を使った商品が開発されはじめました。代替が進み拡がっていけばプラスチックの脅威は減少していきます。

第7章

これからの地球の行方

58 地球の行方 ―希望はあるのか

75億年後、赤色巨星段階に入る？

地球はどのようになっていくのか、太陽にのみこまれていくのでは、といわれていますが、本当にそうなのか、想像を超えた遠い先のことですから、誰もわかりません。、地球にも誕生があったわけですから地球の寿命もあると考えられます。太陽がどうなるのかにもかかわります。太陽は、永遠に輝いているわけではありません。太陽の寿命はだいたい100億年といわれています。すでに前章で述べたように、14・5億年後にはプレートの動きが停止する、といわれていますから、そのころ地球の環境が大きく変化します。人類も生物もこの難局を打ち破れるのでしょうか。

太陽は、1億年に1%ずつ明るくなってきています。5億年たてば、地球は太陽の熱の影響で海水が蒸発してしまう、といわれ、そうなれば生物は絶滅します。太陽は最後に爆発し、ガスとチリにもどってしまいます。ガスとチリが宇宙にばらまかれるのです。

地球への天体衝突も考えられます。数kmの隕石が落下したクレーターがカナダなどに残っていますが、宇宙から惑星が飛来し、地球に衝突する可能性があります。地球が破壊されるには少なくとも10km以上の大きさが必要です。地球には隕石が毎日のように落ちてきています。

天体衝突は太陽系の歴史において普遍的な現象です。全地球的大被害の起こり得る衝突は1万年〜10万年に1回の発生確率ですから、地球が破壊されるほどの天体衝突の可能性はさらに低くなります。

破局的火山の噴火として考えられるのがイエローストーンですが、それでも地球を破壊するほどの火山爆発は発生していません。人類が滅亡に追い込まれる事態になるような爆発には至らないでしょう。

太陽が膨張して、75億年後、太陽の炎の縁に地球が飲み込まれてしまうのかは誰にもわかりません。したがって長い期間で見れば、地球の行方に希望はないのかもしれません。

要点BOX

- 太陽は赤色巨星となり地球を飲みこむ
- 地球に惑星が衝突し、破壊される可能性があるが低い

天体の衝突

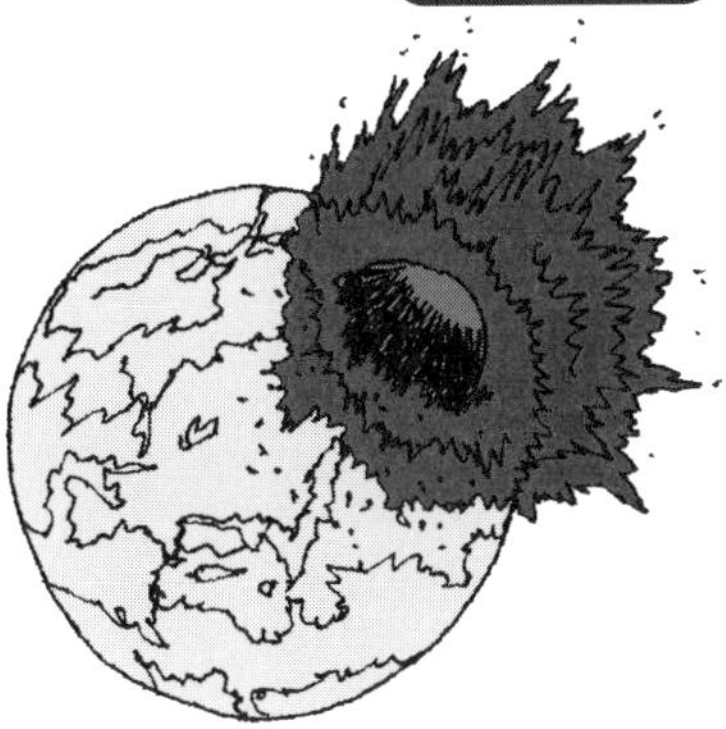

- 地球を破壊
- 天体が大きければ岩石蒸発が起こる。海水も蒸発する。海底の岩石は溶岩化
- 生物は絶滅

小惑星イトカワの変遷《せん》

- 2010年11月イトカワに着陸(タッチ・ダウン)

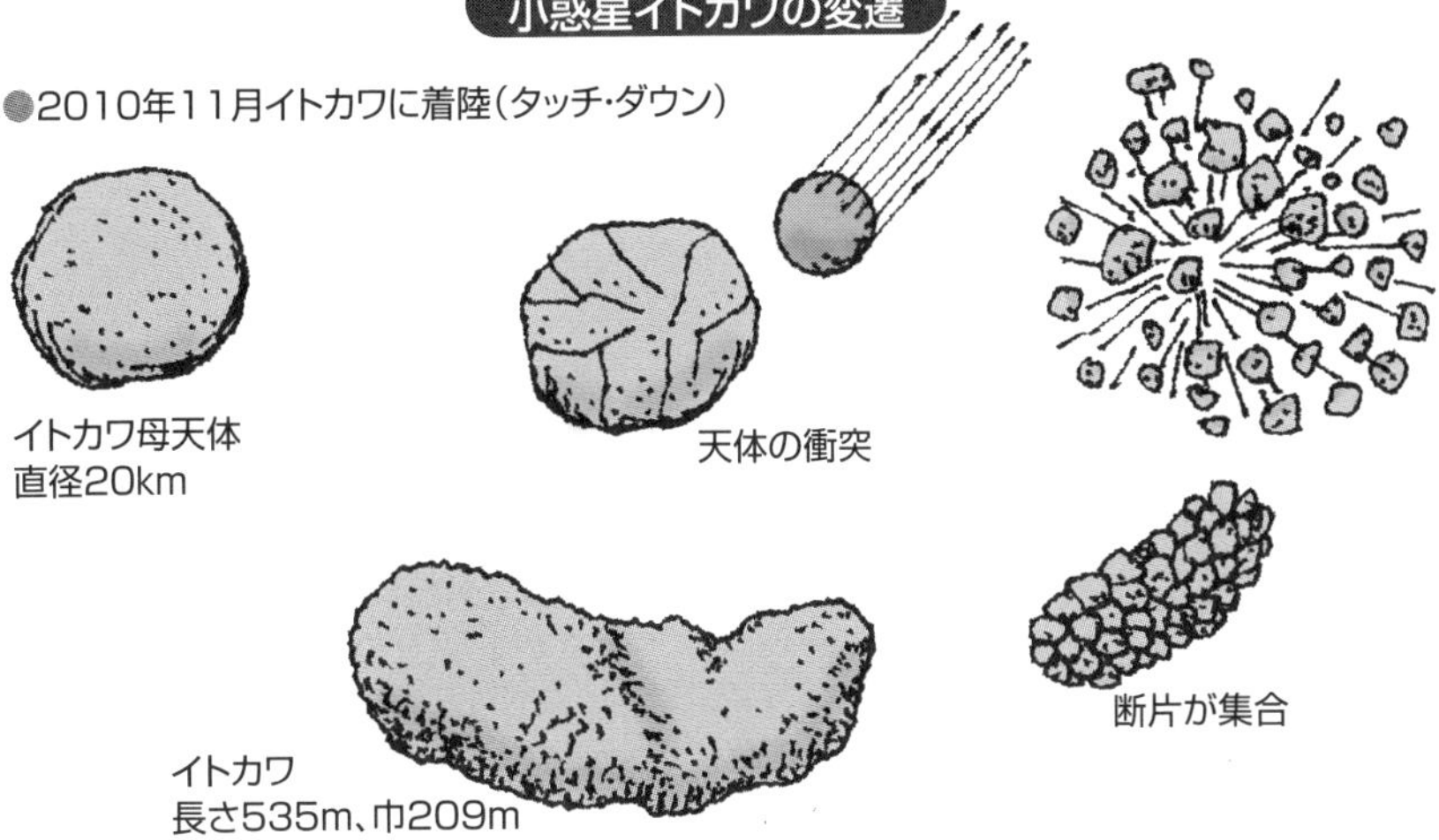

小惑星と地球

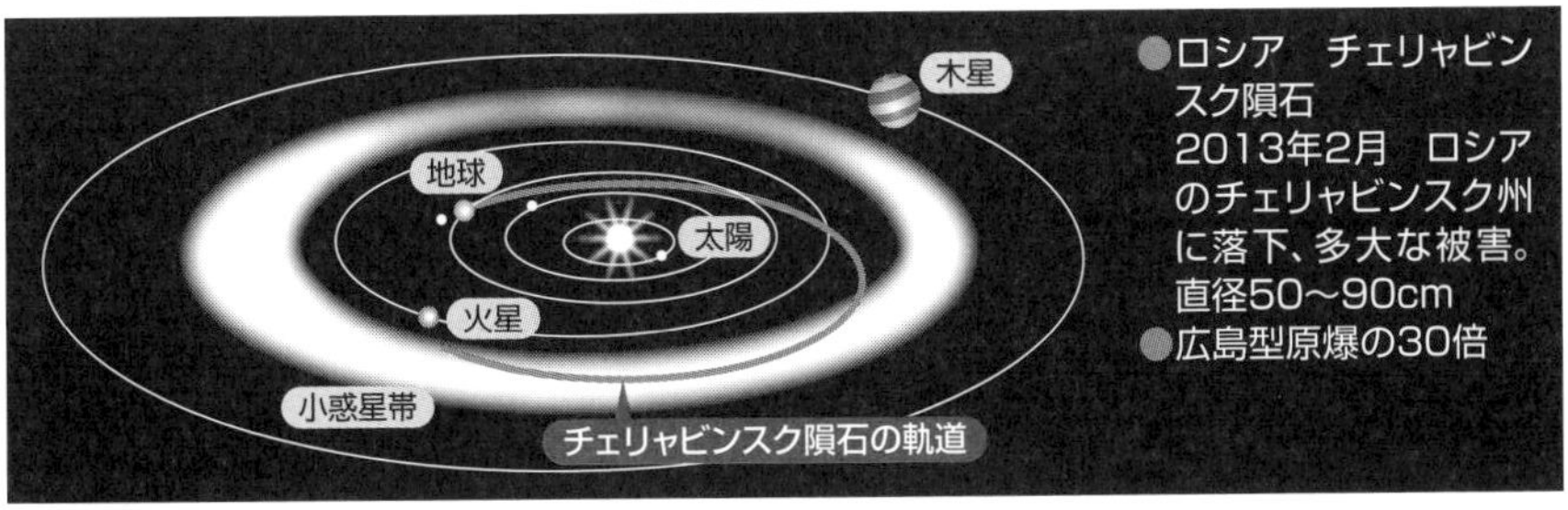

●ロシア　チェリャビンスク隕石
2013年2月　ロシアのチェリャビンスク州に落下、多大な被害。直径50～90cm
●広島型原爆の30倍

用語解説

赤色巨星：赤色巨星とは、恒星が主系列星を終えたあとの進化段階である。大気が膨張し、その大きさは地球の公転軌道半径から火星のそれに相当する。

59 生物は消えていくのか

生物多様性の崩壊、自然環境の破壊や乱獲死海の拡大

生物は地球誕生後、38億年にわたり、繁栄と絶滅、進化を繰り返してきています。生物が生まれたころは単純な微生物でした。魚類のように多くの細胞を持つ生物の誕生は、それよりも10億年以上後のことです。

24億４０００万年前に縞状鉄鋼層をつくった光合成をする「シアノバクテリア」が酸素を作り出し大気中の酸素の割合が増加しました。

地球の全体が凍りつく「スノーボールアース」は数度起こっています。赤道付近も凍り海の深さ２０００ｍまで氷に覆われてしまい、多くの生物種が絶滅しました。３億６０００万年前のデボン紀の終わりには全生物の75%が絶滅し、２億５０００万年前のペルム紀の終わりでは生物の95%が消えたといわれています。

４億４３００万年前のオルドビス紀の終わり頃、推定85%の海洋生物が地球上から姿を消しました。海洋の無酸素化です。海水中の酸素欠乏状態（無酸素または貧酸素）が広範囲に拡大し、海洋環境の変化を引き起こす現象です。

生物の大量絶滅の原因は、火山の噴火や隕石の衝突、気候変動などです。これらから多くの生物種が絶滅したと考えられています。恐竜の大量絶滅は小惑星が６６００万年前に現在のメキシコに落ちたためですが、衝突によって数百mの高さの津波や山火事が発生し、大量の硫黄が放出され、地球規模で生態系に影響を与えました。

哺乳類が誕生したのは６６００万年以降です。人類が誕生したのは、ほんの２００万年前です。氷河期の終わりに起きた大型哺乳類の絶滅は、気候変動が主要因です。

過去４００年で数多くの哺乳類や鳥類、両生類、爬虫類が絶滅し、生物多様性が崩壊しています。自然環境の破壊や乱獲が増大し、死海も拡大してきました。温暖化で生物の絶滅種も増加しています。

要点BOX

●温暖化で生物の絶滅種も増加し、将来生物が生存できなくなる。火山噴火、隕石の衝突、気候変動などの複合した原因で、生物は消えていく

生物絶滅

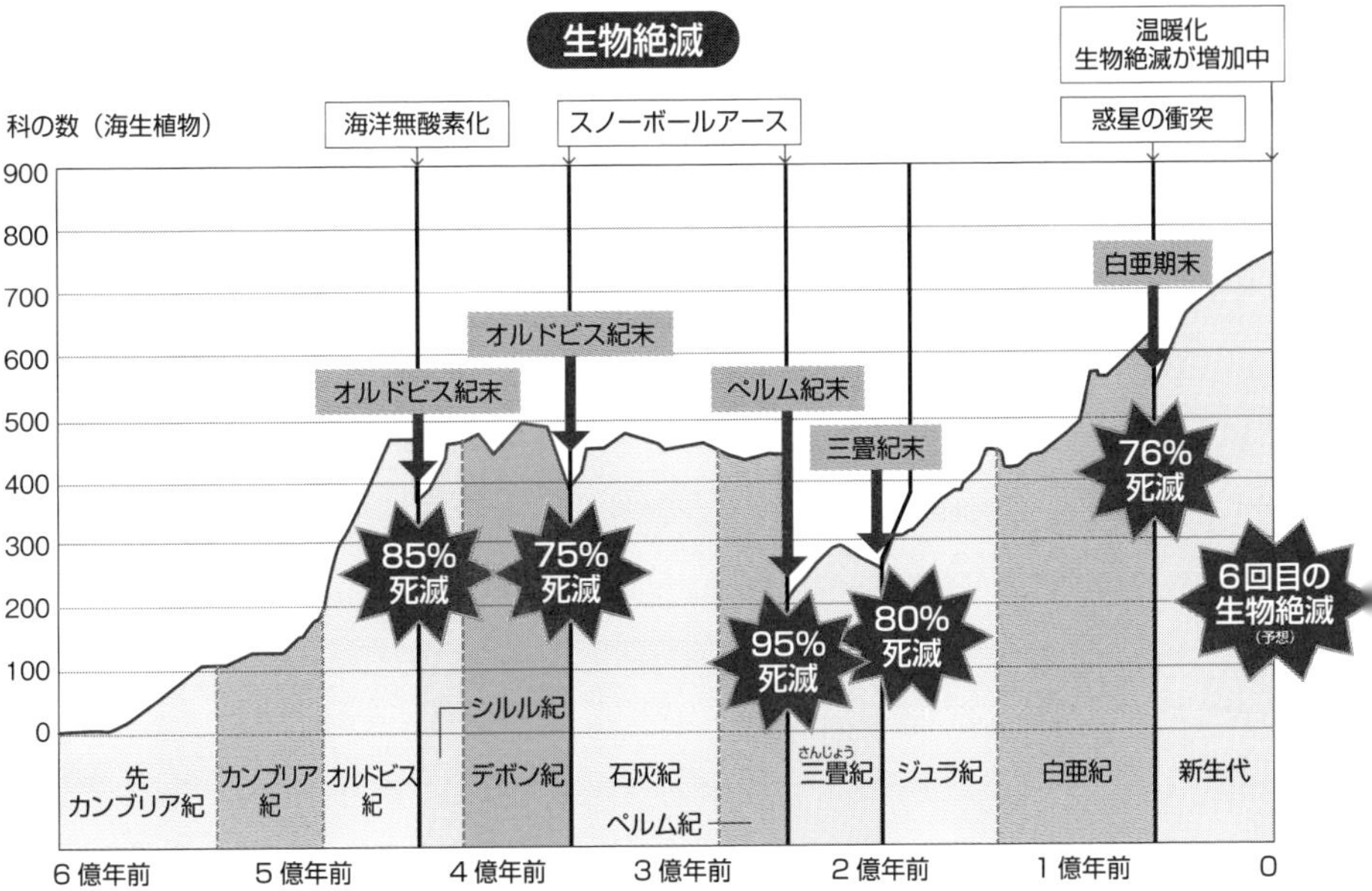

スノーボールアース

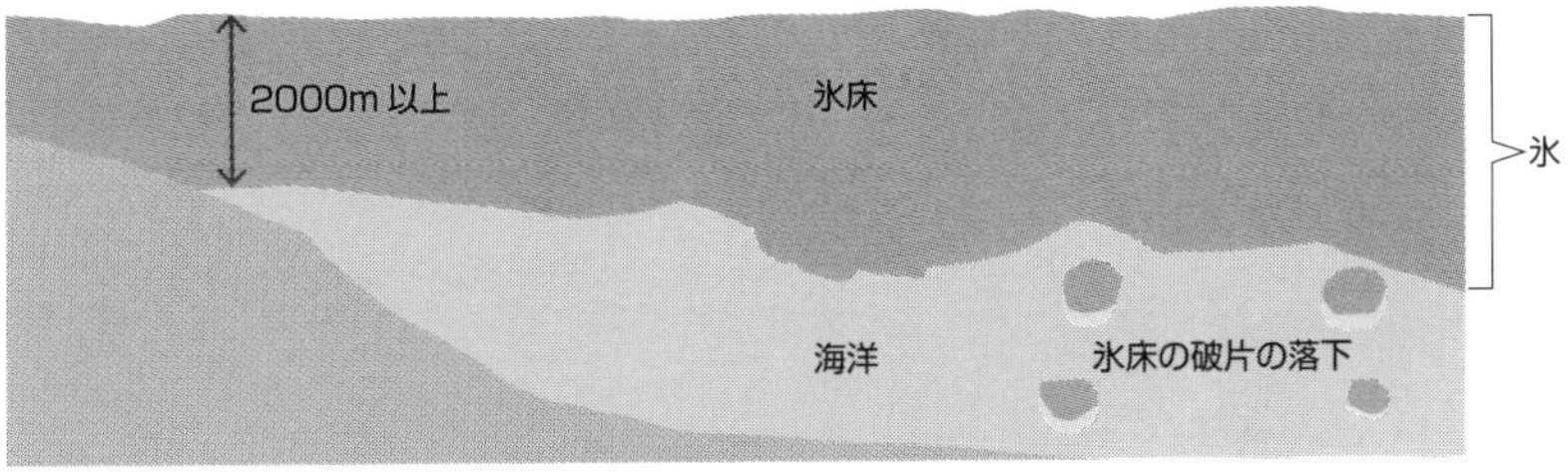

生物の絶滅種の増加と割合

地球温暖化による絶滅危機種の割合

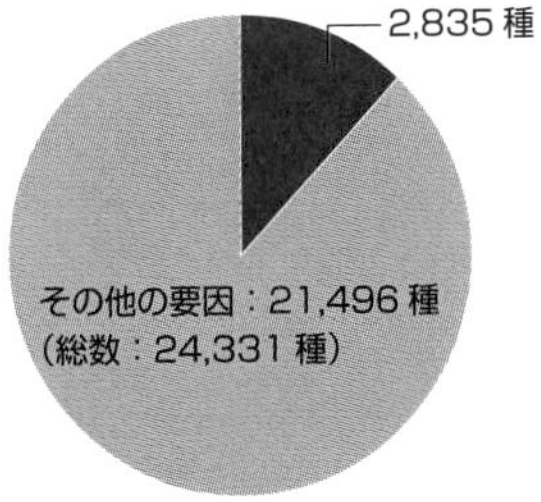

地球温暖化による絶滅危機種の数

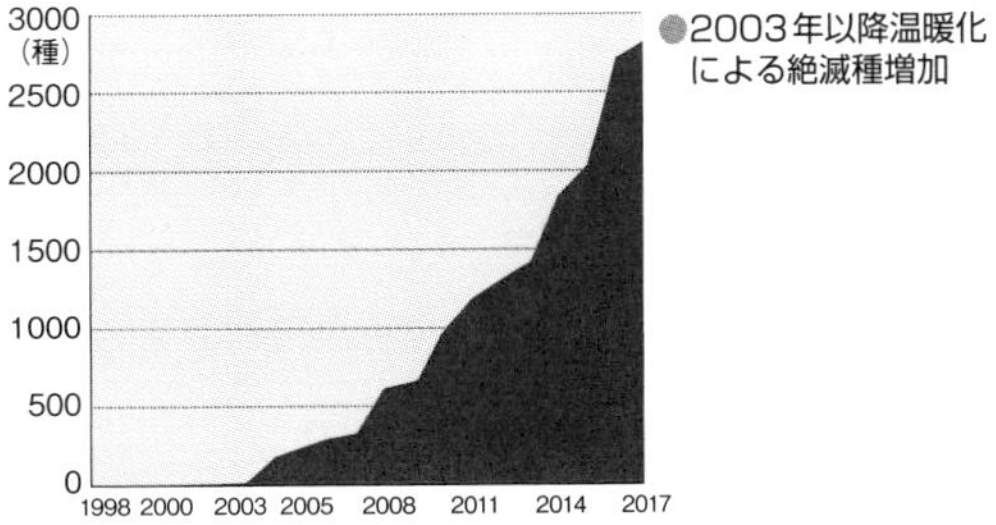

用語解説

スノーボールアース：大量の二酸化炭素が地殻に固定され、大気中の二酸化炭素量が低下した。温室効果の減少により地球全体の寒冷化が始まり、極地から次第に氷床が発達。

60 人類はいなくなるのか

人口過多、生態系の崩壊、地球温暖化

「人類はいつまで生存できるのだろうか」。誰しもが関心を持ちます。しかし誰にもわかりません。私たちを取り巻くリスクがたくさんあるからです。

　異常気象、気候変動、未発見の病原体によるパンデミック、食糧危機、核戦争など様々なリスクに人類は直面しています。常に破滅の危機を秘めています。核爆発、水や食料の危機、経済不況、世界大戦などが切っ掛けで人類滅亡が起こる可能性があります。人間の活動は、自然の力に比べて170倍の速度で気候を変化させており、異常気象をもたらし洪水、暴風雨、豪雨、山火事、そして気温の上昇が、世界中の数億人の人々を脅かしています。海水温を上昇させ、氷を融かし、海面を上昇させ、壊滅的な気候変動が起きます。気温が上昇すれば干ばつが発生し、生態系の崩壊を起こします。水不足になり、食糧危機に結びつきます。

　人類の生存を左右するほどの危機的状況はさらに過酷になる温暖化、病原体によるパンデミック、水や食料の危機でしょう。人が多すぎるため、災害もより大きくなります。これらは世界の生態系を次々に短期間のうちに崩壊させ私たちの生活を破壊し、人類の存在も難しくなります。一方で、地球寒冷化、スノーボールアース、天体衝突は、全地球的な破壊に至る確率は低いと考えられます。

　それでも人類やその子孫は、いずれは滅びる運命にあります。8億年後、太陽が膨張して、人間が地球に住めなくなり、人類全滅になるでしょう。生態系も崩壊してしまいます。

　1800年に10億人だった世界人口は1930年に20億人に達し、2011年には70億人を突破しましたが、人口過密に伴い争いが起こり、1万3000発以上の核弾頭が使用されれば、人類が生き残っていく確率はほとんどないかもしれません。人口過密がこれ以上起こらないように制御していけば避けられます。

要点BOX

●異常気象、気候変動、未発見の病原体によるパンデミック、食糧危機、核戦争など様々なリスクに人類は直面している

世界の人口推移

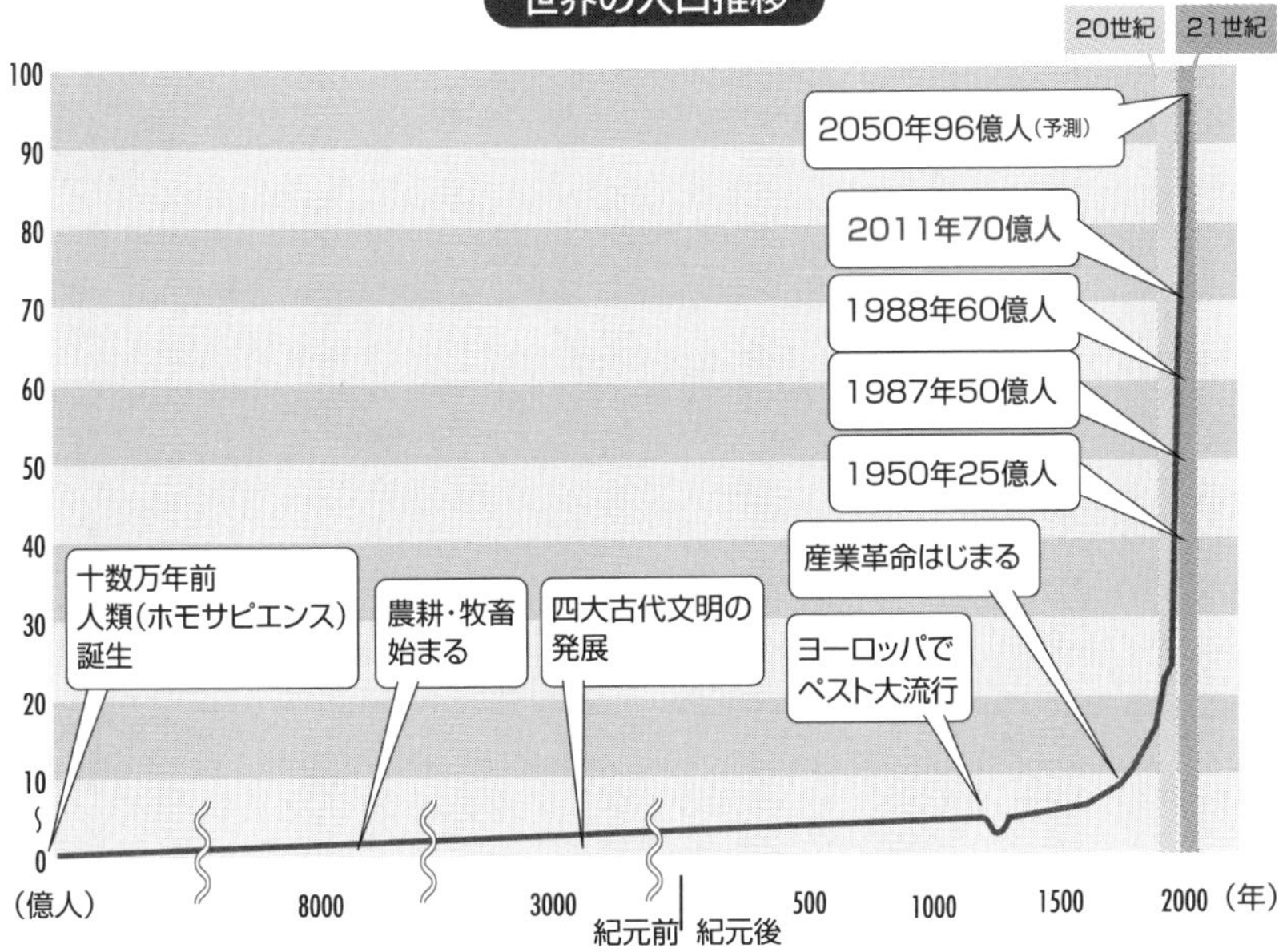

人類・生物がいなくなる

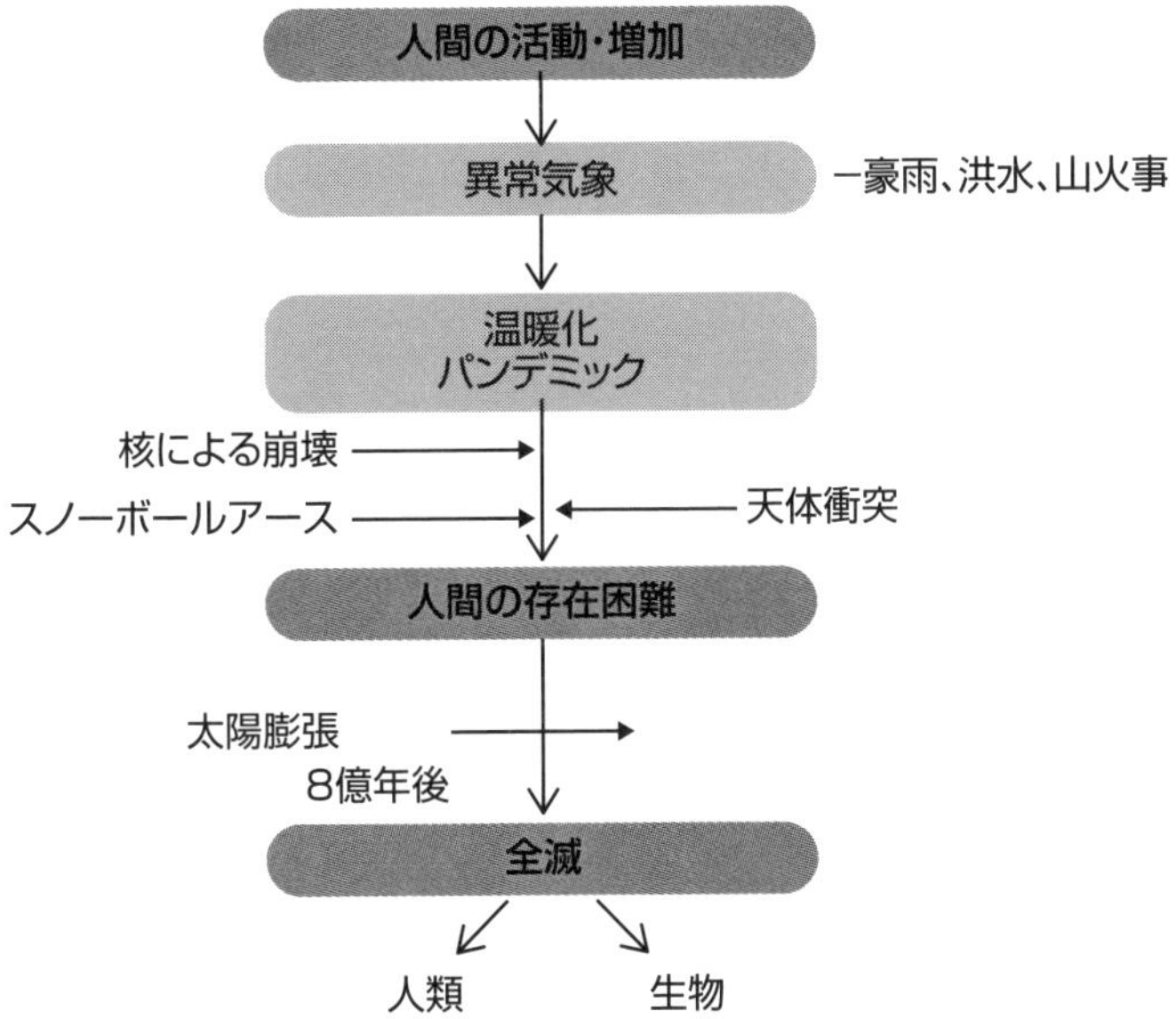

用語解説

パンデミック：人獣共通感染症の世界的大流行を表す。感染症のパンデミックは、人類にとっての脅威。

61 地球脱出は可能か

月、火星、酸素・水・食料の確保

温暖化が一層過酷になり、頻繁な豪雨が続き、感染症が拡大していけば、犠牲者も増加し、人類の生存、社会の維持が困難になっていきます。

地球脱出が可能かどうか、そんな非常事態に備え準備が必要ですが、現在そのための技術は世界にありません。また脱出先の定住地での酸素・水・食料の確保のための方法、技術もありませんから、開発をしていかなければその実現に向かうことはできません。

1970年代の末、米国とソ連の探査機が次から次へと金星へ、火星へ探査を進めてきています。米国は無人火星探査車「パーシビアランス」を火星に着陸させました。生物が存在していた痕跡探しです。

欧州宇宙機関（ESA）の火星探査機「マーズ・エクスプレス」が、火星に液体の水が存在している証拠を見つけました。火星の南極の地下に幅約20キロの湖が存在していたのです。太古の水は、火星の岩石の中に鉱物の形で残っているといいます。

人類がなんらかの絶滅レベルの出来事へ遭遇するのは避けがたいといわれています。

2017年、NASAの科学者たちが、地球からわずか39光年という近さの恒星をめぐる地球型惑星を7つ発見しました。水蒸気を含む大気があるかどうかが将来確かめられるでしょう。

まずは恒久的な月基地を建設し、酸素・水・食料の確保の技術を蓄積し、その次が火星に生活の場をつくっていくことになります。人工知能とナノテクノロジーとバイオテクノロジーなど科学の力が土台となります。火星が移植地になれば、39光年先の地球型岩石惑星を目指していくことなると考えられます。

まだまだ『夢物語』です。技術的課題は無限にあります。その一つは「カーボンナノチューブ」を使った物資を輸送のための宇宙エレベーターです。まだ構想段階ですが、地球と宇宙を繋ぐために必要です。

要点BOX

- 地球脱出が可能かどうか、現在そのための技術は世界にない
- 恒久的な月基地を建設し、酸素・水・食料を確保

宇宙エレベータ

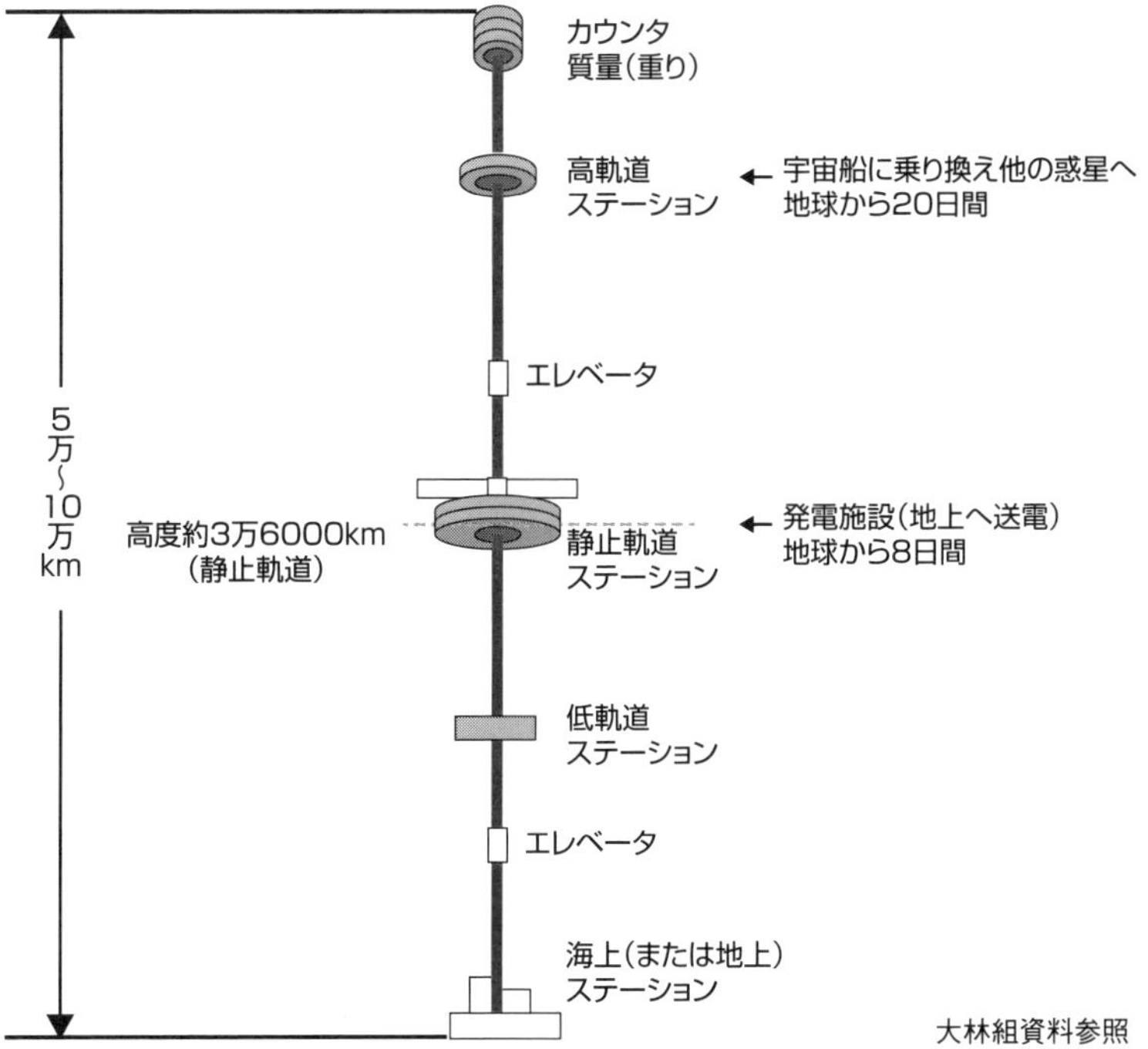

大林組資料参照

地球脱出

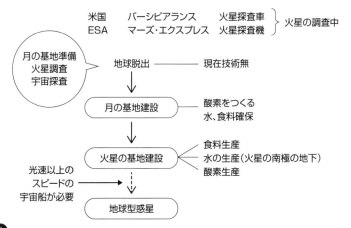

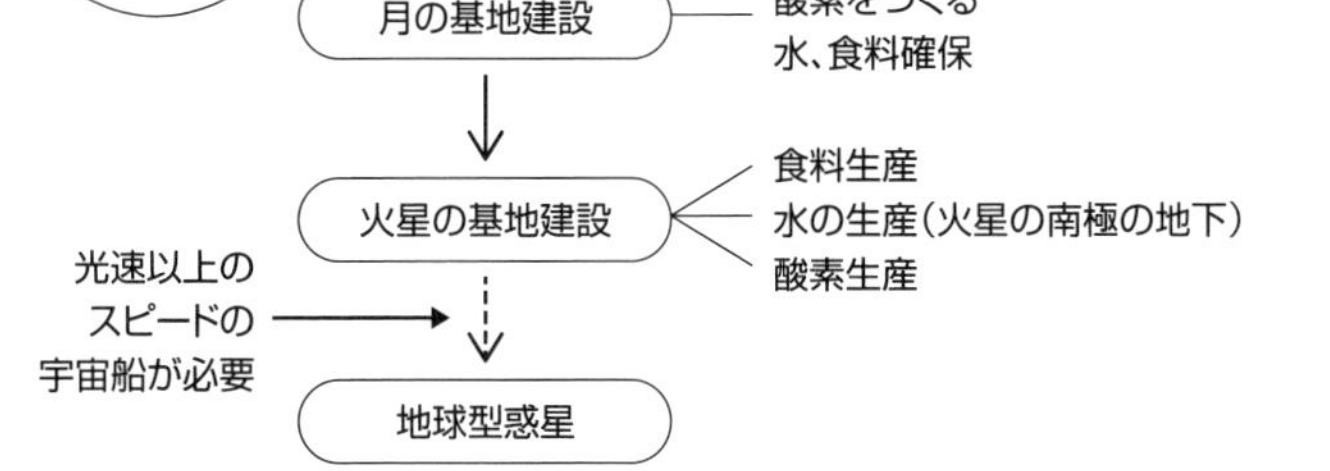

用語解説

カーボンナノチューブ：炭素のみで構成されている直径がナノメートルサイズの円筒（チューブ）状の物質。化学的にも、熱的にもとても安定。

62 地球の消滅は現実なのか。太陽に飲み込まれるのか

遠い将来

恒星の1つで、冬を代表する星座、オリオン座の1等星である「ベテルギウス」は恒星の中で10位以内に入るほど明るい星です。しかし、2019年10月からどんどん暗くなってきました。もう20等星ほどの明るさです。異変が起きているためだと考えられています。この現象は超新星爆発の前兆とみられ、ベテルギウスの現象が核融合の燃料を使いはたした恒星が死ぬときに起こす爆発とみられています。ベテルギウスが星の寿命を終えたからでしょう。

太陽もベテルギウスと同じ恒星の運命となって行くでしょう。太陽が水素を使いはたせば、超新星爆発の前の赤色巨星になり膨張していきます。太陽は熱や光を出す範囲を広げながら、その大きさは、地球の公転軌道を超えるほどですから、地球も赤色巨星になった太陽にのみこまれてしまう、と考えられています。一方太陽にのみこまれない、という考えもあります。太陽が巨大化していけば、重さが減っていきます。それとともに引力が弱まっていきます。そのため地球の軌道が外側にズレていくのではないか、と考えられています。いずれにしても遠い将来の話です。

太陽の寿命を踏まえれば、50億年後の話です。太陽は最後に爆発し、ガスとチリになっていきます。しかしその前に地球は死滅する太陽の熱で焼かれてしまい地球上から生物が消えてしまうでしょう。

地球の消滅は現実でしょう。しかし誰も見届けられません。太陽と太陽系の惑星が誕生前と同じような宇宙になります。そしてチリとガスは新しい星が生まれる原料になるのではないかと考えられています。

私たちもこの宇宙の一員です。宇宙の営みの中での人類の営みであり、このような太陽の運命とともに地球の運命もあります。巨大で無限な宇宙に存在するちっぽけな地球に過ぎません。

宇宙の動きの中に地球の運命をまかせるしかないのです。

要点BOX

- ●太陽が水素を使いはたせば、超新星爆発の前の赤色巨星になり膨張していく
- ●宇宙の動きに地球の運命をまかせるしかない

太陽が赤色巨星に

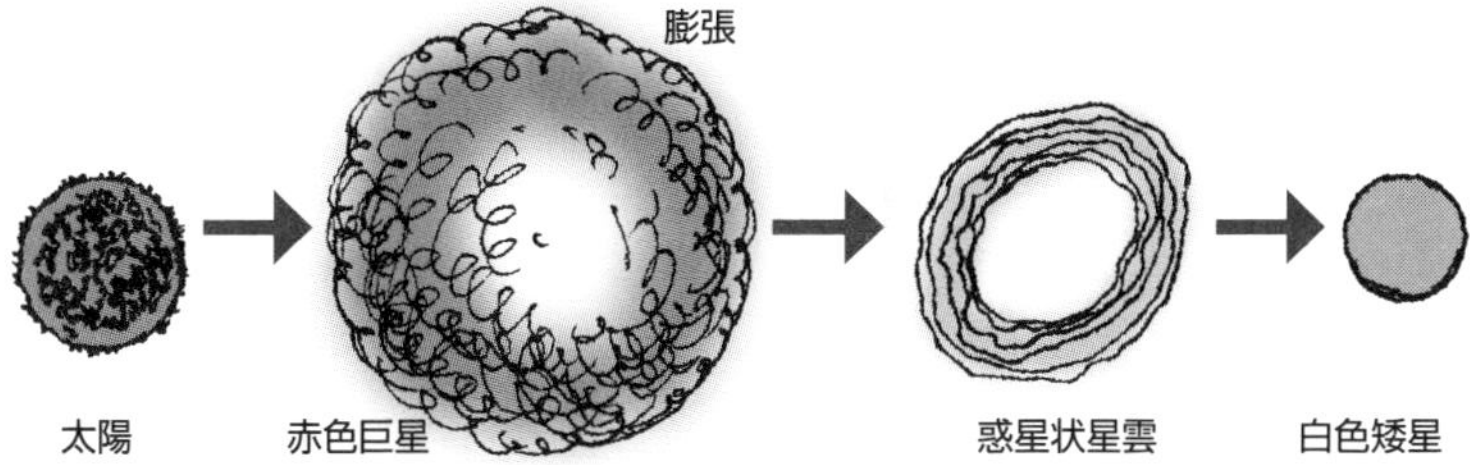

地球が太陽に飲み込まれる

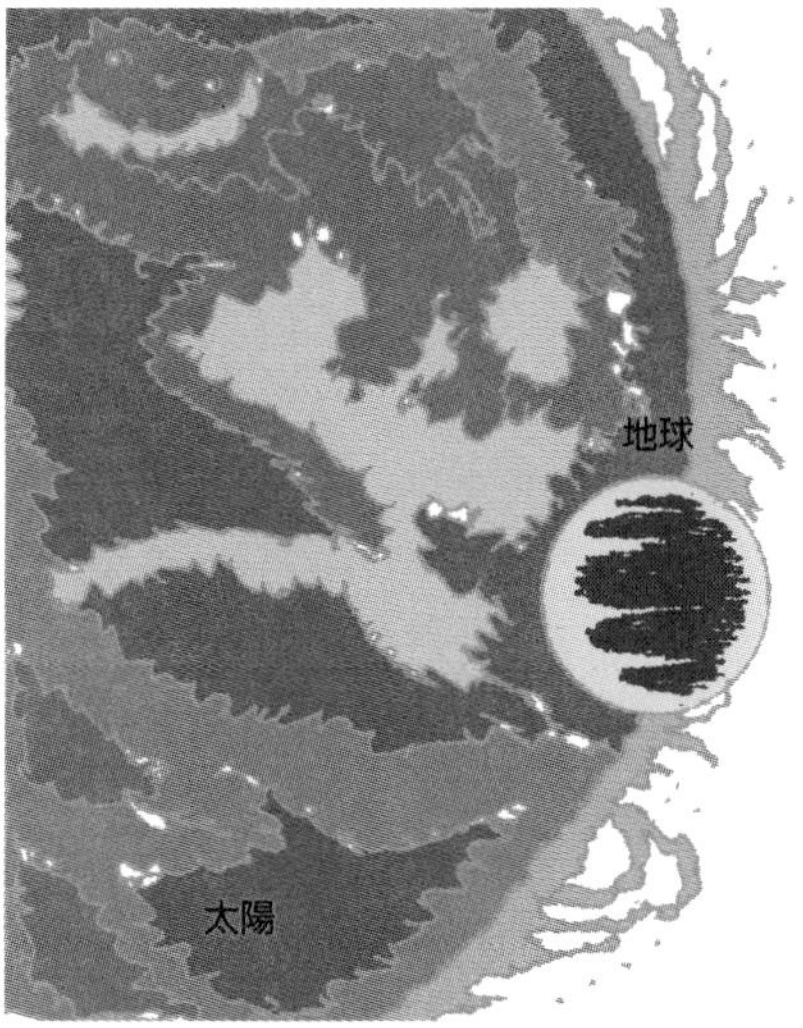

ペテルギウス

1等星 → 20等星

赤色　　異変
超新星爆発

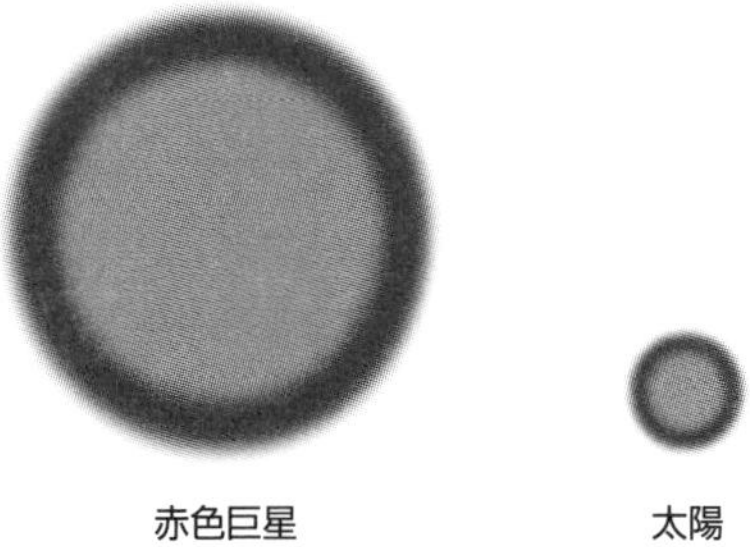

用語解説

超新星爆発：内部核融合の燃料となる物質を使い果たすと、星を支えていた圧力が下がり、重力が強くなり中心部が一気に崩壊し、大爆発を起こす。

63 地中生活の可能性

光、空気の確保、空洞作成・維持技術の発達

地下空間は地上と比較し遮蔽性、耐熱性、耐火性、気密性、放射能遮断、防爆性、不燃性、隔離性、電波の遮断性などの多くのメリットをもちます。また熱効率がよく、気候の影響が少なく地熱もあり、地下の温度は季節に関係なく、14～18℃と一定です、冷暖房の設備は不要です。またシェルター機能をもち、爆破や地震に対して安全です。温暖化の豪雨、猛暑、寒波などの影響もなく、騒音、熱波に対しても地下空間は快適さを維持できるでしょう。また地震に伴う津波も地下空間の入り口を高台に設ければ、津波や火山の爆発に対しても防御可能です。

しかし、閉鎖性、排水、通気・換気、照明が必要であり、眺望がない、などのデメリットも少なくありません。

トルコの中央アナトリア地域に世界遺産のカッパドキアがあります。世界的な観光地です。「妖精の煙突」と呼ばれる多様な奇岩など岩石遺跡群や地下都市、岩窟教会、地下修道院などがあります。地下都市は紀元前から火山灰の凝灰岩の台地を掘ってつくられ、紀元後10世紀には10万人もの巨大な地下都市が形成されました。トンネルが網の目のように繋がっています。水路や通気口などのインフラもつくられた多層構造の地下都市で、規模は46万m^2です。地下150mも掘り下げつくられました。

凄まじいローマの迫害と侵略から逃れるために、さらに灼熱地獄、冬の酷寒の環境から生活を守るために、地下に住みつき、都市が形成されました。自然災害からも隔離できます。

都心のビルが数個以上入るような地下空間で15階建ほどの階層に分け、住居、オフィス、地下農業のための階層などからなる〝地下ビル〟が考えられます。食糧の自給を図る地下式農業施設や地下ダムによる発電施設などの設置で快適な空間をつくれるでしょう。そのためには空洞作成・維持技術の発達が必要です。

要点BOX

●地下空間は地上と比較し遮蔽性、耐熱性、耐火性、気密性、放射能遮断、防爆性、不燃性、隔離性、電波の遮断性などの多くのメリットがある

地中生活は可能か?

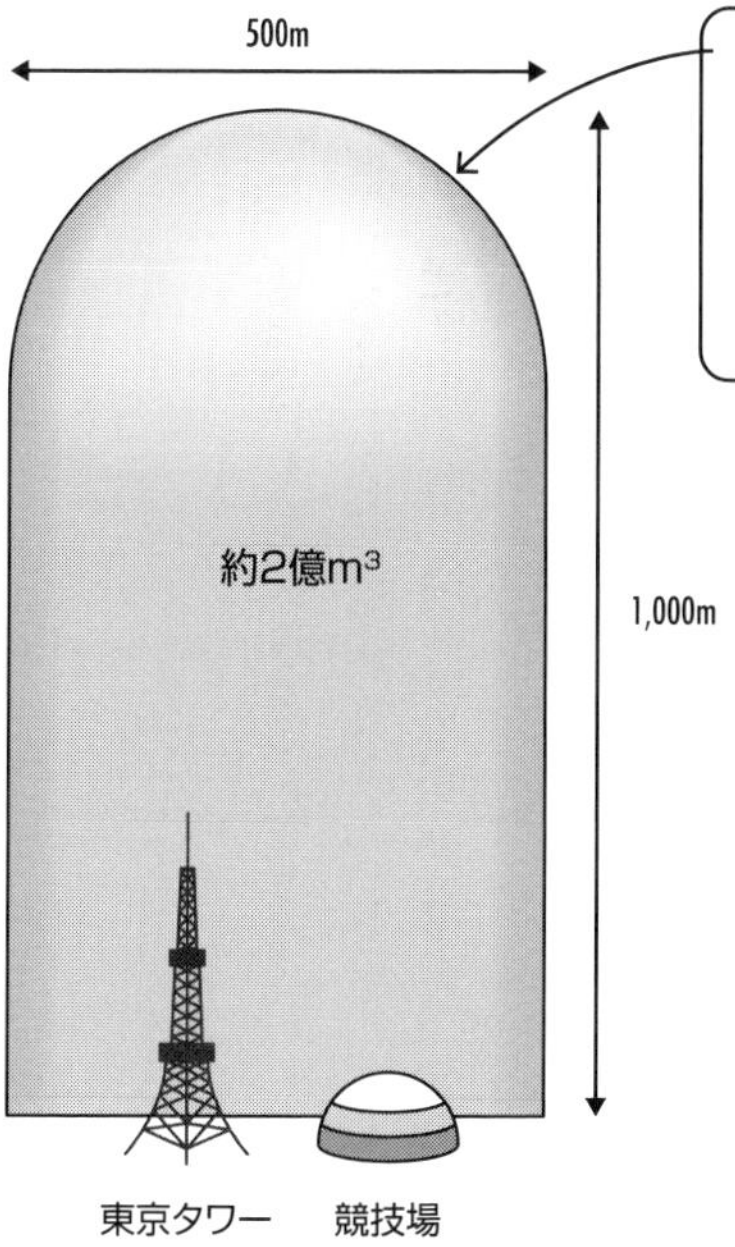

まとまった人口を地中空間で地中で完結した生活を営むにはこのぐらいの空間が必要です。収容人数を増やすためには、モジュール方式で地中空間を作っていくことです。

利点

- ●遮断性
- ●耐熱性
- ●放射能遮断
- ●豪雨、猛暑、熱波の影響なし

欠点

- ●閉鎖圧
- ●照明
- ●眺望
- ●通気

各地中空間はつながっている

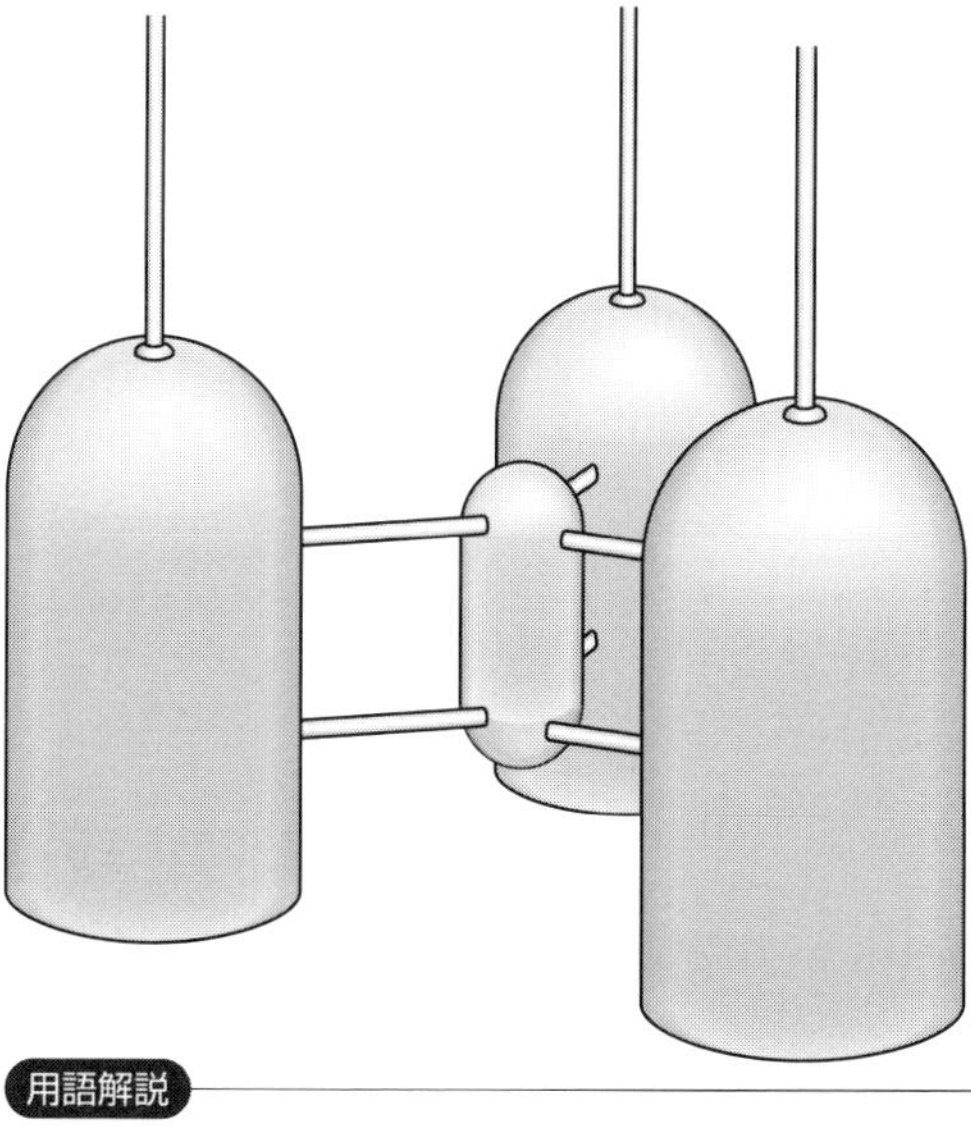

- ●住居、オフィス、農場、牧場
- ●廃棄物処理場 ➡ 資源化
- ●地下ダム
- ●発電設備

鹿島建設　資料参考

用語解説

地下ダム：透水性の地層から不透水性の地層に向けて連続的な地中壁を造成することによりできるダム。

64 人類の希望

自然システムの修復、維持

自然システムが壊れかけている地球で、人類が希望を持つためには、まず壊れた状況を修復させていかなければなりません。そのためには温暖化を少しでも緩和させていくことです。環境破壊や環境汚染、環境劣化の現象が日増しに深刻化している状況の中で、人々は、破壊とダメージを受けた環境の修復・回復をはかり、生態修復の研究と実践によって自然を取り戻さなければなりません。

地球では35億年の生物史において5回の大絶滅が起きたとされています。現在、森林破壊など生物の生息地が破壊されるなど、人類によって6回目の大絶滅が起きようとしています。

エネルギーと物質の大量消費が、地球温暖化を進行させていると同時に、生物の生息環境も悪化させて、生物多様性の減少を招いています。

一度壊れれば自然システムの修復は難しく、長い時間がかかります。植林して山を緑にしていけばいい、というような単純さ、ではありません。植生にしても土から変えていかなければなりません。生物の多様性をも修復しなければ、自然システムの修復にはなりません。温暖化の取り組みと同様に人類共通の課題として数百年かけて取り組む必要があるでしょう。

まず、温暖化をストップすることが第一歩となります。空中に毎年40億トンの溢れた二酸化炭素が残留しています。膨大な量ですが、この二酸化炭素を取り除いていけば、徐々に温暖化が緩和されていくのではないか、と考えられます。二酸化炭素の発生を減らすだけでなく、空中の蓄積された残留二酸化炭素を減らす技術開発とともに二酸化炭素を排出しない生産活動にしなければなりません。

人類の希望である自然システムの修復、維持は、大変難しく、いかに人類が壊したものが、生存に不可欠なものであることを重視しなければなりません。自分が壊した環境への自力回復です。

要点BOX

●二酸化炭素の発生を減らすだけでなく、空中の蓄積された残留二酸化炭素を減らす方法を技術開発していかなければならない

地球の人為起源二酸化炭素排出量推移

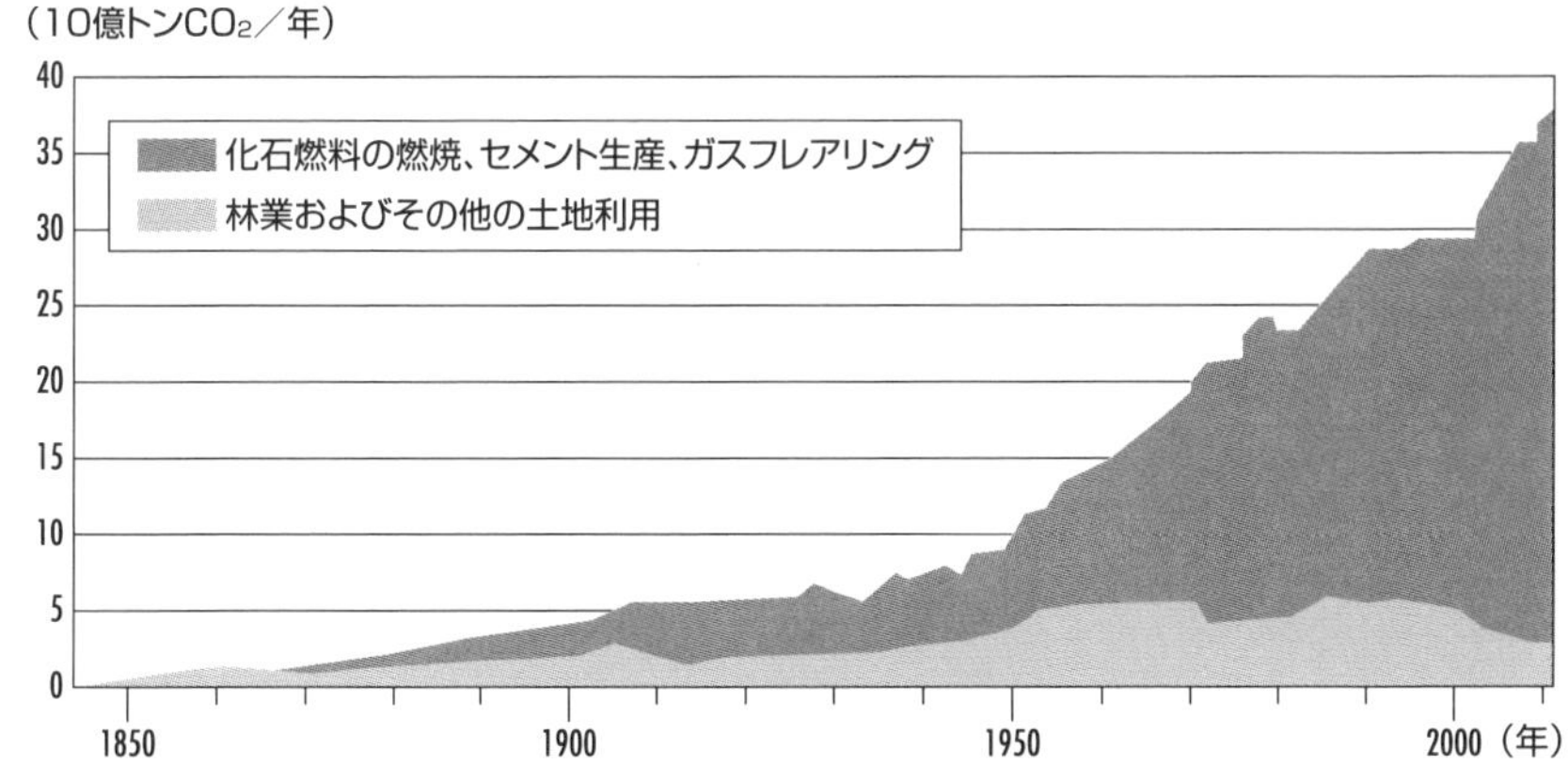

自然システムの修復

エネルギー
物質
→ 大量消費

↓

地球温暖化

●環境破壊
●環境汚染
●環境劣化
深刻化している

↓

生物の生息環境 ――――― 悪化、生物多様性現象
6回目の生物大絶滅?

↓

●二酸化炭素の発生を減らす――電気自動車世界的拡大
●二酸化炭素を取り除く――――地中貯蔵
●人口爆発ストップ

↓

温暖化緩和

自然システムの修復

↑

人類の希望

用語解説

生態修復：人間活動などによって破壊、あるいは損傷を受けた自然環境、生物個体群を復元。

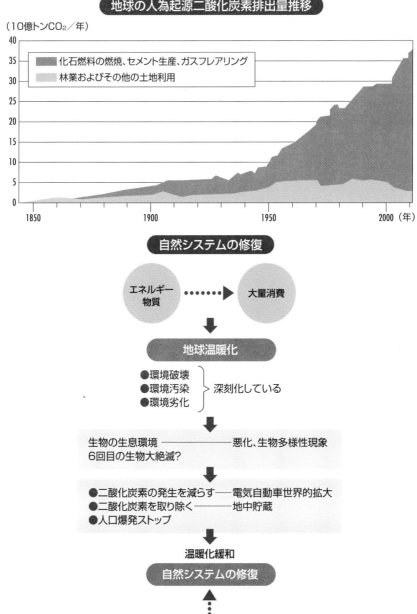

65 未来の地球

自然システムの死守

人類は温暖化などの脅威を乗り越え、自然システムが回復できたとして、その維持はいつまでもつづきません。避けられない地球の運命がやってきます。「地球は将来どうなるのか?」消滅するにしても知りたいところです。地球は人類のものでも誰のものでもありません。地球の未来を見ることは不可能です。

しかしこれまで人類が蓄えた知識・技術から「地球の未来」を考えることができます。たとえ人類が自然を制御しても、地球の歴史の極一時期に過ぎないでしょう。人類がどこまで生き延びられるのか、わかりませんが、自然システムを死守すれば、多少快適な生活が取り戻せます。

しかし、その後40億年間、太陽の光度は絶えず増加を続け、太陽放射の増大が起こってきます。太陽放射が増えれば、地球の表面のケイ酸塩鉱物からなる岩石の風化が激しくなります。大気中の二酸化炭素濃度が少なくなっていきます。

今から6億年後には、地球の二酸化炭素濃度は光合成を継続するための水準を下回り、樹木の生存は困難になります。しかし一部の植物は10ppmという低い二酸化炭素濃度でも光合成を利用し生存できるようになっていきます。

しかし長期的にみれば低い炭酸ガス濃度では陸上の植物は生きられません。すべての生物は植物が絶滅すれば、食物連鎖がなくなり動物も死んでしまい、「生物のいない」地球になってしまいます。

海洋が消滅し、マントルは対流を終え、プレートは動かなくなり、磁気ダイナモ（コアの液体金属の対流によって起こる発電）が停止し、磁気圏が崩壊します。

地球表面は高温によって融解し、地球のすべての生命が絶滅し、偶発的な天体衝突がなければ、75億年後、太陽は赤色巨星段階に入り膨張し、地球は飲み込まれ、なくなってしまいます。これが宇宙の定めで、地球の必然なのかもしれません。

要点BOX

- **人類が自然を制御しても、地球の歴史の極一時期に過ぎない**
- **75億年後、太陽に地球は飲み込まれ、なくなる**

地球の未来

	何が起こるのか
2040 2050 年代	●二酸化炭素エネルギー実現
	●宇宙太陽光発電の実現
	●宇宙エンバーグの実現
	●総人口が1億人未満（日本）
	●イエローストーン大噴火?
22世紀	●火星定住、コロニー建設　地球脱出
未来	●2~3万年後　氷河期到来
	●数十万年後　九州が二つに分離（別府-島原地溝帯の拡大）
	1~5億年後 ●大陸の合体 ●植物種の減少。太陽の高温による水蒸気増加、二酸化炭素濃度低下
	6億年後 ●樹木光合成困難
	10億年後 ●全海洋消失。平均気温70℃
	●太陽の光度は現在より10%増加していく
	14.5億年後 ●プレート運動止まる
	●炭素循環がなくなる
	●磁気ダイナモの消失
	28億年後 ●太陽膨張による高温化で地球全生命の絶滅
	75億年後 ●太陽に飲み込まれ地球の消滅

●天体衝突は起こりうる。10kmの大きさの天体で地球は破壊
●太陽に飲み込まれるか天体衝突で破壊

➡ **地球の消滅はいずれにしても宇宙の定め、必然**

用語解説

ダイナモ：発電機のこと。

Column

地球の語源も宇宙観も輸入

キトラ古墳は7世紀末から8世紀初めに築造された円墳で、その中の石室の内壁には漆喰が塗られ、中国から日本に伝来していた天井の鮮やかな天文図（キトラ天文図）が描かれています。古代中国における天の考え方が表されています。

「地球」という言葉は中国語に由来し、明末中国を訪れたイエズス会士マテオ・リッチによる造語で、江戸期にイエズス会士らの書物を通じて日本に伝わりました。17世紀初頭地球は球体であると西欧から伝わっていました。清朝後期に西洋の近代科学が中国に入ってくると、大地球体説が中国の人々に受け入れられるようになり、「地球」が広く使われるようになりました。日本では、江戸時代に輸入されました。1700年代頃には使われています。

なお英語のアース（Earth）は「大地、地面」で地表部分の土や岩石を意味しています。ガイア（Gaia）は水、空気、そして地球に生きる生物をも含めた地球全体を意味しています。

また「宇宙」は、漢語由来です。〝過去から未来まで、全ての時間と空間を覆う屋根〟でこの世界全体を指す言葉として、紀元前770年～紀元前221年には使われています。江戸時代では、「世界」と同様、「宇宙」も頻繁に使われるようになりました。明治時代に現在の意味を持つ「宇宙」となりました。「宇宙」に対応する英語はUniverseとCosmosですが、今はSpaceが普通です。1868年、日本で明治維新が起き、文明開化とともに西洋の科学技術用語が多数、輸入され理解への努力がなされました。

地球も宇宙も中国や西欧からの輸入です。キトラ古墳のキトラ天文図からの天文の考え方も中国からの輸入です。キトラ天文図から宇宙の見方を発展させ宇宙観を創出したわけではなく、輸入の言葉と考え方です。江戸自体に宣教師を通してコペルニクスの地動説が伝わりました。しかし、西洋の宇宙観を理解していくことで、日本人の宇宙観を築いていきました。そのような背景をもち、ハヤブサが小惑星イトカワ、リュウグウの探査を推進しています。さらに火星の衛星フォボスへの探査も計画されています。

小惑星を目指した日本の宇宙探査はどんな宇宙観を創り出せるのでしょうか。西洋からの宇宙観にとどまらず、小惑星探査の結果から独自の地球の見方、宇宙の見方を生み出してほしいです。

【参考文献】

『地球の科学』佐藤暢　2013年10月　北樹出版
『重力とはなにか』大栗博司　2012年5月　幻冬舎新書
『地球物語』浜田隆士　1987年2月　新潮文庫
『生命40億年全史』リチャード・フォーティ　2011年3月　草思社
『地球・生命―138億年の進化』谷合稔　2014年7月　Sサイエンス・アイ新書
『地球の秘密』丸山茂徳・株式会社レッカ社　2009年10月　PHP文庫
『最新・月の科学』渡部潤一　2008年6月　NHKブックス
『コペルニクス革命』トーマス・クーン　1989年6月　講談社学術文庫
『日本人の宇宙観―飛鳥から現代まで』荒川紘　2001年10月　紀伊国屋書店
『生命と地球の歴史』丸山茂徳・磯崎行雄　1998年1月　岩波新書
『地球の中心で何が起こっているのか』巽好幸　2011年7月　幻冬舎新書
『日本海の拡大と伊豆弧の衝突』藤岡勘太郎・平田大二　2014年12月　有隣堂
『地球システムの崩壊』松井孝典　2007年8月　新潮社
『おもしろサイエンス岩石の科学』西川有司　2018年6月　日刊工業新聞社
『おもしろサイエンス火山の科学』西川有司　2020年5月　日刊工業新聞社
『おもしろサイエンス天変地異の科学』西川有司　2018年6月　日刊工業新聞社
『地球科学の本』地球科学研究会　2005年9月　日刊工業新聞社
『星界の報告』ガリレオ・ガリレイ　2017年5月　講談社学術文庫
『天文対話』ガリレオ・ガリレイ　1959年　岩波文庫
『巨大隕石の衝突』松井孝典　1998年1月　PHP新書

『隕石』マチュー・グネル　２０１７年５月　白水社
『学んでみると気候学はおもしろい』日下博幸　２０１３年８月　ベレ出版
『冷えていく地球』根本順吉　１９８１年６月　新潮文庫
『海洋大異変』山本智之　２０１５年12月　朝日新聞出版
『大異変―地球の謎をさぐる』A・レザーノフ　１９８３年３月　講談社現代新書
『地球大異変』松下和夫　１９９０年３月　学研ジュニアBooks
『地球大異変』ニュートン別冊　１９９３年３月　教育者
『人口が爆発する！』ポール・エーリック、アン・エーリック１９９４年６月　新曜社
『火星の人』アンディ・ウィアー　２０１５年12月　ハヤカワ文庫
『月の科学』青木満　２００８年４月　ベレ出版
『異常気象が変えた人類の歴史』田家康　２０１４年９月　日経新聞出版社
『太陽系激動の過去』２０１３年６月　ナショナルジオグラフィック日本版

ナ

ハ

索引

数字・英字

ア

カ

今日からモノ知りシリーズ
トコトンやさしい
地球学の本

NDC 450

2021年8月25日　初版1刷発行

©著者　西川 有司
発行者　井水 治博
発行所　日刊工業新聞社
東京都中央区日本橋小網町14-1
（郵便番号103-8548）
電話　編集部　03（5644）7490
販売部　03（5644）7410
FAX　03（5644）7400
振替口座　00190-2-186076
URL　https://pub.nikkan.co.jp/
e-mail　info@media.nikkan.co.jp
印刷・製本　新日本印刷（株）

●DESIGN STAFF
AD――――――志岐滋行
表紙イラスト―――黒崎　玄
本文イラスト―――小島サエキチ
ブック・デザイン ――黒田陽子・大山陽子
（志岐デザイン事務所）

●
落丁・乱丁本はお取り替えいたします。
2021 Printed in Japan
ISBN　978-4-526-08153-8　C3034
●

●定価はカバーに表示してあります

●著者略歴
西川 有司（にしかわ ゆうじ）

1975年早稲田大学大学院資源工学修士課程修了。1975年～2012年三井金属鉱業（株）、三井金属資源開発（株）、日本メタル経済研究所。主に資源探査・開発・評価、研究などに従事。その他グルジア国（現在ジョージア）首相顧問、資源素材学会資源経済委員長、放送大学非常勤講師など。
現在、EBRD（欧州復興開発銀行）EGPアドバイザー、英国マイニングジャーナルライターなど。

著書は、トコトンやさしいレアアースの本（共著、2012）日刊工業新聞社、トリウム溶融塩炉で野菜工場をつくる（共著、2012）雅粒社、資源循環革命（2013）ビーケーシー、資源は誰のものか（2014）朝陽会、資源はどこに行くのか（2019）朝陽会、おもしろサイエンス地下資源の科学（2014）日刊工業新聞社、おもしろサイエンス地層の科学（2015）、おもしろサイエンス天変地異の科学（2016）、おもしろサイエンス温泉の科学（2017）、おもしろサイエンス岩石の科学（2018）、おもしろサイエンス地形の科学（2019）、おもしろサイエンス火山の科学（2020）など。「資源と法」（2012～2019）記事連載 朝陽会発行（編集雅粒社）、また地質、資源関係論文・記事多数国内・海外で出版。